ALTERSCIENCE

Alexandre Moatti

ALTERSCIENCE

Postures, dogmes, idéologies

Odile Jacob

15, rue Soufflot, 75005 Paris

www.odilejacob.fr

ISBN 978-2-7381-2887-4

Discours préliminaire

I

Une opposition virulente et théorisée à la science contemporaine

Pourquoi et comment des personnes formées à la science se mettent-elles, à un certain âge de leur vie, à prendre une attitude violemment opposée à la science qui leur est contemporaine ? Comment des scientifiques en viennent-ils à mobiliser leur capacité de raisonnement et construisent-ils une argumentation à caractère scientifique au service d'idéologies sans rapport avec la science ? Comment expliquer la permanence de tels comportements chez des hommes de science depuis au moins la naissance de la science moderne, il y a plus de trois cents ans ? De nos jours, quel est l'impact sur les rapports entre science et société de ces attitudes, diffusées sinon multipliées par le canal de l'Internet ?

Nous désignerons leur démarche par le terme d'*alterscience*, dans lequel nous englobons diverses constructions théoriques remettant en cause de manière radicale des résultats importants de la science ou utilisant des arguments scientifiques à des fins idéologiques, religieuses ou personnelles. La production de théories physiques non validées, émanant d'ingénieurs remettant en cause la physique du XXe siècle, en est un exemple. Comme le sont, de manière plus radicale, la théorisation d'une prétendue « science allemande » pendant la Première Guerre mondiale ou, de nos jours, l'utilisation de la science par les mouvements créationnistes ou la vision délétère qu'en ont les milieux néoanarchistes.

Dans ces divers cas, des scientifiques – scientifiques de métier ou personnes ayant reçu une formation scientifique poussée, c'est-à-dire à esprit scientifique dominant – sont amenés à revendiquer, de manière virulente, une science différente, une *autre science*, en mobilisant leurs connaissances, leur esprit et leur méthode scientifiques au profit de leurs théories alternatives ou de leur idéologie. Cette autre science peut s'entendre soit comme la construction d'une science différente (par exemple une physique ne faisant pas appel à la relativité ou à la mécanique quantique), soit comme l'extension du domaine de la science à des champs relevant de l'idéologie ou de la religion – en fait une *altération* de la science.

*

L'opposition radicale à la science qui leur est contemporaine est une première caractéristique des mouvements ou individus étudiés ici. La remise en cause de la théorie de la relativité, de 1920 à nos jours, conduit à la formulation de théories physiques ou cosmologiques fantaisistes – les Anglo-Saxons ont donné le nom de *cranks* à leurs concepteurs. Elle conduit aussi à des idéologies comme celle de la *Deutsche Physik* (physique allemande), théorisée par deux prix Nobel sympathisants des nazis, en opposition à une prétendue physique juive. Chez certains *cranks*, comme l'ingénieur français René-Louis Vallée (1926-2007), inventeur d'une « physique synergétique », l'opposition à la relativité peut aussi avoir des relents antisémites.

Cette remise en cause de la science contemporaine est ambivalente : amour et fascination de la science restent forts chez ces hommes de science. Les ingénieurs antirelativistes font assaut de formules mathématiques dans leurs théories alternatives. Les ingénieurs créationnistes contestent certains résultats de la science moderne (par exemple l'atomisme) tout en en utilisant d'autres (comme le rayonnement de fonds cosmologique) pour justifier la Création : leur ressort est non d'expliquer la science par la religion (comme cela a pu être le cas jusqu'à Galilée), mais d'expliquer la religion par la science.

L'opposition radicale à la science se manifeste tout particulièrement par une opposition aux *théories* scientifiques en vigueur. La relativité d'Einstein est une cible de choix. Mais déjà Saint-Simon et Fourier utilisaient la théorie de Newton tout en la dénigrant ; et Auguste Comte refusait toute idée de théorie scientifique, comme la théorie ondulatoire de la lumière qui lui est contemporaine. La théorie de Darwin (ou ce qui l'a maintenant remplacée : la théorie néodarwinienne de l'évolution) est attaquée par *tous* les mouvements étudiés ici. Les ingénieurs antirelativistes sont antidarwiniens, comme les créationnistes bien évidemment. Mais le sont aussi les néoanarchistes, pourtant fort éloignés politiquement : estimant que la technoscience a remplacé la démocratie, ils prônent un abandon de la science moderne et un retour à la science d'avant Galilée.

*

Deuxième caractéristique : tous bâtissent de véritables constructions théoriques à l'appui de leur croyance ou de leur idéologie. Ceci est lié, en partie, au fait qu'elles émanent de personnes formées à la rationalité scientifique, sinon, pour les néoanarchistes, à la dialectique marxiste, qui se reconnaissait d'ailleurs elle-même comme une science[1].

Lors de la Première Guerre mondiale, des scientifiques réputés mettent leur démarche scientifique au service du nationalisme. William Ramsay, prix Nobel de chimie en 1904, construit dans *Nature*, déjà à l'époque une des plus grandes revues scientifiques, une théorie sur les vices du caractère allemand. Des scientifiques et intellectuels allemands, dont de nombreux prix Nobel, lancent un « appel au monde civilisé » soutenant l'armée de Guillaume II et invoquant « le caractère indissociable de la civilisation allemande et du militarisme prussien ». Bergson accomplit « un simple devoir scientifique » quand il dénonce en août 1914, à la tribune de l'Académie des sciences morales et politiques, « la brutalité et le cynisme de l'Allemagne ».

Certains ingénieurs antirelativistes, de 1920 à nos jours, élaborent de véritables constructions cosmologiques alternatives, des *expositions du système du Monde* qui prétendent se mesurer à celle de Laplace. Hans Hörbiger imagine dans les années 1910 une cosmologie du système solaire, la théorie de la glace universelle (*Welteislehre*). L'ingénieur Lucien Romani, directeur d'un bureau d'études, publie en 1976 une *Théorie générale de l'Univers physique*.

L'activiste américain Lyndon LaRouche monte, quant à lui, une construction intellectuelle fondée sur la noèse (faculté de penser) pour justifier sa doctrine de l'avenir de l'homme par la technologie. Pour lui, certains mathématiciens (comme Gauss) ont la faculté d'épiphanie : ils sont capables de faire jaillir une vérité cachée, à l'inverse d'autres

1. Voir chapitre XV ; ou Boia [1993].

mathématiciens (comme Cauchy), qui ne sont capables que d'aligner formules et signes. LaRouche reconstruit ainsi l'histoire des sciences à travers ce prisme déformant, produisant une *alter*-histoire des sciences.

À l'autre extrême politique, les néoanarchistes rejetant une société technologique élaborent une construction théorique fondée non sur la science – qu'ils rejettent en bloc –, mais sur la raison, ou ce qu'ils estiment être la raison ou le bon usage de la connaissance. C'est une *Encyclopédie des nuisances*, avec son *Discours préliminaire*, à l'image inversée de celle de D'Alembert, qu'ils publient à partir de 1984 comme acte fondateur. Et c'est « au nom de la raison » contre « le rationalisme technoscientifique » que René Riesel justifie l'arrachage de plants d'OGM en 1998 à Montpellier. Dans la même mouvance, Jean Druon reconstruit une histoire des idées et des sciences au XXe siècle où la constante de Planck, et avec elle la physique fondamentale, est la source de tous les maux du siècle, et de nos sociétés.

*

Une troisième caractéristique des individus ou des mouvements étudiés ici est la virulence du discours, quasi pathologique. Elle accompagne et défend, comme Schopenhauer l'a montré dans *L'Art d'avoir toujours raison*, des systèmes de pensée fermés et autarciques. Elle est à l'opposé de la démarche scientifique effective, généralement caractérisée par l'ouverture à la discussion. D'ailleurs, le discours, même virulent, est souvent à usage interne au mouvement : il s'adresse à des initiés, à des convaincus. Les conclusions en sont écrites d'avance, le discours étant support d'une idéologie, d'une croyance ou d'une obsession préétablies.

La dérive vers des formes d'extrémisme politique accompagne logiquement (parfois précède) fanatisme et violence du discours. Elle peut aussi se traduire par une forme musclée d'action politique. Les partisans de l'altercosmologiste Hörbiger, dans l'Allemagne et l'Autriche des années 1920, perturbaient les conférences universitaires de l'astronomie *officielle* aux cris de « Vive Hörbiger ! ». Il en était de même pendant l'Année mondiale de la physique, en 2005, où en France des réunions publiques étaient interrompues par des thuriféraires de Poincaré qui souhaitaient qu'on parlât de lui plutôt que d'Einstein. Aux États-Unis, dans les débats menés par l'Institute for Creation Research auxquels un scientifique « séculier » accepte de participer, la salle, acquise à l'autre débatteur – le scientifique créationniste –, ponctue les interventions de ce dernier d'un *Amen* en agitant la Bible[1]. Les activistes de Pièces et Main d'œuvre empêchant la tenue des débats publics sur les nanotechnologies à Grenoble ou à Orsay en 2009 participent de cette même violence du discours ou de l'action.

L'art d'avoir toujours raison, en fait une certitude d'avoir raison contre tous, les amène aussi, parfois, à invoquer une théorie du complot visant leurs idées. La version *lite* en est le complot du silence, qui s'abat sur les œuvres et les découvertes injustement méconnues des auteurs de théories physiques alternatives. Marat, dans son pamphlet de 1791, se plaint que l'Académie des sciences empêche les journaux d'annoncer ses propres parutions. Un des ressorts du Marat révolutionnaire est le Marat scientifique aigri : il veut « faire la liberté de la presse » pour diffuser ses travaux scientifiques. Auguste Lumière, cent cinquante ans plus tard, se plaint lui aussi de l'Académie « qui étouffe [les] découvertes par la conspiration du silence, contre laquelle aucune défense n'est possible[2] ». Mais le complot n'est pas que celui du silence. L'ingénieur René-Louis Vallée sombre à partir des années 1980 dans une dérive complotiste d'extrême droite. À l'opposé politique, la théorie du complot capitaliste et financier, esquissée par Charles Fourier, est très présente dans les mouvements antiscientifiques contemporains d'ultragauche.

*

Ainsi, sans mettre tout sur un même plan, mettons-nous en évidence, avec diverses gradations, des invariants chez des individus ou dans des mouvements aux positions et aux origines très diverses, voire aux extrêmes politiques.

La première partie est consacrée aux théories de physique alternative d'ingénieurs, qui veulent construire une *autre science*, sans la relativité. C'est la conception *a minima* du terme d'alterscience ; cependant, la science est aussi *altérée*, puisque privée de certaines de ses théories modernes (relativité, darwinisme). Même si elle est virulente, on peut considérer néanmoins qu'il s'agit d'une alterscience *soft*, c'est-à-dire sans

1. Pour une analyse de l'Institut de recherche sur la Création, voir Lecourt [1991].
2. Lumière [1941].

visées idéologiques *a priori*. Cette gradation dans l'intensité peut aussi s'accompagner d'une gradation dans le temps : s'opposer à la relativité dans les années 1920, alors que cette théorie est nouvelle et non encore totalement étayée, n'est pas équivalent à s'y opposer dans les années 2000. Cependant, même dans les années 1920, la controverse autour de la relativité se fait déjà hors de l'arène scientifique et peut être vue comme relevant de l'alterscience. L'affaire des avions renifleurs (chapitre VI) relève elle aussi d'une alterscience non idéologique : elle illustre néanmoins à quel point le monde des ingénieurs et des entreprises est parfois éloigné de la véritable construction scientifique en milieu universitaire (voire même la dénigre), au point d'imaginer une *autre* physique. Quant à la synergétique de Vallée (chapitre VII), elle montre comment la théorie alternative d'un ingénieur peut se transformer en une alterscience plus *dure*, avec relents idéologiques et raciaux et invocation de la théorie du complot.

La deuxième partie a trait à l'instrumentalisation de la science à des fins religieuses. La cosmologie de Hörbiger (chapitre IX) est à l'origine une théorie alternative d'ingénieur : qu'elle vienne à défrayer la chronique dans l'Allemagne et l'Autriche des années 1920 la distingue cependant d'autres altercosmologies qui lui sont contemporaines. C'est l'époque où la cosmologie relativiste permet de valider un âge très ancien de l'Univers, déjà étayé par la géologie ou la biologie darwinienne : que la théorie de Hörbiger fascine l'amateur de science au moment où outre-Atlantique a lieu le premier procès contre la théorie de l'évolution, dit « Procès du Singe » (Tennessee, 1925), n'est pas fortuit. La naissance de ce néocréationnisme, et surtout sa persistance de nos jours (chapitre VIII), est illustrée, en astronomie notamment, par l'exemple américain (fondamentalisme évangélique) et par l'exemple français (intégrisme catholique et islamisme radical).

La troisième partie, qui détaille les postures historiques d'opposition à l'Académie des sciences au cours des XVIIIe et XIXe siècles, nous permet de mettre en perspective historique la notion d'alterscience. Bachelard a qualifié cette période de *préscientifique*, caractérisée par « la formation de l'esprit scientifique » : là aussi, s'opposer à la science à peine « officielle » entre 1780 et 1840 n'a pas le même sens que s'opposer au XXIe siècle à la science contemporaine hors les circuits habituels d'une science enfin établie, dans ses institutions comme dans sa méthode. Mais dans cette opposition à l'institution scientifique en développement, à la charnière des XVIIIe et XIXe siècles, se retrouvent maints ferments de l'alterscience. Cette mise en perspective nous permet de comprendre l'influence sur l'alterscience actuelle de ces postures historiques, émanant d'icônes comme Fourier (chapitre XII) ou Auguste Comte (chapitre XIII), qui tous entretiennent un rapport très particulier avec la science exacte. Comme l'écrit Bachelard, « l'ancien doit être pensé en fonction du nouveau » : c'est un fil directeur pour la science comme pour l'alterscience.

La quatrième partie nous amène précisément à considérer les idéologies actuelles et leur utilisation de la science – ce que nous pouvons qualifier d'*alterscience dure*. Résonnant dans notre époque contemporaine, elle illustre le terme d'*alterscience* dans son acception forte, à savoir une *altération* de la science, pouvant aller jusqu'à sa négation. Nous arrivons ainsi, avec l'alterscience à fins religieuses ou idéologiques au XXIe siècle, à des idéologies radicales autour de la science contemporaine : néocréationnisme, technofascisme ou panscientifisme (la science au-dessus de tout), anarchisme antiscience.

*

Cet aperçu sur les courants étudiés dans le présent ouvrage permet de mieux différencier l'alterscience de la science, et de réfuter l'objection selon laquelle toute science serait aussi alterscience... Il est vrai que la science elle-même s'est souvent construite ainsi, par remises en cause successives des théories établies, y compris dans le cadre de débats animés. Mais, comme en témoignent les exemples donnés, le discours alterscientifique présente une *différence de nature* avec l'élaboration contemporaine de la science. Lorsqu'il conserve encore une apparence scientifique (par exemple chez les ingénieurs et leurs formules mathématiques), il se distingue de la science par son caractère obsessionnel et par le fait qu'il est tenu hors des lieux d'élaboration de la science et de ses méthodes d'examen contradictoire de toute nouvelle idée. L'histoire très récente (2011-2012) de l'expérience OPERA au CERN, censée remettre en cause la vitesse limite de la lumière pour les neutrinos, a illustré comment la communauté scientifique pouvait traiter en son sein un débat autour d'une idée étayée ébranlant la théorie en vigueur, ici celle du « modèle standard » : cette hypothèse, qui a passionné de nombreux physiciens, a finalement été abandonnée à la suite de la découverte d'une erreur d'expérimentation. L'alterscience diffère de l'erreur scientifique (ou de la proposition finalement invalidée, comme celle des neutrinos supraluminiques) par sa persistance. Une des plus célèbres erreurs scientifiques est celle des rayons N (1903-1904) : leur promoteur, René Blondlot, abandonne son idée une fois celle-ci invalidée et, se pliant au mode classique d'élaboration ou de réfutation de résultats scientifiques, poursuit alors d'autres travaux scientifiques.

Quant à l'instrumentalisation de la science à des fins religieuses ou idéologiques, elle paraît difficilement comparable à l'élaboration de la science. Mais, objecteront certains, la science n'est-elle pas un lieu de pouvoir, et les scientifiques n'utilisent-ils pas une forme de pouvoir pour imposer leurs vues, à leurs collègues ou au public ? Là aussi toute science n'est-elle pas alterscience ? Depuis les années 1960, la sociologie des sciences, branche universitaire peu connue du public, a entrepris de montrer, parfois de manière novatrice, comment la pratique de la science, au même titre que toute activité humaine, est enchâssée dans un réseau de pouvoirs : le scientifique pur, désintéressé, guidé par la raison, serait une vue de l'esprit. Elle a mis en évidence des comportements caractériels ou de pouvoir chez maints savants, comme Galilée, Lavoisier ou Pasteur. Mais nous établissons, avec l'alterscience, là aussi *une différence de nature* : les individus étudiés ont un comportement pathologique, certains d'entre eux ne faisant que nourrir leur idéologie et les autres ne contribuant en rien à l'avancée des connaissances. Comme l'indique Bachelard à propos de Jean-Paul Marat : « Il a fait quelque cinq mille expériences sur la lumière, dit-il. Parmi ces cinq mille expériences, pas une seule n'est retenue par la Physique[1]. »

Troisième volet de l'objection : la science n'a-t-elle pas *elle-même* conduit, au moins depuis Hiroshima, à de graves dérives ? Du nucléaire aux OGM en passant par les nanotechnologies, ne vit-on pas actuellement dans un monde où il y a lieu d'avoir peur de la science ? Parallèlement à la sociologie des sciences, mais dans un cadre différent, un certain nombre d'entre eux ont été des « lanceurs d'alerte », ce que Jean-Marc Lévy-Leblond a écrit et pratiqué, à la suite de Mai 68, comme une « (auto)critique de la science ». Les mouvements de négation de la science (chapitre XVII) présentés ici ont des origines et des développe-

1. Bachelard [1938].

ments fort différents. Si l'on peut être d'accord avec certains de leurs arguments pris isolément, l'ensemble de leur construction théorique reflète une vision apocalyptique de la société, où la technoscience aurait remplacé la démocratie : relisant l'histoire du XXe siècle à travers ce prisme, c'est une idéologie radicalement antidémocratique qui, là encore, représente une différence de nature par rapport à l'autocritique de la science et aux débats actuels sur l'impact de la science dans la société.

*

Opposition radicale et théorisée à la science qui leur est contemporaine, notamment à ses théories (par exemple la relativité ou le darwinisme). Vitupération, pouvant aller jusqu'à l'invocation de la théorie du complot. Instrumentalisation de la science à des fins idéologiques ou religieuses. Voici les principales caractéristiques des mouvements ou des individus étudiés ici. Mais avant de détailler plus avant ces caractéristiques (chapitre III), inscrivons ces mouvements dans une tendance plus globale, celle du rejet du Signe (rejet de l'abstraction mathématique) et du désir du Tout (invocation permanente d'une science unifiée).

II

Rejet du Signe et désir du Tout

Celui qui commence à tracer un signe – que ce soit un mot en littérature ou une formule en mathématiques – s'abstrait de la réalité et d'une perception globale des choses[1] : il est obligé de la traduire en réduisant sa globalité. Cet éternel débat trouve ici, et plus généralement dans les controverses actuelles entre science et société, une vigueur et une actualité inattendues. Malgré leurs origines très diverses, les courants d'idées étudiés dans cet ouvrage sont marqués par une position très claire dans ce débat entre valeur du signe et valeur de la perception globale, en faveur de cette dernière.

Le rejet du signe, c'est le rejet d'une forme de mathématisation et d'abstraction. C'est, aussi, le rejet du *réductionnisme* scientifique – cette locution est tant et plus employée par les alterscientifiques en critique de la science. Le réductionnisme est pourtant, en son sens premier (non présenté péjorativement), à la base de la démarche scientifique, celle de Galilée : la réalité du monde, qu'elle soit physique ou biologique, est représentée par un certain nombre de lois ou principes d'action fondamentaux, qui peuvent être modifiés ou invalidés au cours des âges, mais qui sont nécessaires à l'étude, celle-ci utilisant des signes mathématiques.

Le désir du Tout est le pendant à ce rejet du réductionnisme – en fait de la science moderne et de sa méthode. Là aussi, des mouvements très divers se retrouvent dans l'exaltation d'une *science unifiée*, qui ne

1. « Lire le mot *arbre* écrit sur une feuille de papier demande de détourner le regard de l'arbre vers le mot », Dowek [2009].

serait pas morcelée comme l'est la science contemporaine. Certains invoquent le holisme (du grec *holos*, « le tout ») en opposition au réductionnisme ; d'autres se sentent porteurs d'une théorie unitaire qui viendrait réunir des branches éclatées de la science.

*

Ainsi Émile Picard (1856-1941), secrétaire perpétuel de l'Académie des sciences, mathématicien pourtant fort rompu à l'abstraction de l'analyse et de l'algèbre, s'oppose-t-il au caractère abstrait et mathématique de la théorie de la relativité, se demandant au sujet de cette dernière « si c'est un progrès de chercher à ramener la physique à la géométrie[1] ». Il est à la tête de ceux qui théorisent la critique française d'une *science allemande*, dont la spécialité est de « faire des exercices de mathématiques et développer des considérations d'ordre métaphysique ». Il empêche la venue d'Einstein à l'Académie des sciences pendant son voyage en France d'avril 1922. Dix ans plus tard, outre-Rhin cette fois, les tenants de la *Deutsche Physik* estimeront, comme Picard, que la physique peut se passer des mathématiques complexes (comme celles qui interviennent dans la relativité) – car le savant allemand « pense en consonance avec la Nature[2] » et n'a pas besoin de calculs mathématiques pour expliquer ses découvertes. Sa démarche s'oppose à celle qui utilise l'intellect comme seul principe cognitif et aboutit à une représentation purement symbolique, mathématique, formaliste et abstraite de la nature.

*

La résistance à l'abstraction mathématique est souvent accompagnée d'un appel au *bon sens*. La science doit être facilement compréhensible par tous : elle ne doit pas heurter la perception commune, le sens commun, par définition partagés par le plus grand nombre. Vieux débat depuis Copernic et l'héliocentrisme : la Terre tournant autour du Soleil, voilà bien de quoi heurter le sens commun !

Auguste Comte invoque le bon sens, fortement lié au positivisme : on croit ce qu'on voit, *vide latus* dirait Louis-Ferdinand Céline (« Vois

1. Émile Picard, « Quelques remarques sur la théorie de la relativité », *Comptes rendus de l'Académie des sciences*, 1921, 173, p. 680-682.
2. Lenard [1936], préface.

mon flanc », *cf.* chapitre XIV), et on ne croit *que* ce qu'on voit. Comte lui-même compare l'esprit philosophique et scientifique au bon sens en invoquant « la même préoccupation continue de la réalité, la même intention finale d'utilité[1] » – une science concrète et utile. Les ingénieurs antirelativistes, imprégnés de positivisme, invoquent aussi le bon sens contre la relativité : pour l'ingénieur antirelativiste Fernand Prunier (chapitre V), le bon sens, hérité de Descartes, « est un état d'esprit » qui amène à se méfier des mathématiques, « trop précises pour fixer la réalité[2] ». Lyndon LaRouche, quant à lui, écrit « en défense du sens commun » contre la pensée logico-déductive[3].

Lecourt[4] note chez les créationnistes américains la mention permanente du « *common sense* ». Il est aussi invoqué par les créationnistes français, par exemple à propos de la théorie des particules élémentaires : les *quarks charme* heurtent le bon sens. Les savants français utilisent l'argument du bon sens contre la science allemande en 1914, comme les savants allemands contre la science juive quinze ans plus tard. Les idéologies nazie et communiste prônent une science compréhensible par tous, une science qui soit au service du peuple. C'est dans ce cas presque une injonction : la science doit impérativement aller *dans le bon sens*, et pas par des chemins de traverse.

*

À partir de la seconde moitié du XXe siècle, la critique de la modélisation informatique devient une des formes de la résistance à l'abstraction mathématique et au réductionnisme – l'informatique se fonde sur les mathématiques *via* la programmation et la logique mathématique. Dans la lignée du penseur écologique Aldo Leopold (1887-1948) qui proposait de « penser comme une montagne », certains écologistes radicaux[5] dénient à l'US National Forest Service le bien-fondé de modélisation des

1. Comte, *Discours sur l'esprit positif*, 1844, § 24 ; cité par Bensaude-Vincent [2003].
2. Prunier [1971].
3. LaRouche [2005].
4. Lecourt [1991]. Dans le même ordre d'idées, Bachelard [1938] pointe que l'invocation d'une connaissance unitaire et pragmatique (de *bon sens*) est souvent un obstacle à la connaissance scientifique.
5. Voir notamment William Devall et George Sessions, *Deep Ecology*, Salt Lake City, Gibbs Smith, 1985.

écosystèmes forestiers : qui dit modélisation dit passage par une mesure, par une mathématique de quantification. « La carte n'est pas le territoire » : la Terre est un organisme vivant – toute modélisation, par définition externe à la nature, est invalide.

L'opposition à un réductionnisme de modélisation *via* l'informatique est portée presque à caricature par les néoanarchistes. Évoquant la place croissante de l'informatique dans nos sociétés, ils indiquent, à propos de la numération binaire, avec leur sens des formules-chocs : « Il n'y eut plus que deux symboles avec lesquels compter[1]. » Et la formule est à prendre dans un sens large : l'homme ne sait plus compter qu'avec deux symboles, mais il ne peut plus compter que *sur* ces deux symboles – en outre, ces deux symboles sont devenus si prégnants qu'il faut *compter avec eux*, mieux vaut les avoir avec soi que contre soi... C'est le règne de « la pensée machinale[2] », au détriment de la pensée humaine. Dans la même mouvance, le physicien Roger Belbéoch critique le réductionnisme et la modélisation : selon lui, le chercheur sélectionne un certain nombre de paramètres, mais il « plonge les autres paramètres dans le néant » – c'est pourquoi « le découpage scientifique du réel est fondamentalement mortifère ».

À l'opposé politique, le technofasciste Lyndon LaRouche s'en prend lui aussi à la modélisation et à l'informatique en général à la fois pour des raisons morales (l'adulte et l'enfant perdent leur temps devant l'écran) et pour des raisons liées à sa propre construction théorique : l'homme perd, avec l'ordinateur, le contact avec la réalité des choses et la conscience de la puissance de sa pensée propre – notons que la perte du contact avec la réalité est un argument assez voisin de ceux des écologistes, auxquels LaRouche est pourtant profondément opposé.

*

Rendant par définition certains systèmes indépendants entre eux, le réductionnisme s'opposerait à une forme de holisme, fort prisé des courants actuels de contestation de la science : suivant les approches holistes (par exemple chez les tenants de la *Deep Ecology*), on ne peut définir de systèmes indépendants entre eux, ils sont forcément inter-

1. Druon [2009].
2. *Ibid.*

dépendants. Le Tout (*holos*) n'est pas l'addition de parties constitutives, il doit être étudié comme tel et non réduit à ses parties. Ainsi l'homme n'est-il pas une entité isolée, indépendante et située au-dessus de son environnement : en échanges permanents avec cet environnement, il doit être étudié comme un constituant du monde qui l'entoure, la biosphère.

Dans un fleurissement analogique, certains principes les plus avancés de la science moderne sont utilisés à l'appui de ces attaques contre le réductionnisme, souvent caricaturé comme réductionnisme *cartésien* ou, pire, *cartésiano-positiviste*. Le principe d'indétermination de Heisenberg (1927) ou le principe d'intrication quantique né de la résolution expérimentale du paradoxe EPR (1982) sont ainsi abondamment utilisés hors contexte, c'est-à-dire hors de leur domaine de validité à l'échelle microscopique (celle de la constante de Planck), et présentés comme coups de frein donnés à la science et à sa volonté réductionniste. Pour les théoriciens de l'écologie profonde, comme Arne Naess (1912-2007), ou pour l'ingénieur britannique James Lovelock (né en 1919), inventeur de l'hypothèse Gaïa qui présente la Terre comme un être vivant, la distinction cartésienne entre le sujet (l'observateur) et l'objet (la Nature) serait définitivement invalidée par le principe de Heisenberg. Le principe quantique des états intriqués est lui aussi mis à contribution : tous les éléments vivants de la planète, et la Terre elle-même considérée comme un être vivant, interagissent entre eux, même à distance. La preuve quasi scientifique du holisme serait ainsi donnée par le principe d'intrication. La théorie du chaos est elle aussi mise à contribution dans le même objectif : le battement d'ailes d'un papillon en Australie provoque un ouragan au Texas – la biosphère réagit dans sa globalité à toute agression locale.

La physique quantique peut aussi être utilisée à l'appui de la religion : le principe de complémentarité onde-particule de Bohr est invoqué par le théologien Thierry Maignen, ingénieur de formation, pour expliquer le Dieu fait homme : « Comme la lumière est à la fois onde et corpuscule, Jésus est à la fois dieu et homme[1]. » Le physicien Fritjof Capra (né en 1939) utilise la physique quantique en justification du bouddhisme dans son best-seller *Le Tao de la physique* (1975). Pour lui, une expérience de mystique bouddhique est analogue à une expérience

1. Colloque « Ateliers sur la contradiction » tenu à l'École des mines de Saint-Étienne, mars 2009.

de physique subatomique : on ne peut se contenter d'y figurer comme simple observateur, l'implication de l'être entier est requise. Comme chez Maignen, le principe de complémentarité de Bohr est invoqué, cette fois-ci par comparaison avec le principe du Yin et du Yang. La théorie des cordes est aussi mise à contribution : le bouddhisme amènerait à une perception multidimensionnelle, par superposition d'états différents.

*

Les vrais physiciens sont gourmands de synthèse, parce qu'ils soupçonnent une grande unité et une simplicité fondamentale dans la Nature[1].

Le désir du Tout est, nous en avons déjà vu quelques exemples, le pendant de l'opposition à la réduction par la science de la réalité. La glorification d'un Tout insécable va de pair avec le rejet du signe mathématique, qui travestit la réalité. Dans les discours alterscientifiques, cette glorification du Tout correspond au mythe d'une science unitaire ou unifiée. Tel un gène, il s'exprime de plusieurs manières, suivant les mouvements étudiés.

Auguste Comte, tout en s'opposant à l'abstraction mathématique dans l'enseignement, déplore la dispersion de la connaissance scientifique, due aux « recherches spéciales » : tout son système est basé sur l'unité des sciences, sur la prédominance de « l'esprit de généralité ». Déploration promise à un bel avenir : dans son sillage, les ingénieurs concepteurs de théories physiques alternatives, souvent imbibés de positivisme, l'entonnent eux aussi. Pendant leurs études, ils maîtrisaient un certain nombre de branches de la science (géométrie, algèbre, électromagnétisme, astronomie, etc.) : restant sur cette vision, ils gardent la nostalgie du retour au jardin d'Éden d'une science cohérente, unifiée – presque figée, telle qu'on la leur a enseignée, un long fleuve tranquille, une physique « terminée ». Leur attraction vers des théories physiques unitaires est forte : ainsi la *Glazial-Kosmogonie* de Hörbiger se présente-t-elle comme un système unitaire de la physique du cosmos (mécanique céleste, astrophysique) et de la physique de la Terre (géologie, climatologie).

---

1. René-Louis Vallée, inventeur de la théorie synergétique (chapitre VII).

Le désir d'unification peut aussi dépasser le domaine de la physique et englober des branches très différentes : ainsi Maurice Allais, opposant convaincu à la relativité, pense-t-il que « contrairement à une opinion couramment répandue, les approches scientifiques en économie et en physique présentent des analogies fondamentales ». Prodiges et vertiges de l'analogie, dirait Jacques Bouveresse ? Déjà Allais associait l'économie et la physique dans son rejet de la mathématisation, « nouveau totalitarisme scolastique fondé sur des conceptions abstraites, aprioristes et détachées du réel[1] ».

*

La même antienne d'une science trop spécialisée est reprise par des mouvements aux antipodes les uns des autres. Le groupe anarchiste Oblomoff, composé de chercheurs, déplore le fait que la recherche actuelle « produit des savoirs séparés » et empêche la plupart des « chercheurs spécialisés » de comprendre ce qu'ils font. Le cercle d'études créationniste Centres d'études et de prospective sur la science (CEP) se propose de « coordonner les différentes sciences ». Le mouvement désignant les lauréats du « prix Nobel alternatif », pour leur grande majorité des scientifiques engagés dans des causes alternatives ou altermondialistes, considère[2] que ses lauréats ont une « compréhension globale », qui s'étend « de l'écologie, science de la gestion de la terre, à la poétique la plus sublime, voire à la mystique ».

Chacun invoque la théorie unitaire dans son magistère : les ingénieurs férus de physique cherchent une physique unifiée, les philosophes théoriciens de l'écologie profonde en appellent à la philosophie holiste. Le physicien Hans-Peter Dürr, lauréat du Nobel alternatif en 1987 pour « son engagement international contre le programme de guerre des étoiles lancé par le président Reagan », se consacre à « répandre dans la société la connaissance fondamentale qu'est la vision holistique du monde issue de la physique moderne[3] ». Se présentant comme élève de Werner Heisenberg, il réfute la distinction sujet-objet – le monde forme une unité, absolument non décomposable en éléments :

1. Allais [1990].
2. Peter Erlenwein, préface à Lüpke & Erlenwein [2006].
3. Lüpke & Erlenwein [2006].

> Nous devons comprendre que la science ne peut plus se baser sur l'objectivité. L'isolement et la fragmentation se sont révélés être des voies erronées[1].

Ce qui est global est forcément plus beau. C'est la science mal portante (telle que vue par les uns comme par les autres) qui est réductionniste, qui *réduit* l'étude du tout à celle de ses parties, qui fragmente à tort la connaissance.

*

L'invocation de la science unifiée peut avoir une variante, celle d'une classification hiérarchique des sciences, avec l'idée sous-jacente d'une science comme étant supérieure à une autre, sorte d'*aristoscience*, écrit Pierre Thuillier[2]. Le système est poussé à l'extrême par Auguste Comte qui emboîte la mathématique dans la physique, celle-ci dans la chimie, celle-ci dans la biologie, celle-ci dans la science de l'homme ou sociologie, et enfin celle-ci dans sa philosophie positive censée couronner le tout.

Dans le même esprit, l'invocation d'une science de l'homme, par exemple la biologie, comme nouvelle science supérieure aux autres, à la physique notamment, revient comme un invariant au XIXe et au XXe siècle dans des discours d'origines fort différentes. Au XIXe siècle, Saint-Simon vitupère contre la physique (les « brutiers », ceux qui s'occupent des corps bruts ou inorganiques), accusée de faire corps avec le militarisme napoléonien et d'être responsable de milliers de morts sur les champs de bataille d'Europe. Contre cette physique sûre d'elle et dominatrice, Saint-Simon prône la supériorité de la science de l'homme, celle de l'étude des corps organiques. Au XXe siècle, pour le théoricien de l'écologie profonde Arne Naess comme pour nombre d'écologistes, la biologie est la science reine, ayant effectivement détrôné la physique comme science d'explication de la nature.

Alexis Carrel (1873-1944), prix Nobel de médecine 1912, est un très brillant médecin, mais qui, comme le note Lindenberg[3], a « incontes-

---

1. *Ibid.*
2. Thuillier [1983]. Pierre Thuillier (1927-1998) était philosophe, enseignant à Paris-VII et journaliste à *La Recherche*.
3. Lindenberg [1990].

tablement un côté *savant fou* ». Politiquement conservateur, il s'engagera, avec le prestige de son prix Nobel, dans la politique de santé du régime de Vichy. En 1935, plus de vingt ans après son prix Nobel, il connaît à nouveau une renommée mondiale en publiant un best-seller, *L'Homme cet inconnu*. Il y prône une « pensée synthétique » unifiant la biologie, la psychologie, la sociologie, l'économie... Rattaché selon Lindenberg à un courant de « modernisme réactionnaire », imbibé de la pensée de Comte, il évoque comme lui « le gigantesque amas de connaissances disséminé [...] dans les cerveaux des savants » :

> Chacun n'en possède qu'un fragment. Il faut à présent réunir ces parcelles en un tout et faire vivre ce tout dans l'esprit de quelques individus[1].

La glorification chez certains scientifiques d'une science unifiée, maîtrisée par quelques-uns pour le bien de tous les humains, est aussi un discours à caractère idéologique. Il trouve sa caisse de résonance dans les mouvements technofascistes ou panscientifiques décrits au chapitre XVI.

*

De la science unifiée à la science terminée, il n'y a qu'un pas, souvent franchi dans le domaine de l'alterscience. Cette affirmation péremptoire d'une science terminée a, il est vrai, été prononcée avec peu d'à-propos ni de caractère visionnaire par un certain nombre de scientifiques renommés, notamment à la fin du XIXe siècle[2] : le discours dérape toutefois lorsqu'il en vient à laisser de côté le doute inhérent à la démarche scientifique – insulter l'avenir en jugeant la physique terminée, n'est-ce pas faire preuve de prétention, sans aucun fondement scientifique ?

On rencontre aussi cette référence à une science terminée chez les alterscientifiques, eux sans résultats scientifiques particuliers à leur

1. Alexis Carrel, *L'Homme cet inconnu* (1935), cité par Lindenberg [1990].
2. Voir par exemple Marcellin Berthelot (1827-1907) : « Le monde est désormais sans mystère ; l'univers entier est revendiqué par la science et personne n'ose s'opposer à cette revendication » (*Les Origines de l'alchimie*, Steinheill, 1885) ; Albert Michelson (1852-1931) : « Les faits et lois les plus importants de la science physique ont été découverts » (discours lors de l'inauguration du Riyerson Physics Laboratory, Université de Chicago, 1894).

actif. Le promoteur de l'énergie libre, l'ingénieur René-Louis Vallée, pense dans les années 1970 qu'il n'y a plus rien de directement mesurable en physique. Seule la théorie, bien évidemment une nouvelle théorie puisqu'il rejette les théories existantes, et bien évidemment la sienne (la théorie synergétique), pourrait être en mesure d'ordonner et d'expliquer les nombreuses données et mesures qui sont à disposition.

Le mythe de la science terminée est aussi invoqué par les créationnistes, en réaction à la théorie de l'évolution et à l'appui de leur croyance. Comme le pointe Guillaume Lecointre, certains créationnistes acceptent l'idée d'évolution, mais pensent que celle-ci s'est terminée avec l'homme, qui représenterait la fin de l'évolution. Manière de récupérer à leur profit la théorie scientifique communément admise, tout en la dénigrant en postulant qu'elle a atteint son terme, c'est-à-dire en lui fixant des limites. L'invocation de la fin de l'évolution se rapproche ainsi, avec la même idée de perfection et de beauté sous-jacentes, de celle d'une science terminée et unifiée, qui couronne la science et signe sa fin. Chez les positivistes (comme Berthelot ou Vallée), l'homme a enfin expliqué la nature, qui ne conserve plus de mystères. Chez les créationnistes, l'homme vient au faîte de l'évolution, marquant la fin de celle-là. S'y ajoute là l'idée de finalité (et avec elle la référence à la théorie aujourd'hui caduque du finalisme) : l'évolution est arrivée à ses *fins*, à *bonne fin* avec l'homme... donc cessons d'en parler !

*

Ceci nous amène, après l'opposition à l'abstraction mathématique et au réductionnisme, à un autre invariant majeur de l'alterscience : l'opposition au darwinisme, ou à la théorie actuelle, la théorie néo-darwinienne de l'évolution. Tous les mouvements étudiés ici se rejoignent, venant de points cardinalement opposés, pour s'opposer au darwinisme. Cette opposition n'est qu'en apparence déconnectée des deux premières : c'est, aussi, l'*abstraction* du darwinisme et son caractère de *théorie* qui sont en cause.

La plupart des ingénieurs antirelativistes sont antidarwiniens : plutôt formés aux mathématiques et à la physique, ils sortent du domaine de leurs études ou de leur pratique pour s'intéresser, sans connaissances particulières, à celui de la biologie. On peut d'ailleurs considérer qu'une génération née avant 1960, même si elle est de formation scientifique, est imperméable à la biologie moderne, puisque avant les années 1970 les rudiments de celle-ci, comme l'ADN, les gènes ou l'hérédité, étaient fort peu enseignés – on faisait des *sciences naturelles*, à peine plus conceptuelles que les plus anciennes *leçons de choses*. De même, ce n'est que depuis une date récente que la théorie de l'évolution est enseignée dans le secondaire, en sciences de la vie[1].

Que l'antidarwinisme cousine avec l'antirelativisme témoigne de la même résistance à l'abstraction. Il ne s'agit pas d'abstraction mathématique cette fois-ci : de fait, si le darwinisme pouvait être mis en équation, peut-être rencontrerait-il moins d'opposition de la part de ces ingénieurs ! Il s'agit d'une forme d'abstraction particulière, celle d'échelles dépassant largement l'échelle humaine. La relativité du temps n'est sensible qu'à des vitesses bien supérieures à celles qui sont accessibles à l'homme ; de la même manière, la compréhension de l'évolution d'une espèce ne peut se faire qu'à l'aune de périodes de temps très étendues, bien au-delà de la durée d'une vie humaine. La théorie d'Einstein ou celle de Darwin, faisant appel à des échelles de grandeurs dépassant largement l'entendement humain, provoquent toutes deux de véritables dissonances cognitives, y compris chez la personne de formation scientifique la mieux disposée à comprendre ces théories.

*

L'opposition au darwinisme est bien sûr très prégnante chez les créationnistes – c'est même le créationnisme le plus courant et le plus décrit : la théorie darwinienne explique l'apparition de l'homme par une lente évolution d'espèces animales et contredit donc l'origine divine de l'homme, comme elle contredit une lecture littérale de la Bible qui donne à la Terre environ six mille ans d'âge.

Le concepteur du prix Nobel alternatif, le Suédois Jacob von Uexhüll, ancien député des Verts allemands au Parlement européen, indique quant à lui que « les résultats de recherches contredisant les dogmes darwiniens sont pourtant ignorés au point que cela s'avère être le plus gros scandale scientifique de notre époque ». Les néoanarchistes opposés

1. Ajoutons le fait qu'encore de nos jours la sélection par la science, en France notamment, si elle nécessite une aptitude mathématique, appliquée aussi à la physique, ne nécessite absolument pas de développer un quelconque intérêt pour la biologie.

à la science voient en Darwin celui qui a inspiré, voire inventé, le capitalisme : l'homme est, selon eux, soumis à la sélection naturelle du capitalisme économique. Ils invoquent dans d'infinies variations la figure d'un Darwin inspirateur de l'eugénisme (la sélection physique des individus, naturelle ou forcée), eugénisme ayant lui-même partie liée au capitalisme (ce sont les plus pauvres, non créateurs de richesses, qui sont soumis à cette sélection-là). Pour eux, Darwin ne serait donc qu'un valet du capitalisme britannique du XIXe siècle, mandaté par ce dernier pour établir sa théorie soi-disant scientifique à l'appui de ces excès.

En viennent ainsi à se rejoindre une critique créationniste et une critique idéologique du darwinisme, émanant de milieux fort différents, voire opposés sur pratiquement tout : le darwinisme ne serait pas une science, mais une religion qui en a chassé une autre. Pour les créationnistes, c'est la religion d'une fausse science – autant alors se fier à la précédente, celle de la Création divine. Pour les néoanarchistes, le darwinisme est la religion – ou la métaphysique – du capitalisme, qui n'aurait chassé le christianisme que pour mieux régner lui-même.

III

Une opposition virulente et théorisée à la science contemporaine (suite)

Claude Lévi-Strauss, à sa manière ethnologue de la science, évoque « l'homme de science, qu'il soit ingénieur ou physicien[1] ». Cette définition est sans doute plus valide encore que lorsqu'elle a été formulée : l'atomisation et l'internationalisation de nos sociétés, la scission des « deux cultures », culture générale et culture scientifique, n'ont fait qu'aller croissant depuis. Le physicien ou l'ingénieur gardent un rapport privilégié avec la science exacte. Et nos objets d'étude ont d'ailleurs leur propre idée, très précise, de ce qu'est la science ; ils ont, pour paraphraser une célèbre locution consonante, une *certaine idée de la science*. Les ingénieurs aux théories physiques alternatives ont un amour nostalgique de la science apprise pendant leurs études, mais la refusent telle qu'elle a évolué depuis. Les ingénieurs créationnistes justifient leurs croyances religieuses avec des arguments qu'ils veulent scientifiques. Les prix Nobel allemands promoteurs de la *Deutsche Physik* veulent d'abord et avant tout une physique expérimentale et rejettent toute idée de théorie physique.

*

Cette importance qu'a la science pour ces esprits est telle qu'elle peut parfois primer sur l'idéologie ou la foi : la science est *première*. L'écrivain Vercors donne, dans *Les Animaux dénaturés* (1952), une illustration de cette primauté, à propos d'un des personnages de son

1. Lévi-Strauss [1962].

expédition d'anthropologie qu'il qualifie d'orthogéniste (l'orthogenèse est une forme de finalisme suivant lequel l'évolution a un but – elle n'est pas de nos jours considérée comme une théorie scientifique) :

> Même Pop n'est orthogéniste que pour des raisons strictement scientifiques [...]. Ce n'est point parce qu'il croit à une volonté divine qu'il est orthogéniste, mais au contraire parce qu'il est orthogéniste qu'il croit à une volonté divine.

Autrement dit, ce sont sa formation et sa démarche scientifiques qui l'amènent à croire : il cherche à expliquer la religion par la science. Hervé Le Guyader note cette même tendance chez le paléontologue Alcide d'Orbigny (1802-1857). Celui-ci a de nombreuses découvertes scientifiques à son actif, mais est encore imprégné de la mentalité fixiste dominante à son époque. Il propose, en observant des fossiles en Amérique du Sud, vingt-huit stades géologiques, du « Silurien » à l'« Actuel », qui serviront de base à la paléochronologie actuelle. Mais d'Orbigny rattache le passage d'un stade à l'autre à une intervention divine – ce que souligne ainsi Le Guyader : « Curieuse théologie proposée ; si on comprend l'interprétation pour [la première] catastrophe qui, évidemment, fait référence au Déluge de la Genèse, on a du mal à suivre ce qui a conduit aux 28 interventions divines... si ce n'est la science[1]. »

Dans un autre registre, cette certaine idée de la science est illustrée par Lenard, prix Nobel de physique et concepteur de la *Deutsche Physik* pendant le régime nazi, dont il était un fervent soutien. Il pense que la physique doit avoir effectivement les caractéristiques qu'il décrit : une physique expérimentale, pragmatique, proche de la nature, non dévoyée par les mathématiques. C'est son moteur, la *cause première* de ses égarements dans un antisémitisme scientifique théorisé, celui d'une « physique allemande » opposée à une « physique juive ».

*

Une conséquence en est le mimétisme de la science par l'alterscience. Des mouvements de toutes origines, rejetant la science contemporaine, miment son fonctionnement à travers des systèmes – ouvrages,

1. Le Guyader [2008].

revues, colloques, sociétés savantes – supports de leurs constructions théoriques.

Ainsi la création d'une société savante *ad hoc* est-elle quasi systématique dans le cas des ingénieurs alterphysiciens. Elle peut être un *melting-pot* de théories alterscientifiques diverses, tel le Cercle de physique Alexandre Dufour (chapitre V) qui se réunit de 1948 à 1983, au sein duquel aucune construction scientifique commune ne s'opère. Elle peut être aussi centrée sur l'œuvre d'un seul individu : l'AIRAMA est une « association internationale » qui regroupe plusieurs polytechniciens et centraliens autour de « la reconnaissance des apports de Maurice Allais à la science », et notamment de sa contestation virulente de la théorie de la relativité.

Les créationnistes américains ont leurs propres « instituts de recherche », comme la Creation Research Society (créée en 1963 dans le Missouri) ou l'Institute for Creation Research (créé en 1972 à Dallas). Les programmes de recherche de ces instituts ont des acronymes en quatre lettres[1], comme les aime le monde scientifique. Les outils traditionnels de la démarche scientifique, comme la réfutation interne, sont aussi à l'œuvre dans les revues créationnistes : on trouve des créationnistes qui réfutent le géocentrisme prôné par d'autres. L'astrophysicien créationniste Russell Humphreys fait de l'épistémologie au sein même du créationnisme, en se réjouissant qu'une théorie créationniste plus élaborée en chasse une autre.

La place faite à la vulgarisation scientifique est un autre signe de mimétisme. Dans les revues créationnistes ou d'autres, comme l'ex-revue francophone *Fusion* du mouvement de Lyndon LaRouche, est présente une vulgarisation scientifique fort correcte, portant sur des résultats non contestés, ce qui valorise le lecteur comme l'auteur et crédibilise ce dernier. Dans la mouvance altermondialiste, un exemple de mimétisme est donné par la notion de *prix Nobel alternatif*. Parodie ou mimétisme, l'anarcho-situationniste Bertrand Louart allègue de sa propre structure, qu'il présente comme une unité de recherche, CNRS-URBC – mais les initiales signifient ici Comité national de répression du scientisme et Unité de recherche de biologie critique...

*

1. Par exemple RATE (*Radioisotopes and the Age of the Earth*), programme de recherche de l'astrophysicien créationniste Russell Humphreys (*cf.* chapitre VIII).

Lévi-Strauss à nouveau, observateur d'un certain nombre de pratiques ancestrales mais ô combien universelles, a étudié, dans *La Pensée sauvage* (1962), ce qui pourrait être, *mutatis mutandis*, l'une des clefs d'un tel mimétisme. La pensée sauvage, c'est, pour l'auteur, à la fois la pensée des « sauvages » qui sont ses objets d'étude, mais surtout celle, non domestiquée, qui est présente en chacun de nous[1]. Un des mécanismes de cette « pensée sauvage » est, selon Lévi-Strauss, la « mise en structure », qui pourtant en premier abord semble antinomique à la notion de *pensée sauvage*. Cette mise en structure, irruption du rationnel dans l'irrationnel, posséderait une efficacité intrinsèque, quels que soient les principes et les méthodes dont elle s'inspire : une efficacité non absolue, mais interne au groupe considéré.

Dans les *tribus* ici étudiées, le mimétisme de la science se manifeste de diverses manières, mais peut s'assimiler à une mise en structure : les bases d'un raisonnement scientifique ou d'une construction théorique sont ainsi posées en apparence – et le discours est bien souvent orienté vers la tribu elle-même. C'est l'efficacité interne, en direction du groupe, qui est recherchée : les ingénieurs créationnistes aiment à partager entre eux l'apparence de rationalité donnée par leurs constructions théoriques et ce qui en résulte, revues, colloques et autres programmes de recherches. Lévi-Strauss évoque à ce propos un « appétit de connaissance objective ». Pour lui, cette science du concret « n'en est pas moins scientifique » : la pensée sauvage est logique. Il en va de même de l'alterscience, forme de *pensée sauvage*.

L'exigence de déterminisme est plus impérieuse pour la pensée sauvage qu'elle ne l'est pour la science, nous dit l'ethnologue ; cette exigence est aussi présente dans l'alterscience, qui ne supporte pas le doute inhérent à la science et a soif de compréhension. La pensée sauvage apparaît « comme une sorte de bricolage intellectuel », et celui qui la pratique s'arrange toujours « avec les moyens du bord, c'est-à-dire un ensemble à chaque instant fini d'outils et de matériaux » : l'ingénieur auteur de théories physiques alternatives est lui aussi un bricoleur – ses moyens du bord sont les connaissances scientifiques qu'il a acquises lors de ses études ou dans sa pratique professionnelle. Il ne juge pas utile de les approfondir ou d'apprendre à se servir d'autres

1. Notons que les néoanarchistes (chapitre XVII) se réclament d'une « pensée sauvage », opposée aux « penseurs officiels » (PMO [2008]).

outils, comme par exemple ceux de la science qui lui est contemporaine. Le scientifique, comme le bricoleur, est à l'affût de messages : mais le scientifique escompte toujours une réponse différente, tandis que le bricoleur alterscientifique ne fait que se conforter dans des réponses qu'il a déjà, des codes préappris, des « réponses répétées à l'avance » (Lévi-Strauss).

*

Un corollaire au rejet de la science contemporaine est la vision d'une science dans l'impasse, mal en point, en mauvaise santé, malade… elle ne correspond pas à cette *certaine idée de la science* qu'ont nos objets d'études. Les diatribes contre la science officielle et l'Académie des sciences, de Jean-Paul Marat à Maurice Allais deux cents ans plus tard, participent de ce mythe d'une science vue comme étant dans l'impasse. Qui dit impasse dit aussi *perte de temps* : dans une vision positiviste qu'ont certains alterscientifiques, le temps écoulé dans une impasse est du temps perdu pour le progrès de la science car il ne peut être rattrapé. La perte de temps n'est pas causée par un détour, par un chemin de traverse plus long qui ramènerait néanmoins à la voie principale – ce qui est souvent le propre de la démarche scientifique : non, elle est irrémédiable puisqu'elle se fait dans une impasse, d'où la science serait obligée de faire marche arrière. Maurice Allais conclut un article en disant que « la théorie de la relativité a fait perdre un siècle à la pensée physique ». Lucien Romani se lamente que « certains domaines scientifiques soient fouillés à fond, alors que d'autres ne sont même pas envisagés (rayon N, télépathie, etc.) » : pour lui, on pourrait consacrer ce temps précieux à l'étude d'une *autre* science, plus utile. L'universitaire créationniste siennois Roberti Fondi pense qu'on ferait beaucoup plus de progrès en biologie « si on voulait bien sortir des impasses du mythe évolutionniste ». Les promoteurs de la *Deutsche Physik* tiennent le même discours quand ils se plaignent de perdre un temps précieux pour leurs propres recherches et pour l'avancement de la science, obligés qu'ils sont de réfuter les inepties de la nouvelle physique (relativité, mécanique quantique). Marat lui aussi déplore que le temps passé à se protéger des vilénies des académiciens « empêche l'étude sereine de la nature ».

La plupart se désolent de voir mal en point cette science qu'ils aiment tant : l'ingénieur René-Louis Vallée indique qu'« il faudra quelques années avant que la Physique ne recouvre une santé meilleure, et que se trouvent chassés les phantasmes et la fiction, séquelles d'une longue maladie qui aura duré près d'un siècle ». Refusant à la science d'être vivante – en fait d'évoluer par rapport au temps de leurs études –, certains ingénieurs lui attribuent, paradoxalement, le caractère allégorique d'un être vivant : personnification de la Science, de la Physique (avec majuscules initiales), considérées comme malades ou en convalescence, et auprès desquelles se pressent ces médecins attentionnés.

Comme la physique moderne, la biologie moderne est dans l'impasse. Avec Fondi cité plus haut, les créationnistes du CEP[1] estiment que « les spéculations invérifiables du darwinisme ont fait perdre cinquante ans à la biologie ». Le militant de gauche extrême Bertrand Louart, opposé à la théorie darwinienne de l'évolution, déplore lui aussi, dans des termes très analogues, « l'impasse stérilisante et mortifère dans laquelle l'idéologie de l'être vivant machine a fourvoyé la biologie depuis cent cinquante ans », et insiste :

> Depuis Darwin la biologie s'est enfoncée dans la confusion des idées et dans la pauvreté de la réflexion[2].

*

Parmi les hommes de lettres réactionnaires – ceux qui sont en réaction –, Antoine Compagnon [2005] s'est intéressé à ceux qu'il a appelés les *antimodernes*, en les caractérisant par un certain nombre de figures. Ces figures peuvent être transposées aux alterscientifiques – en réaction contre la science contemporaine. Première figure, l'« anti-intellectualisme » traduit une méfiance à l'égard des théories et des concepts : elle peut être comparée au rejet des mathématiques et de la théorie par l'alterscientifique. Autre figure de Compagnon, la « vitupération », ou « imprécation », est un des marqueurs profonds de l'alterscience.

---

1. *Le CEP, revue du CEP*, juillet 2010, n° 52. Le Centre d'études et de prospective sur la science est une association créationniste fondée par Dominique Tassot, ingénieur civil des mines (voir chapitre VIII).
2. *Notes & morceaux choisis. Bulletin critique des sciences, des technologies et de la société industrielle*, n° 9, p. 10.

La « vénération du sublime » peut être associée au mythe de la science unifiée, à la beauté de l'unité ou, chez les néoanarchistes, au mythe de la science d'antan, celle d'avant la science moderne. L'« opposition à la Révolution » (chez Compagnon celle de 1789) est très marquée chez les catholiques créationnistes ; l'opposition à une autre révolution, la révolution scientifique en physique et en mathématiques au début du XXe siècle, est le ressort des ingénieurs antirelativistes ; la *Deutsche Mathematik* du régime nazi, en opposition aux mathématiques formalistes du programme de Hilbert, est « une contre-révolution scientifique, une révolte antimoderne[1] ».

Autre figure, le « pessimisme » est frappant chez les anarchistes opposés à la science contemporaine : leur manifeste *Négatif !* ne laisse entrevoir aucun espoir dans les sociétés actuelles, les technosociétés. Pièces et Main d'œuvre conclut un de ses prospectus par : « Il faut vivre contre son temps, c'est tout. » On peut aussi lire : « Sous quelque angle qu'on le prenne, le présent est sans issue. » Ces mouvements se rangent aussi dans la dernière figure de Compagnon, « l'opposition aux Lumières » : pour eux, la technoscience découle du scientisme et du positivisme (Comte), qui lui-même trouve sa source dans les Lumières (Condorcet). Ce sont effectivement des antimodernes – ils trouvent d'ailleurs une inspiration chez les antimodernes littéraires décrits par Compagnon : la revue *Notes & morceaux choisis* de Bertrand Louart reproduit un texte de Baudelaire très critique sur la notion de progrès[2].

On peut d'ailleurs relever la similitude de certaines postures chez des individus que tout sépare : l'anarcho-situationniste René Riesel nous dit être « conservateur au sens révolutionnaire », et le créationniste Guy Berthault se qualifie de « traditionaliste d'avant-garde ». Il y a un abîme entre le contexte de ces deux phrases – la religion chez le second, évidemment pas chez le premier, et la révolution chez le premier, évidemment pas chez le second. Mais sur la forme – par ce slogan en forme d'oxymore –, comme sur le fond, ils s'affirment l'un comme l'autre, et chacun à sa manière, résolument opposés à la science contemporaine.

*

1. Mehrtens [1989].
2. « Où est, je vous prie, la garantie du progrès ? », février 1998, [NMC] n° 1, titre donné à un article de Baudelaire, *Exposition universelle* (1855) ; voir Charles Baudelaire, *Critique d'art*, Paris, Gallimard, « Folio », 1976, p. 240-241.

La vitupération est, on l'a vu, un marqueur de l'alterscience. Elle semble aller de conserve avec des idéologies extrêmes, soit qu'elle émane de groupements déjà fortement idéologisés, soit qu'elle émane d'individus que leur frustration amène à une dérive vers des idéologies extrêmes. Le sociologue Gérald Bronner a étudié ce qu'il appelle « la pensée extrême ». Son analyse porte sur les pensées et actes terroristes, se traduisant par des homicides ou des tentatives d'homicide. S'interrogeant sur la nature des adhésions à certaines croyances qui peuvent paraître absurdes, « inspirées par la bêtise et la méchanceté », il conteste l'invocation systématique de l'irrationalité et défend au contraire l'idée d'une forme de rationalité dans ces adhésions. Il cite certains tenants du complot des pouvoirs publics américains lors de l'attentat du 11 septembre 2001, architectes, ingénieurs et pilotes notamment qui utilisent une argumentation scientifique et technique à l'appui de leur dubitationnisme[1].

L'image suivant laquelle l'extrémiste combat pour des valeurs pour lui primordiales et par nature irrationnelles est ainsi remise en cause par Bronner. Il remarque aussi, en concordance avec notre propos, que la pensée extrême non seulement se développe en utilisant les méthodes de la science, mais peut aussi émaner d'acteurs ayant acquis un haut niveau d'éducation. Jean-Marc Lévy-Leblond note aussi « qu'en terre d'Islam, c'est dans les facultés des sciences, les écoles d'ingénieurs et les instituts techniques que l'intégrisme recrute le plus aisément », comme le fait la secte japonaise Aum Shinri-kyo[2].

Pour Bronner, que cette éducation supérieure soit scientifique ou non, elle a permis aux extrémistes de s'initier au caractère souvent polémique de l'avancée des sciences à travers les âges ou du débat scientifique lui-même : pour ceux qui ont une formation supérieure non scientifique, cette *initiation* a pu se faire à travers un vernis d'histoire ou de philosophie des sciences et des idées. Ils sont plus au fait de ce caractère polémique intrinsèque à la science que ne peut l'être l'homme moins édu-

1. Ce terme désigne ceux qui doutent du fait que l'attentat du 11 Septembre ait été organisé par Al-Qaida. Sur la présence d'ingénieurs et de pilotes dans ce camp, voir le film dubitationniste d'Olivier Taymans *Épouvantails, autruches et perroquets. Dix ans de journalisme sur le 11 Septembre*, projeté dans des séances spéciales dans diverses salles de cinéma en Belgique, en France et en Suisse ; en ligne sur http://epouvantails.collectifs.net.
2. Lévy-Leblond [2000].

qué : c'est pourquoi ils utilisent sans hésiter la polémique scientifique à l'appui de leur pensée. Leur niveau d'éducation leur donne une « disponibilité mentale » à des idées saugrenues, voire extrêmes : plus la sphère de la connaissance augmente en volume – pour une personne donnée ou pour la science dans son entier –, plus la surface externe de contact avec l'inconnaissance augmente, et plus les déviations sont possibles.

*

Le passage à l'acte terroriste, étudié par Bronner avec la pensée extrême, n'est pas au cœur de notre propos ici. Les mouvements d'ultragauche (chapitre XVII) théorisent et pratiquent l'arrachage d'OGM ou la perturbation violente de débats sur les nanotechnologies ; ils ne pratiquent pas la voie de fait sur un être humain, ou l'acte terroriste. Mais d'autres mouvements ou individus procédant d'inspirations fort analogues sont déjà passés à l'acte.

Le mathématicien Theodore Kaczynski (né en 1942) a plusieurs résultats de recherche à son actif et a été brièvement professeur de mathématiques à l'Université de Berkeley. Il est surtout connu comme le fameux Unabomber, qui a envoyé des colis piégés, notamment à des professeurs d'informatique, de 1978 à 1996, date à laquelle il est arrêté et condamné à la détention à vie (entre-temps, les colis piégés avaient fait des blessés graves et deux morts en 1994 et en 1995). Kaczynski prône un « effondrement du système technologique[1] », à l'instar des mouvements néo-anarchistes étudiés ici, qui d'ailleurs font référence à Kaczynski : René Riesel écrit un de ses textes « en hommage à Theodore Kaczynski, fou de lucidité, enterré vivant dans une prison *high-tech* des États-Unis d'Amérique[2] » – même dans sa prison, Kaczynski est soumis à l'emprise de la technologie. Lecourt a écrit que les idées de Kaczynski, loin d'être celles d'un fou, dénotent une « construction intellectuelle mûrement réfléchie [...] relevant d'un anarchisme radical, mais élitiste[3] ».

Dans les années 1980, en France, les terroristes d'Action directe s'en sont pris, en l'espace de deux ans, non à des hommes politiques, mais à ceux qu'ils considéraient comme des représentants d'une « techno-

---

1. Titre de son ouvrage, Éditions Xenia, 2008. Voir aussi l'annexe de Lecourt [2003].
2. Riesel [2001]. Voir aussi PMO [2003] ou Louart, *Notes & morceaux choisis*, juin 1999, n° 3, seconde édition revue, augmentée et illustrée, 2005.
3. Lecourt [2003/2011], p. 140.

structure » qui aurait perverti la démocratie. L'exemple le plus connu est l'assassinat du président de Renault, Georges Besse (1927-1986), mais celui de l'ingénieur général de l'armement René Audran en 1985 doit être rappelé, ainsi que la tentative d'assassinat faite en avril 1986 sur Guy Brana[1]. Plus récemment à nouveau, en mai 2012, un groupe nommé la « cellule Olga » d'une Informal Anarchist Federation a revendiqué un attentat (tir dans les jambes) contre Roberto Adinolfi, président d'une entreprise nucléaire italienne : la lettre de revendication au *Corriere della Sera* était truffée d'une rhétorique antiscience et stigmatisait Adinolfi comme « un des nombreux sorciers de l'atome[2] ».

*

Vitupération et dérive idéologique chez l'alterscientifique conduisent certains d'entre eux à une proximité avec l'antisémitisme, ou avec la théorie du complot juif mondial[3]. Sartre [1948] rattache l'antisémitisme à « une conception du monde prélogique, un grand mythe explicatif ». L'antisémite invoque l'irrationnel comme valeur ; il n'entend rien à la société moderne ; son action ne peut se placer au niveau de la technique, elle demeure sur le terrain de la passion. L'antisémite hait la raison, et avec elle le Juif, qui est « un intellectuel abstrait, un peu raisonneur ». Le Juif se défend en niant l'intuition en même temps que l'irrationnel ; il fait s'évanouir les pouvoirs obscurs, la magie, la déraison, tout ce qui ne peut s'expliquer à partir de principes universels.

La réaction manifestée, à partir d'un certain âge, par l'ingénieur alterscientifique contre la science qui lui est contemporaine peut aussi apparaître comme une réaction contre la *société* qui lui est contemporaine. Arrivé au milieu de sa vie, chacun est amené à sublimer son énergie et sa pensée en faveur de diverses causes ou idées : il peut le faire de manière positive en interaction avec autrui, ou de manière négative en se retranchant du monde. L'alterscientifique mobilise son énergie

1. Guy Brana (1924-2010), polytechnicien, ingénieur en chef de l'armement, ancien de Thomson-CSF et vice-président du CNPF.
2. Leigh Philips, « Anarchists attack science », *Nature*, 31 mai 2012, 485, p. 561.
3. Une définition synthétique en est donnée par Anna Zielinska (Sommerer-Zaganiaris [2010]) : « Une peur irrationnelle (n'étant pas étayée par des faits quelconques) de l'existence d'une intelligence collective, vicieuse et manipulatrice, attribuée à un peuple entier qui constitue une menace constante pour celui qui s'oppose à lui. »

au profit de sa théorie (ô combien !), mais de manière négative : il a seul raison contre tous, prophète inouï. Le rejet de la science moderne en vient alors à s'accompagner du rejet de la société moderne et des stéréotypes de cette modernité vus par l'alterscientifique : les lobbys de la presse et de l'audiovisuel, l'immigration, l'homosexualité, etc. Ce rejet apparaît alors soit de manière liée à la théorie (qui pâtit du complot du silence mené par le « lobby juif » de la presse), soit de manière plus générale : c'est le malaise de cet homme face à la société contemporaine qui transparaît à travers sa dérive alterscientifique.

Nous aurons à comprendre dans les pages qui suivent comment la réaction alterscientifique contre la science contemporaine, ainsi que l'instrumentalisation de la science peuvent souvent – mais pas systématiquement – s'inscrire, parmi d'autres dérives, dans des courants de pensée xénophobes ou antisémites, et plus généralement des courants de pensée de rejet d'Autrui.

IV

Psychanalyse d'une connaissance subjective

Les hommes s'attachent avec passion à des savoirs ou des pensées particulières, soit parce qu'ils s'en croient les auteurs et les inventeurs, soit parce qu'ils leur ont consacré beaucoup d'études et s'y sont habitués[1].

Intéressons-nous enfin à l'homme lui-même, auteur de théories physiques alternatives ou impliqué dans des idéologies d'instrumentalisation de la science. En paraphrasant un titre de Bachelard[2], on pourrait tenter une psychanalyse de cette connaissance fort subjective qu'est l'alterscience, qui traduit aussi une *déformation* de l'esprit scientifique. Comment décrire ces auteurs ? Quels sont leurs « pousse-au-jouir », pour reprendre l'expression du psychanalyste Gérard Miller[3] ?

*

C'est souvent à partir d'un certain âge qu'ils commencent à se manifester : l'ingénieur à mi-parcours ou en fin de carrière, le savant déjà couvert d'honneurs et sortant de son domaine d'excellence ou

1. Francis Bacon [1620], *Novum Organum*, introduction, traduction et notes par M. Malherbe et J.-M. Pousseur, Paris, PUF, 1986 ; § 54, p. 117.
2. Gaston Bachelard [1938], *La Formation de l'esprit scientifique. Contribution à une psychanalyse de la connaissance objective*.
3. Gérard Miller, *Les Pousse-au-jouir du maréchal Pétain*, Paris, Seuil, 1975.

s'engageant dans la politique en sont des figures représentatives. On parle parfois de *philopause* pour l'homme à maturité, à partir de 45-50 ans – il cherche à donner un sens à sa vie, en s'abstrayant, au moins intellectuellement, des astreintes de son quotidien. Cette quête de sens peut aboutir à des pistes entièrement nouvelles pour lui ; elle peut aussi se construire à partir d'éléments structurants de sa jeunesse. Chez l'ingénieur arrivé au mitan de sa vie, le *retour à la science*, comme à une passion de jeunesse, est souvent un ressort.

Guy Berthault (né en 1925), polytechnicien et géologue autoproclamé, entreprend, après sa carrière professionnelle, des expériences de géologie créationniste. L'ingénieur Lucien Romani (1909-1990), directeur d'un bureau d'études, réfléchit à nouveau à la science à 55 ans, à la faveur d'une mauvaise fracture l'immobilisant, et publie dix ans plus tard (1976) sa *Théorie générale de l'Univers physique* refondant la cosmologie et proposant « d'abandonner la physique surréaliste » ; il est aussi antidarwinien. Maurice Allais (1911-2010) est avant tout un économiste – c'est plus tard, à 40 ans, qu'il commence des expériences de physique avec un « pendule paraconique », censé remettre en cause la mécanique newtonienne. Ekkehard Friebe (né en 1927), ingénieur allemand qui tient depuis 1996 un site antirelativiste, intitulé Science et responsabilité morale, fait une carrière d'ingénieur dans l'électrotechnique, puis vient à s'intéresser en 1979 « de manière intensive, dans un cadre paraprofessionnel, aux fondements de la physique » ; depuis sa retraite en 1989, il y accorde « une attention plus approfondie[1] ».

Certains de ces ingénieurs peuvent avoir, compte tenu de leur âge, des moyens financiers acquis dans une première partie de leur carrière, moyens qu'ils mettent à profit de leurs investigations ou publications alterscientifiques. Ainsi Auguste Lumière précise-t-il, en attaquant les mandarins de la médecine :

> Notre situation d'ancien industriel nous a permis de disposer des ressources suffisantes pour publier et diffuser nos résultats, si bien que nous avons rendu leur méthode d'étouffement inopérante[2].

---

1. Site antirelativiste Wissenschaft und moralische Verantwortung, mené par G. O. Müller, Ekkehard Friebe et Jocelyn Lopez, http://www.ekkehard-friebe.de/profil.html.
2. Lumière [1941].

L'argent se voit là attribuer un rôle moral : c'est une des seules armes susceptibles de déjouer le « complot du silence », celui qui empêche les vraies découvertes de voir le jour ; le novateur sans ressources financières est, hélas, condamné d'avance.

*

Quant aux savants qui s'aventurent dans l'alterscience, ils le font, eux aussi, à partir d'un certain âge, et souvent auréolés du prestige de leurs résultats scientifiques. Comme ironise Bachelard [1938], les grands hommes sont utiles à la science dans la première partie de leur vie, nuisibles après. Philipp Lenard (1862-1947, prix Nobel de physique 1905) et Johannes Stark (1874-1957, prix Nobel de physique 1919) ont déjà la cinquantaine – ainsi que des résultats scientifiques hors pair qui leur ont valu le prix Nobel – lorsqu'ils commencent à théoriser une *Deutsche Physik*, tout en s'engageant pour Hitler en 1924.

Le contraste avec la production scientifique traditionnelle apparaît ici : il est généralement admis que les découvertes majeures d'un scientifique, au moins en sciences exactes, se font entre 20 et 40 ans – même si cette règle connaît de brillantes exceptions. Ici, c'est systématiquement l'inverse : les prétendues découvertes se font toujours au-delà d'un certain âge.

De même, à rebours de toute démarche scientifique, fondée sur l'étude, la persévérance et l'ouverture à la contradiction, l'idée de *révélation* est parfois invoquée par les alterscientifiques – et ce pas uniquement dans des milieux créationnistes. Charles Fourier a eu le sentiment d'une révélation totale de la vérité, sentiment proche d'une extase religieuse[1]. L'ingénieur Hörbiger a eu la révélation, un soir d'automne 1894, que la Lune était un bloc de glace – il en fera sa cosmogonie de la glace éternelle vingt ans plus tard, à 52 ans. Le médecin Immanuel Velikovsky indique qu'au printemps 1940 lui « est venu brusquement à l'idée qu'un cataclysme a eu lieu au moment de l'Exode ».

*

Un autre caractère souvent rencontré est celui du polymathe. En cohérence avec son invocation obsessionnelle d'une science unifiée,

1. Bénichou [1977].

l'alterscientifique a l'ambition de pratiquer plusieurs sciences : il a *des clartés de tout,* pour reprendre l'expression de Molière utilisée par Auguste Comte[1].

Gustave Le Bon en est un exemple : à l'origine médecin – donc formé à la science, il est simultanément physicien, anthropologue, psychologue, spécialiste des équidés, etc. Auguste Lumière, qui avait fait des études d'ingénieur à l'École technique de la Martinière à Lyon avant de faire ses inventions cinématographiques, s'intéresse à la médecine pendant la Première Guerre mondiale, vers 55 ans : il argue pendant le restant de sa longue vie que la tuberculose est une maladie non contagieuse. Ces polymathes s'estiment reconnus dans un domaine – la psychologie pour Le Bon, le cinématographe pour Lumière – et veulent en explorer d'autres, auréolés d'une légitimité scientifique.

Le même mécanisme peut être observé chez certains chercheurs qui sortent de leur domaine scientifique pour s'aventurer dans d'autres disciplines. Le principe NOMA (*non overlapping magisteria*), que Stephen Jay Gould a proposé entre science et religion, pourrait être étendu avec profit entre branches de la science elle-même : il est toujours périlleux de se risquer en franc-tireur en dehors de sa discipline, sans prendre l'attache de spécialistes. Quant à l'ingénieur, n'est-il pas par essence même polymathe ? Son métier ne correspondant-il pas à la mise en application de *plusieurs* sciences ?

Une variante du caractère polymathe est le caractère polyérudit, mobilisant à la fois sciences humaines et sciences exactes. Il en est ainsi du psychiatre Immanuel Velikovsky (chapitre X), qui dans son ouvrage *Worlds in Collision* (1950) convoque, pour soutenir sa thèse d'une planète Vénus heurtant la Terre il y a quelques dizaines de milliers d'années, à la fois l'archéologie, la théologie, la géologie, l'astronomie...

*

Le souci *effréné* de reconnaissance est un autre moteur des individus rencontrés ici. Il n'est certes pas l'apanage des alterscientifiques – des scientifiques orthodoxes, comme finalement tout être humain, peuvent avoir un désir de reconnaissance : mais il est toujours couplé ici à la

1. [TPAP, 1844], p. 86.

vitupération et a un caractère obsessionnel –, c'est pourquoi nous le qualifions de souci effréné, sans limites. Ainsi, Jean Perrin voit-il chez Le Bon, en recensant l'un de ses ouvrages, une « hyperesthésie maladive du "moi"[1] ».

Ce souci de reconnaissance est particulièrement notable chez ceux qui attaquent en permanence la « science officielle », par exemple le symbole que représente à leurs yeux l'Académie des sciences. Tout en contestant les résultats et les procédés de la science officielle, ils aspirent à la reconnaissance, soit par d'autres canaux, soit, de manière paradoxale, par cette même science officielle ! Ce dernier cas révèle une contradiction intime : Marat, Auguste Comte, Gustave Le Bon, Auguste Lumière aimeraient entrer à l'Académie, tout en la vilipendant en permanence. Leurs écrits deviennent souvent hargneux lorsqu'ils comprennent qu'ils n'entreront pas dans cette institution. Mais ils n'abandonnent jamais totalement ce rêve, et leur argumentation les renforce dans cette idée : cette Académie, avec ses membres usurpateurs, a toujours mal fonctionné – *elle ne m'accepte pas parce que je la dénonce comme usurpatrice*. D'ailleurs, avec sa composition et son fonctionnement actuels, elle est incapable de comprendre ma valeur et ne me mérite pas[2] – ce qui rappelle la boutade attribuée à Groucho Marx : « Je ne souhaiterais pas faire partie d'un club qui m'accepterait comme membre. »

*

La reconnaissance recherchée est parfois plus mondaine, médiatique ou politique que scientifique. La sociologue américaine Naomi Oreskes[3] indique, à propos du physicien Freeman Dyson (né en 1923) ou du géologue Claude Allègre (né en 1937), qu'il s'agit « de scientifiques âgés, qui ont eu énormément de succès à l'apogée de leur carrière et qui à présent reçoivent de moins en moins d'attention » : à partir d'un certain âge, certains scientifiques veulent continuer à bénéficier

1. Jean Perrin, « À propos de *L'Évolution des forces* », *Revue du mois,* 10 novembre 1907. Voir chapitre XIV.

2. Le raisonnement en boucle peut être schématisé ainsi :

elle ne m'accepte pas ⟹ elle ne fonctionne pas normalement
⇑ ⇓
je la dénonce

3. Oreskes [2008].

d'une existence médiatique, accessoirement scientifique – ils veulent rester sous les feux de la rampe et s'adressent directement au grand public *via* les médias. La science est généralement écrite pour être lue par des pairs, l'alterscience se passe de la reconnaissance académique, dans ce cas elle est tournée vers le public, vers *autrui* en plus grand nombre possible.

En recherche de reconnaissance mondaine, les ingénieurs alterscientifiques font souvent appel aux plus hautes autorités de la République pour exposer leurs théories injustement méconnues : ainsi René-Louis Vallée, l'inventeur de la « théorie synergétique de la matière », fait-il copie au président de la République des courriers qu'il adresse à Jean-Marc Lévy-Leblond, à l'université de Nice et au journal *La Recherche*. Ils utilisent leurs relations mondaines pour exposer leurs théories scientifiques dans des grandes salles de la République, le Sénat, l'Académie des sciences morales et politiques – ce qui leur permet de dire que l'« Institut » (sous-entendu l'Académie des sciences) soutient leurs thèses. Parfois, la pression qu'ils exercent sur leurs relations va jusqu'à l'Académie des sciences, qui se trouve obligée de publier des notes édulcorées sur leurs « théories » (l'antirelativiste Maurice Allais, le créationniste Guy Berthault).

L'entregent et les relations mondaines, qu'ils surestiment souvent, sont de fait un élément important de leur démarche et de leur vision. Gustave Le Bon, dans sa vitupération contre le secrétaire perpétuel de l'Académie, le mathématicien Picard, invoque les relations mondaines qu'il entretient avec lui : « Picard écrivait dans ma collection chez Flammarion, nous nous donnions du *Cher Monsieur*... » De nos jours, tel ingénieur polytechnicien, ancien capitaine d'industrie s'intéressant depuis sa retraite à la physique de l'espace-temps, s'aigrit de ne pas voir ses travaux publiés et pense que, pour être édité chez tel grand éditeur parisien, « il faut être pistonné ».

Il n'est finalement pas étonnant de voir que, ne se pliant pas à la démarche de reconnaissance scientifique de leurs travaux par des chercheurs compétents, les alterscientifiques cherchent une reconnaissance par des canaux extérieurs à la science. Mais leur ambivalence est profonde, parce qu'*in fine*, c'est bien la reconnaissance du monde scientifique et universitaire qui est recherchée.

*

L'opposition personnelle à un savant donné, de renom, est un autre ressort des individus étudiés ici ; elle fonctionne de conserve avec la vitupération. Il arrive parfois que la construction théorique soit même entièrement bâtie sur une telle opposition personnelle. Un des moteurs de Marat est sa haine envers Lavoisier, l'homme important de la science en France à son époque. Plus près de nous, LaRouche indique que « la compréhension de cette erreur de Wiener est la clef de [s]es découvertes en économie ».

Les icônes, comme Newton, et maintenant Einstein ou Darwin, sont évidemment des cibles de choix. Il apparaît parfois un curieux phénomène : certains antirelativistes gardent Einstein sur un piédestal, tout en déversant leur haine vitupérante contre les « einsteiniens ». Allais estime qu'« Einstein n'a jamais partagé la vision obscurantiste de certains einsteiniens[1] ». L'ingénieur René-Louis Vallée, tout en agonissant la physique moderne, et notamment la relativité, se compare à Einstein et mime, avec sa théorie synergétique, la démarche conceptuelle d'Einstein, jusqu'à écrire l'équation de la synergétique $S = mc^2$. Lyndon LaRouche ne critique jamais Einstein et ne le range pas parmi « les vaches sacrées à remettre en question » ; pourtant il s'oppose à la méthode déductive utilisée par Einstein et conteste les résultats de la physique du XXe siècle, « siècle pauvre en découvertes physiques » ; c'est pour mieux s'en prendre à ceux qui, moins connus, ont donné corps à la relativité d'Einstein, les « einsteiniens » comme le mathématicien de la relativité restreinte Hermann Minkowski.

*

L'invocation mythique des « savants amateurs » est aussi une posture fréquemment rencontrée ici. La science a mis du temps à s'organiser : en France, c'est justement l'Académie des sciences qui *fait* la science, à partir de sa création en 1666, et surtout un siècle plus tard avec les débuts de la science expérimentale, en physique, en chimie sous l'impulsion de Lavoisier. Les grandes écoles sont créées par la Révolution en 1794, et l'École polytechnique elle-même *fait* la science entre sa création et 1840 ; les facultés des sciences commencent à peine à déployer leur activité sous l'Empire – elles ne prendront que beaucoup plus tardivement

1. Allais [1989], p. 43.

une orientation de recherche. Un organisme de recherche comme le CNRS est créé dans les années 1930 ; en Allemagne aussi, le premier institut de recherche, le KWG (Kaiser-Wilhelm Gesellschaft) n'est créé qu'en 1910.

Ignorant ou faisant mine d'ignorer cette lente évolution, peu intéressé à l'histoire des institutions scientifiques, opposé dans sa vulgate ou sa pratique à ces institutions, l'alterscientifique ne voit que savants amateurs dans l'histoire des sciences, de Pierre de Fermat au XVIIe siècle à Pasteur au XIXe et Louis de Broglie au XXe siècle. Cette vision de prétendus savants amateurs mériterait d'être contredite cas par cas. Fermat était en échange épistolaire permanent avec ses pairs scientifiques – ce qu'on a appelé la République des lettres au XVIIe siècle. Quant à Pasteur, ne représenterait-il pas plutôt, avec son laboratoire à l'École normale supérieure, le premier signe d'une organisation française de la recherche s'émancipant de l'université, le précurseur des instituts de recherche ? On peut d'ailleurs constater que jamais les époux Curie ne sont invoqués comme « scientifiques amateurs » : ils ont pourtant, comme Pasteur, leur propre laboratoire (pour les mêmes raisons que lui). Mais l'ingénieur alterscientifique est souvent réactionnaire – il s'identifie plus facilement à un scientifique masculin et réputé conservateur, comme Pasteur, qu'à une scientifique féminine de gauche, comme Marie Curie.

Quant aux frères de Broglie, leur invocation vise à utiliser le prestige et l'ancienneté aristocratique de leur famille, ainsi que le prix Nobel de physique attribué au plus jeune. Elle est fallacieuse : certes, la fortune familiale permet à l'aîné d'entretenir son propre laboratoire de recherche au début du XXe siècle, au moment où les institutions scientifiques ne sont pas encore formées, en tout cas en France. Mais ce ne sont pas des autodidactes ou des génies isolés. Maurice de Broglie (1875-1960), d'abord officier de marine, est à partir de 1904 l'élève de Paul Langevin au Collège de France et soutient en 1908 une thèse de doctorat sur les gaz ionisés ; son frère Louis de Broglie (1892-1987) soutient sa thèse en 1924 devant le même Langevin et devant Jean Perrin, les deux physiciens théoriciens français de l'époque, ce que Louis de Broglie est aussi.

*

Nous terminerons cet essai de psychanalyse de l'alterscientifique par celle de ses figures de style écrit. Ce ne sont pas là généralités applicables à tous les champs de l'alterscience – chacun de ces champs a ses particularités de forme qui méritent d'être étudiées.

Le « style insurrectionnel » cher au créateur du situationnisme Guy Debord est employé par les néoanarchistes, contempteurs de la science contemporaine. La phrase est châtiée, le style irréprochable, avec de nombreux imparfaits du subjonctif. Le chiasme (comme par exemple : « Celui qui se connecte à une base de données devient lui-même une donnée de la base ») est d'utilisation fréquente. À l'opposé, on est frappé du manque complet de construction de certains ouvrages d'ingénieurs alterscientifiques. Ce qui est présenté comme un ouvrage chez Maurice Allais est bien souvent, après une très brève introduction, un simple assemblage d'articles, de discours, de pages de citations de savants (avec beaucoup d'espace blanc[1]). On trouve des répétitions multiples d'idées – même pas formulées différemment – dans le même livre, et des répétitions d'articles entiers d'un livre à l'autre. De même, le livre où Auguste Lumière attaque l'Académie des sciences, *Les Fossoyeurs du progrès*, est composé d'un court propos initial, et d'une succession fastidieuse et répétitive de cas de savants ayant pâti de l'opposition de l'Académie – chacun des cas étant simplement décrit sans être aucunement analysé. Ces ouvrages sont tous de construction logique indigente.

Dans le même ordre d'idées, on rencontre parfois un *plan des travaux*, qui paraît aussi bien construit que les ouvrages effectivement publiés le sont peu. Saint-Simon donne, dans son *Travail sur la gravitation universelle* (1813), la liste de ses volumes à paraître et la date de leur publication. Son mémoire serait présenté le 1er janvier 1825 « aux sociétés savantes de l'Empire » – à cette date l'Empire n'existerait plus. La pensée de l'alterscientifique est souvent figée – il sait ce qu'il va écrire plusieurs années à l'avance, et ce d'autant plus facilement qu'il répète toujours plus ou moins les mêmes propos. La pensée du scientifique, quant à elle, s'adapte à ses nouvelles recherches, aux apports qui ont pu lui être faits ou à la contradiction qu'il a pu rencontrer. Dans son ouvrage de 2005, Maurice Allais donne la liste des ouvrages

1. Allais [1998] est un ouvrage qui n'est pas construit. Sur 150 pages, il y a 20 pages de texte utile. Le reste n'est qu'index des noms, bibliographie, pages entières de citations. La même phrase apparaît six fois (p. 17, 19, 29, 37, 38, 43).

V à XII et XX à XXII qu'il prépare[1] – belle foi en l'avenir pour un homme alors âgé de 93 ans !

*

Une figure rhétorique souvent rencontrée est celle de l'antonomase[2], au singulier mais plus souvent au pluriel. Antoine Compagnon évoque, chez les écrivains réactionnaires, la « litanie » constituée par « l'incessant pluriel d'antonomase[3] ». Elle est utilisée parfois positivement, par exemple pour exalter un savant isolé donc admiré (« un Pasteur, un De Broglie » chez Allais). Elle est plus souvent utilisée négativement, de manière particulièrement adaptée au style vitupérateur (« les Lagrange, les Cauchy » chez LaRouche). Elle peut être utilisée positivement et négativement dans la même phrase, comme dans ce chiasme d'Auguste Comte : « Nous avons la monnaie des Lagrange, des Monge, des Fourier, etc., dans les Poisson, les Cauchy, etc.[4]. »

Une autre figure de style est l'utilisation des guillemets (ou des mots en italiques) censément évocateurs et non liés à une référence particulière ou à une citation effective. Pracontal [1986] indique que « la surponctuation nourrit le caractère fumeux du texte » – on pourrait dire la même chose de l'utilisation abusive des majuscules aux noms communs, qui ne fait que flouter ces derniers[5]. À propos de Newton, d'Euler ou de Cauchy que LaRouche exècre, il nous dit entre guillemets – un peu comme certaines personnes joignent le geste des guillemets à leur parole – que pour eux « les mathématiques priment, la réalité physique vient ensuite ». Allais évoque en permanence entre guillemets « les vérités établies », « la science officielle », « l'establishment ». Ce

1. Les ouvrages II à IV sont parus, le I est lui aussi à paraître – sans doute est-il destiné à chapeauter l'ensemble de l'œuvre. Les XX à XXII, à paraître, ont des titres prévisionnels assez similaires : *Combats contre un dogmatisme intolérant* (livre XX), *Le Fanatisme contre la science* (livre XXI), *La Tyrannie des vérités établies* (livre XXII).

2. L'antonomase est l'utilisation d'un nom propre pour signifier un nom commun : d'un bon élève en sciences au lycée, on dira que « c'est un vrai Einstein ».

3. Compagnon [2005].

4. Lettre de Comte à Valat, 1er mai 1841.

5. Ainsi Jean E. Charon, physicien, polygraphe, auteur de science-fiction, concepteur d'une théorie unitaire de l'Univers, écrit-il (*La Connaissance de l'univers*, Paris, Seuil, 1961) : « Le premier [le continu] décrit le Réel, le second [le discontinu] exprime la Connaissance de ce Réel par l'Intelligence humaine. »

ne sont pas références à des écrits tiers avec note en bas de page – ce sont des références internes, clins d'œil au lecteur, voire des autoréférences de l'auteur : le discours est destiné à être lu par des militants, par des affidés qui comprennent ces allusions. En tout cas, si le lecteur ne sait pas ce à quoi réfèrent les guillemets, l'auteur, lui, le sait !

*

Une certaine idée de la science chez des personnes généralement formées à la science. Une réaction à la science contemporaine, avec construction théorique à l'appui. Un discours de vitupération contre une prétendue science officielle, avec des attaques personnelles contre ses représentants. Un rejet de l'abstraction mathématique et d'un réductionnisme scientifique caricaturé. L'exaltation d'une science unifiée, d'une science totale, voire d'une science terminée, ou la nostalgie du retour à la science et aux techniques d'antan ; en contrepartie de quoi, la déploration d'une science contemporaine malade, dans l'impasse. Polygraphie (écrire sur des sujets très divers) et polymathie (s'intéresser à des sujets scientifiques fort variés). Mimétisme du fonctionnement de la science et souci d'une vulgarisation scientifique. Rejet de la théorie darwinienne, présentée comme une nouvelle religion, celle de la science (par les créationnistes) ou celle du capitalisme (par les anarchistes). Invocation de la théorie du complot, dans une version faible (complot du silence), ou dans sa version forte (complot juif ou judéo-britannique mondial). Dérive idéologique comme un penchant naturel, ou intégration du discours de réaction à la science dans une idéologie préexistante. Diverses figures rhétoriques propres à chacun des mouvements (les références à usage interne, le chiasme, le singulier ou le pluriel d'antonomase). Voilà, parmi d'autres, les invariants que nous serons amenés à retrouver, de manière plus ou moins prononcée, dans les chapitres qui suivent.

Ingénieurs en réaction contre la physique moderne – Théories physiques alternatives

V

Ingénieurs antirelativistes : le Cercle de physique Alexandre Dufour

L'opposition à la théorie de la relativité apparaît comme un des marqueurs de l'alterscience au fur et à mesure de l'avancée du XXe siècle. Elle représente généralement une réaction contre une nouvelle physique et contre une nouvelle pratique de la science. En effet, on assiste à partir de 1900 en Europe à de profondes mutations de l'une comme de l'autre : accélération sans précédent du développement de la connaissance en physique et en chimie, et conséquemment spécialisation et complexification de la science. *Exit* la figure du savant universel, figure populaire, notamment en France, où la lignée des philosophes-mathématiciens-physiciens, Descartes, Pascal, Laplace, Poincaré, s'éteint sans doute avec ce dernier. Il ne sera plus possible d'être un génial touche-à-tout de la science : le *savant* des siècles précédents fait place au *scientifique*, puis au *chercheur*. La science n'est plus l'œuvre de géniaux individus isolés, mais devient un travail d'équipe. Elle se professionnalise et s'organise, avec la création des premiers organismes de recherche (comme la Kaiser-Wilhelm Gesellschaft fondée en Allemagne en 1911) et des premières fondations privées américaines (comme la Carnegie Institution en 1902). Les équipements de ce qui s'appellera la *big science* font leur apparition, avec les premiers grands observatoires et les premiers cyclotrons de la physique nucléaire.

*

Même si les ingénieurs qui publient des libelles antirelativistes à partir de 1920 n'ont pas à ce moment-là cette vision clairement constituée, ils en ont l'intuition. C'est une sorte de *dissonance cognitive* à laquelle ils sont confrontés : entre la science qu'ils ont connue dans les années de leurs études, les années 1880 à 1900, et la science telle qu'ils la voient se développer et se structurer à partir des années 1920 ; entre l'époque positiviste d'une science triomphante, valeur de progrès pour tous, et une époque où les premières fissures du rapport entre science et société commencent à apparaître, après les gaz de combat de la Première Guerre mondiale ; entre une époque de vulgarisation scientifique reine, où quasi toute la science peut être comprise par tous – en tout cas par eux –, et une époque où la science devient progressivement affaire de spécialistes, difficile à comprendre, devenue trop abstraite ou trop théorique. Phénomène d'autant plus significatif qu'il prend alors à rebours la forte appétence de science induite par le triomphalisme scientifique de la fin du XIXe siècle – époque où certains pensaient que la physique était terminée, juste avant l'apparition de cette nouvelle physique.

Cette dernière ne cadre pas avec l'*idée de la science* qu'ont ces ingénieurs, celle à laquelle ils ont été formés par leurs maîtres attachés à la physique expérimentale. Ils n'acceptent pas l'abandon par la théorie de la relativité de la notion de *temps universel* – cela heurte trop le *bon sens*, leur bon sens positiviste. Einstein n'est « pas un esprit logique », pas « un physicien rationnel[1] ». En suivant l'incantation de Maritain à propos de la relativité – « Défends ta peau contre tes médecins, défends ta raison contre tes savants » –, les ingénieurs seront nombreux à réagir, pour défendre une forme de rationalité positive, par excès de zèle rationaliste. C'est une forme d'inversion que l'on retrouve à plusieurs reprises dans l'alterscience : la raison est invoquée contre la science.

*

Cependant, être antirelativiste en 1920 n'est pas équivalent à l'être en 1960 ou en 2010. Plus la théorie de la relativité est comprise, acceptée et vérifiée au cours du siècle – et la conquête de l'espace à partir de 1960 y contribuera grandement –, plus ceux qui s'y opposent sur la base d'arguments non étayés relèvent de l'alterscience.

1. Y compris chez des Américains étudiés en 1952 par Martin Gardner : l'abbé Jeremiah Callahan ou l'ingénieur Francis Gillette.

Dans les années 1920, la relativité est comprise et acceptée par un petit nombre de savants. Certains physiciens réputés, comme Henri Bouasse, sont fort critiques face à cette nouvelle théorie, comme certains philosophes, tels Bergson ou Maritain, qui conçoivent avec grande difficulté la relativité du temps et veulent distinguer le « temps des physiciens » du temps réel. Le débat reste ainsi ouvert au niveau du grand public, en dehors de la communauté scientifique de pointe – qui sur ce sujet se trouvait en Allemagne. En France, des éditeurs scientifiques réputés publient des ouvrages antirelativistes écrits par des ingénieurs : Albert Blanchard, Hermann, Payot, et même Gauthier-Villars, l'éditeur des traductions françaises d'Einstein ou du premier manuel universitaire de relativité, celui de Max von Laue...

Cette situation de la relativité dans les années 1920 apparaît très similaire à celle rencontrée aujourd'hui à propos de l'origine anthropique du réchauffement climatique. Celle-ci est acceptée par la communauté scientifique à son plus haut niveau. Un petit nombre de scientifiques réputés la contestent, soit dans des articles scientifiques (comme Vincent Courtillot), soit en s'adressant directement au grand public (comme Claude Allègre). Et de nombreux ingénieurs s'engouffrent dans la brèche, en publiant des ouvrages chez des éditeurs réputés[1]... Toute théorie nouvelle nécessite une période d'acclimatation : c'est sans doute ce stade-là que traverse actuellement la théorie du réchauffement climatique d'origine anthropique.

*

Aussi nous attacherons-nous à la permanence de l'opposition à la relativité chez certains individus, entre 1920 et 1960 (par exemple chez l'ingénieur Henri Varcollier), et plus encore entre 1960 et 2000 (par exemple chez Vallée ou Allais), ainsi qu'à la permanence d'un courant antirelativiste contemporain.

L'ingénieur suisse Édouard Guillaume (1883-1959) remet en cause pendant toute sa vie le temps relatif de la relativité restreinte – le titre

1. Elle a aussi, comme la relativité dans les années 1920, ses opposants idéologiques radicaux, par exemple les fondamentalistes du marché et du développement technologique sans bornes (chapitre XVI). On verra qu'elle suscite l'opposition de courants radicaux fort divers : fondamentalistes du marché, créationnistes, néoanarchistes.

d'un de ses articles scientifiques aux *Comptes rendus de la Société suisse de physique* en 1917 s'intitule « Sur la possibilité de ramener la théorie de la relativité restreinte au temps universel ». Quelques années plus tard, il s'adresse au forcené antirelativiste et antisémite américain Arvid Reuterdahl (1876-1933) en écrivant : « Il est impossible de faire admettre des attaques directes contre Einstein. À ce point de vue, l'esprit en Europe est encore plus fanatique qu'en Amérique[1]. » En 1948 encore, il reprend sa correspondance avec Einstein (ils s'étaient connus à l'Office des brevets de Berne dans les années 1910) et s'enquiert auprès de lui : « Avez-vous reçu ma lettre du 5 avril ? Je vous montrais qu'il y avait une terrible contradiction dans la théorie de la relativité restreinte. »

Emmanuel Carvallo (1856-1945), polytechnicien, mathématicien, directeur des études à Polytechnique de 1909 à 1920, devient un antirelativiste virulent lors de sa retraite. En décembre 1921, il présente, *via* l'académicien Daniel Berthelot[2], une note à l'Académie des sciences qui se conclut ainsi :

> L'harmonie serait rétablie sans qu'il soit nécessaire d'abandonner les notions vulgaires de longueur et de temps, et d'imaginer, avec M. Einstein, des horloges et des mètres assez habiles et complaisants pour compenser par leurs variations les écarts de la théorie avec l'expérience.

Carvallo n'en démordra pas : en 1934, il écrit un ouvrage, *La Théorie d'Einstein démentie par l'expérience*. Il y invoque l'idée d'une science dans l'impasse et se propose de « chasser l'erreur de la théorie par l'éclat de la vérité expérimentale ». Déplorant que la relativité ait jeté l'enseignement « dans une confusion incompréhensible », il ajoute : « La postérité ne jugera-t-elle pas que la Relativité fit un moment reculer la Science de trois siècles ? » – cette phrase de Carvallo est citée par Allais sur son site Internet[3].

---

1. Fonds Reuterdahl, Université de Saint Paul (Minnesota), cote 4-19. Sur Reuterdahl, voir Moatti [2007], p. 191-194.
2. « L'électromagnétisme et le principe de relativité », note de E. Carvallo. C. R. T.173 (1921), p. 1155-1157 ; sur Daniel Berthelot (1856-1927), physicien de second rang, fils de Marcellin Berthelot, et son livre *Physique et métaphysique des théories d'Einstein* (Payot, 1924), voir Moatti [2007].
3. http://allais.maurice.free.fr/Paradoxe.htm (consulté le 22 mai 2011).

Marcelin Dubroca, professeur de physique en lycée, publie entre 1920 et 1925 plusieurs ouvrages antirelativistes, comme par exemple *Les Idées et les calculs de M. Einstein contre la science physique*, chez Gauthier-Villars... Quarante ans plus tard, il publie en 1961 un ouvrage d'alterphysique, *L'Atome et l'énergie, avec des idées diverses*. Il y compare Einstein à Flaubert, qui « trouvait du plaisir à toujours offusquer le bourgeois ».

Henri Varcollier (1880-1978), ingénieur principal à la SNCF, écrit divers articles en 1918 qu'il rassemble en 1925 en un ouvrage chez Gauthier-Villars, *La Relativité dégagée des hypothèses métaphysiques. Exposé des théories d'Einstein, discussion de ces théories, essai d'une théorie nouvelle construite dans l'espace et le temps classiques*. Il le conclut de manière vibrante sur l'éther, qualifié de « substratum du monde sensible », curieuse invocation pour qui dit se passer de considérations métaphysiques... Dix-sept ans plus tard, en 1942, alors directeur des chemins de fer d'Alger, il défend les « notions d'Espace, de Temps, de Milieu, de Matière, vieilles comme la Science, apparentées à la forme même de l'Intelligence humaine et dont elle ne peut s'écarter qu'avec quelque danger ».

*

Ils sont tombés par terre
C'est la faute à Doppler
Le nez dans le ruisseau
C'est la faute à Fizeau[1].

En 1949, Varcollier fonde avec le polytechnicien Fernand Prunier (1897-1971) le Cercle de physique Alexandre Dufour, dans la revue duquel on trouve la comptine mise en exergue ci-dessus. Cette comptine, imprégnée de l'esprit potache que l'on trouve parfois chez les ingénieurs (ou les médecins), marque l'état d'esprit des membres du Cercle de

1. *Bulletin du CPAD*, n° 186 ; il s'agit d'une paraphrase de la fameuse ritournelle de Gavroche : « Je suis tombé par terre, c'est la faute à Voltaire ! Le nez dans le ruisseau, c'est la faute à Rousseau ! » (Victor Hugo, *Les Misérables*, 1862). L'effet Doppler-Fizeau est souvent associé au troisième test de la relativité générale, le décalage gravitationnel des fréquences vers le rouge.

physique Alexandre Dufour (CPAD) vis-à-vis des physiciens relativistes, et de la relativité en général. Fonctionnant de 1949 à 1983 comme une société savante de physique alternative, il perpétue après guerre une tradition d'ingénieurs antirelativistes. En effet, s'il est fort peu de physiciens pour marquer après 1945 une opposition à la relativité, il y a un temps d'hystérésis pour les ingénieurs, formés par les scientifiques d'avant guerre, plutôt sceptiques face à la relativité. Ainsi le mathématicien Émile Picard (1856-1941), qui n'était pas un franc partisan de la relativité, professe-t-il la mécanique à l'École centrale pendant plusieurs décennies (1895-1937).

On peut évaluer le nombre de ses membres entre quarante et soixante-dix suivant la période, quasi tous ingénieurs[1] – polytechniciens et centraliens notamment, donc parmi ceux qui ont fait les études scientifiques les plus poussées et les plus théoriques. Des entreprises font partie du cercle en tant que personnes morales, comme le CNET (Centre national d'études des télécommunications) : c'est une caractéristique des ingénieurs alterscientifiques de pouvoir obtenir, grâce aux réseaux d'anciens élèves, des appuis de grandes entreprises sous forme de caution morale, de soutien financier, d'apport en industrie par prêts de locaux ou d'instrumentation – l'IRSID, Institut de recherches sur la sidérurgie, abrite dans les années 1950 les recherches de Maurice Allais sur le pendule paraconique. Jean Charon remercie en 1966, dans son ouvrage *La Crise actuelle de la physique,* « le président d'IBM France, M. C. de Waldner, qui a permis les premiers calculs des solutions de notre équation[2] ».

*

L'essentiel des réunions du Cercle Alexandre Dufour est consacré à la remise en cause de la physique moderne (relativité ou physique quantique) ou de la théorie de Darwin. Un lien intergénérationnel est ainsi

1. Parmi les membres polytechniciens, on peut relever les noms de Jacques Lecourt (X1901), Henri Malet (X1906), Jean Ricard (X1918), Fernand Prunier (X1920), Jean Lefebvre (X1926), Georges Salet (X1926), Maurice Allais (X1931), Paul-Ernest de Montaigne (X1935). Parmi les autres ingénieurs, on peut citer René Cordebas (Mines de Paris), Tournaire (ESPCI), ou Henri Varcollier (École navale) ; ainsi que René-Louis Vallée et Lucien Romani, sur lesquels nous reviendrons plus loin.
2. Jean E. Charon, *La Crise actuelle de la physique*, Paris, Séquoia, 1966.

fait entre des ingénieurs antirelativistes de la génération d'Einstein (comme Varcollier) et d'autres, plus jeunes, nés jusqu'à la Première Guerre mondiale ; le Cercle ne recrute guère de membres nés après 1920 et s'éteint progressivement avec ses membres. Henri Malet (1888-1971), ingénieur des Ponts et Chaussées, y expose une théorie du « vieillissement des photons ». Michel Nahas attribue $E = mc^2$ à Gustave Le Bon tout en contestant la relativité. Maurice Allais (1911-2010) y fait en 1959 une conférence contestant la théorie de Newton (avant qu'il ne conteste plus tard celle d'Einstein) ; la même année, il prononce aussi, sous l'égide du Cercle, une conférence plus médiatisée à l'École polytechnique, où des journalistes sont invités. René-Louis Vallée évoque en 1972 au CPAD « l'adoration facile de la relativité révélée ». Lucien Romani suggère d'abandonner « le surréalisme scientifique » :

> Les théories modernes sont de plus en plus désincarnées. Elles représentent l'Univers comme la carte Michelin représente la route, c'est-à-dire avec une métrique précise et des symboles conventionnels. Mais si la route est glissante, elle ne le révèle nullement. Or la route est très glissante. Les dérapages, c'est-à-dire les paradoxes, s'accumulent depuis près d'un siècle, dans la théorie de la Relativité, dans la physique nucléaire, dans la cosmologie, partout[1].

Mais la relativité n'est pas seule à être mise à mal au CPAD. Jean Ricard (1900-1981), ancien dirigeant des Forges et Ateliers du Creusot, s'intéresse aux sciences physiques « lorsque, avec l'âge, il disposa davantage de son temps ». C'est à la physique quantique et à la mécanique ondulatoire qu'il s'attaque : « choqué par le caractère abstrait et non physique de l'onde de probabilités Ψ de De Broglie », il conçoit une théorie des *plancktons* (objets créés *ad hoc*, en tant que quantums d'action) nommés en l'honneur de Planck, fondateur de la théorie des quanta.

*

De nombreux autres domaines scientifiques sont étudiés au CPAD, comme les mathématiques ou les sciences de la vie. Le membre du

1. *Bulletin du CPAD*, novembre 1976, n° 182.

Cercle a des clartés de tout ; il est scientifique, et rien de ce qui est science ne lui est étranger[1]. Les idées les plus réactionnairement saugrenues y ont aussi leur place : Pierre-Étienne de Montaigne (1914-2004) estime que la dimension imaginaire (au sens mathématique) n'existe pas ; il déplore aussi que l'étalon du mètre en platine iridié ait été remplacé par un multiple de la longueur d'onde de la raie rouge de l'atome de cadmium – il manifeste ainsi une volonté de se raccrocher à des objets physiques et un refus de l'abstraction.

Le grand théorème de Fermat, graal des mathématiciens amateurs, y est un enjeu : le colonel de Champeaux de la Boulaye fait part en 1971 des résultats d'une trentaine d'années de recherches menées par son défunt père sur le sujet[2] ; deux ans plus tard, le *Bulletin* du Cercle émet l'idée que, si deux de ses membres ont raison, les Fauchon père et fils, « le fameux théorème est maintenant démontré[3] » – les Fauchon ne s'arrêtent pas en si bon chemin puisqu'ils utilisent le théorème de Fermat pour donner une interprétation physique de la structure atomique.

*

Outre la théorie d'Einstein, certains membres du CPAD refusent celle de Darwin, et le Cercle organise des conférences antiévolutionnistes. Georges Salet (1907-2002), polytechnicien et ingénieur du génie maritime, est profondément religieux – on le retrouve au chapitre VIII, comme membre de divers cercles créationnistes. Il publie en 1943 aux Éditions franciscaines *L'Évolution régressive*. Invoquant la « vraie Science », il ne voit dans une prétendue évolution que le désordre du mode actuel, comparé à l'ordre de la Création. Loin d'être un progrès dans la nature, l'évolution est une régression, un désordre : l'homme n'est pas, comme le prétend Darwin, le fruit d'une quelconque évolution, mais est, depuis le jardin d'Éden, la cause de cette évolution-là, à savoir celle qui conduit vers le désordre contemporain.

---

1. Térence (IIe siècle avant J.-C.) : « Je suis un homme, et rien de ce qui est humain ne m'est étranger. »
2. *Bulletin du CPAD*, 5 juin 1971, n° 149.
3. *Bulletin du CPAD*, octobre 1973, n° 164.

Près de trente ans plus tard, en 1972, il publie un nouvel ouvrage, *Hasard et certitude, le transformisme devant la biologie actuelle,* qu'il présente devant le CPAD – le Cercle donnait aussi à ses membres l'occasion de présenter et de vendre leurs ouvrages devant un public captif. Salet voit dans les dernières découvertes de la biologie la confirmation de la Création : l'existence de l'ADN est bien le « chaînon manquant » enfin découvert, signe de l'intervention divine. Il estime ainsi « les probabilités au service de la Création » : la probabilité de l'apparition de l'ADN de la bactérie, premier être vivant, est tellement faible que seule l'intervention divine peut l'expliquer. Pour Salet, c'est donc la biologie moderne qui vient à l'appui du créationnisme, contre le « transformisme[1] » : il utilise là, à l'appui de sa conviction créationniste, sa formation scientifique en probabilités et en biologie. Commençant son ouvrage par une lettre ouverte aux professeurs Monod et Jacob (récompensés en 1965 par le prix Nobel de médecine pour leurs travaux sur la synthèse des protéines par les bactéries), il s'appuie sur le soutien de Marcel-Paul Schützenberger (1920-1996), docteur en médecine et brillant mathématicien, membre de l'Académie des sciences, qui a passé une partie de sa vie à contester la théorie néodarwinienne de l'évolution pour des raisons basées sur les probabilités mathématiques. Schützenberger, et Salet dans son sillage, peuvent être considérés comme précurseurs français des théories de l'*Intelligent Design* actuellement en vogue aux États-Unis.

*

Robert Tournaire, membre du CPAD, est ingénieur chimiste, issu de l'École de physique et de chimie industrielles de Paris – celle de Pierre Curie et de Langevin. Il s'insurge, lors d'une séance du Cercle, contre une exposition du Muséum d'histoire naturelle consacrée à *L'Origine de l'homme*[2] : cette exposition serait « à fins politiques, métaphysiques,

1. Le terme n'est plus guère utilisé de nos jours qu'en histoire des sciences, pour désigner tous les courants de la première moitié du XIXe siècle qui s'opposaient au fixisme. D'une certaine manière, la théorie actuelle (théorie néodarwinienne de l'évolution) est une descendante du transformisme.

2. *Bulletin du CPAD*, 12 février 1977, n° 183. Le titre de professeur y est donné un peu hâtivement à Tournaire : il semblerait que celui-ci exerce principalement une activité d'ingénieur en entreprise, en assurant des cours dans une institution ou une école d'ingénieurs. Sur l'attribution sans vérification de ce titre, voir aussi chapitre suivant.

confessionnelles ». Pour Tournaire, l'homme n'appartient ni au règne animal ni au règne végétal, mais au règne humain :

> Les demi-dieux du miracle grec, d'Aristote à Platon, les demi-dieux de la Renaissance, de Michel-Ange à Léonard De Vinci, ne seraient que des chimpanzés évolués ? De Broglie, Heisenberg, Schrödinger, Sommerfeld, Born, Bohr ne seraient que des singes évolués ? [...] Qu'il me soit permis de citer ici un autre demi-dieu, Jean Moulin. Alors, Jean Moulin, un singe évolué ?

Tournaire mène aussi des recherches sur « la spiritualité de la matière » et sur la parapsychologie, préfaçant plusieurs ouvrages sur la médiumnité et en écrivant un lui-même en 1976. Il est encore cité de nos jours dans des sites Internet, comme celui de la revue *3e millénaire*[1], consacrée à « la libre recherche spirituelle » et à « la connaissance de soi » : ce site rappelle que, dans une conférence de 1969, Tournaire, grâce à ses calculs sur la néguentropie différentielle, avait montré « la fatalité de l'apparition dans les calculs de la mécanique quantique et infraquantique du Degré d'Incertitude de Heisenberg ».

*

Faisant, on l'a dit, le lien entre deux générations, la dernière née en 1910-1920, le Cercle cesse ses activités dans les années 1980. Mais l'antirelativisme des ingénieurs ne s'éteint pas pour autant. Il ne concerne pas les plus jeunes d'entre eux ; cependant, il existe encore une génération, née entre 1920 et 1945, qui a fait ses études supérieures sans entendre parler de relativité – cela correspond à peu près à la période de purgatoire de la théorie de la relativité, dont l'a sortie la conquête de l'espace dans les années 1960.

Le site Internet de l'ingénieur antirelativiste allemand Ekkehard Friebe est une mine documentaire bien entretenue. En France, l'association AIRAMA (Association pour la reconnaissance internationale des travaux de Maurice Allais) souhaite faire connaître ses travaux en physique comme en économie[2]. Présidée par Philippe Bourcier de Carbon,

---

1. http://www.revue3emillenaire.com/blog/?p=291 (consulté le 28 juin 2012).
2. C'est sous son égide qu'a eu lieu une conférence antirelativiste de Maurice Allais le 25 mai 2006, comme avait eu lieu, exactement au même endroit (amphithéâtre Poincaré

polytechnicien, membre du conseil scientifique du Front national[1], elle a pour objectif de « dénoncer la domination obscurantiste des postulats ou pseudo-vérités scientifiques infirmés par les données de l'expérience ». Une de ses revendications est la suppression de l'anonymat du *reviewing* des articles scientifiques par des pairs : ce qui manifeste la volonté de pouvoir faire pression, par relations interposées, sur des *reviewers* non anonymes. En dehors du manque total de légitimité de cette association pour demander pareille chose, et la vanité de la démarche, il s'agit bien d'une remise en cause de l'organisation de la science moderne telle qu'elle s'est faite depuis un siècle.

*

Finalement, le CPAD apparaît comme un exemple caractéristique de ces divers cercles alterscientifiques contemporains, qu'ils soient formés d'antirelativistes, d'antidarwiniens, de créationnistes – une des qualifications n'excluant pas l'autre. Ces cercles miment le fonctionnement de la science par des colloques, conférences, articles. Mais ils ne produisent aucune construction scientifique commune – contrairement au fonctionnement généralisé de la science contemporaine avec les articles signés à plusieurs. Chacun y expose sa propre théorie alternative et chacun essaie de ramener la théorie de l'autre à la sienne.

Ces associations alterscientifiques permettent la rencontre de ces ingénieurs, souvent isolés, souvent âgés. Elles leur permettent aussi de fonctionner en réseau : les plus actifs d'entre eux sont membres de plusieurs cercles analogues. Nous retrouverons ci-après d'autres membres du CPAD : René-Louis Vallée avec sa théorie synergétique, Lucien Romani et Mario Todeschini, liés à l'affaire des avions renifleurs.

---

de l'École polytechnique, rue Descartes, Paris V^e^), une conférence d'Allais au titre analogue en 1958, sous l'égide du Cercle de physique Alexandre Dufour.

1. L'ouvrage *Discours savants, discours militants* (Philippe Hamman, Jean-Matthieu Méon et Benoît Verrier [dir.], Paris, L'Harmattan, 2002) mentionne Bourcier de Carbon comme membre du conseil scientifique du Front national. *Le Nouvel Observateur* (19-25 novembre 1998, n° 1776, p. 116) mentionne, sous la plume d'Ursula Gauthier et le titre « Des dérapages racistes à l'INED ? », Bourcier de Carbon comme « le seul membre de l'Institut à avoir sa carte du Front national » et « conseiller scientifique de Le Pen ». Sur ce type de sujets à l'INED (Institut national d'études démographiques), voir l'ouvrage d'un autre polytechnicien, Hervé Le Bras, *Le Démon des origines. Démographie et extrême droite*, La Tour d'Aigues, Éditions de l'Aube, 1998.

Georges Salet est membre de cercles scientifiques créationnistes ; comme Guy Berthault et de nombreux autres ingénieurs, à la fois anti-relativistes et créationnistes. Maurice Allais, comme Berthault, écrit dans la revue *Fusion* de Lyndon LaRouche (chapitre XVI). La lecture de cette revue est conseillée par la revue créationniste *Science et Foi*, et le néo-anarchiste Bertrand Louart la mentionne de manière positive. C'est cette forte imbrication actuelle des réseaux alterscientifiques, accentuée par Internet, que nous percevons ici et retrouverons plus avant.

VI

La nouvelle physique des avions renifleurs

L'affaire des « avions renifleurs », révélée à partir de 1984, est restée dans les mémoires comme une affaire principalement politico-financière : financement des campagnes de droite en Europe, lien prétendu avec l'Opus Dei, espionnage, et *tutti quanti*. Ce qui parfois reste aussi dans les mémoires du public se souvenant encore de cette supercherie est la naïveté des polytechniciens d'Elf-Aquitaine, venant renforcer une image d'Épinal bien ancrée dans la culture française.

Sans renier les éléments politiques et financiers entourant l'affaire, nous proposons ici sa relecture en termes d'alterscience. Une alterscience plus *soft*, sans relents idéologiques, mais une alterscience à double face : d'une part, les promoteurs du procédé n'étaient pas les escrocs mafieux qu'on a souvent décrits, mais des inventeurs illuminés qui prétendaient avoir trouvé une théorie physique *nouvelle*. D'autre part, envers de la médaille, mais ô combien assorti, les utilisateurs du procédé, cadres et dirigeants d'Elf, étaient des ingénieurs *formés à la science*, avides de tester cette nouvelle théorie.

L'affaire illustre l'extrême éloignement pouvant exister entre le monde technico-économique des ingénieurs et le monde de la recherche universitaire (voire même une forme de dénigrement du second par le premier, parfois aussi répandu que l'inverse) – et, conséquemment, l'extrême méconnaissance par l'entreprise des méthodes de la recherche contemporaine en physique. Cet univers d'ingénieurs aux brillants diplômes s'est cru tout aussi capable que le monde de la recherche, sinon plus, de produire une nouvelle théorie physique. Comme l'indique *a posteriori*, et non sans humour, un des principaux protagonistes de l'affaire : « Nous avions donc accepté allègrement de croire à l'existence de résultats physiques entièrement nouveaux[1]. »

*

À l'origine du procédé proposé à Elf-Aquitaine se trouve le duo formé par deux illusionnistes – deux alchimistes, suggère Péan –, l'Italien Aldo Bonassoli et le Belge Alain de Villegas. Derogy et Pontaut les voient comme les « Double Patte et Patachon de la physique », prédestinés à faire équipe. Le premier est « l'inventeur » du procédé, et le second son promoteur – à ne pas confondre avec les divers intermédiaires[2] du projet.

Le comte Alain de Villegas de Saint-Pierre Jette (né en 1918), issu d'une vieille famille fortunée de l'aristocratie bruxelloise, fait des études d'ingénieur à l'Université catholique de Louvain. Péan le décrit ainsi :

> De sa mère, il tient vraisemblablement cette attirance pour les sciences occultes, l'astrologie, l'alchimie. Il croit aux extraterrestres et aux OVNI [...]. Il y a du Lépine et du professeur Nimbus chez cet aristocrate qui aspirerait à trouver le secret de la pierre philosophale [...]. Mille idées se bousculent dans la tête de l'ingénieur [...]. Il essaie de faire la synthèse entre ses prédispositions de radiesthésiste et sa culture « scientifique », tout en continuant à s'intéresser à l'au-delà et aux extraterrestres[3].

C'est aussi « un tiers-mondiste, se présentant en permanence comme voulant faire le bonheur de l'humanité à travers sa mirifique invention[4] », ou « un tiers-mondiste doublé d'un anticapitaliste », « écologiste et antinucléaire[5] » – nombreux sont les témoignages concordant en ce

1. [DPA], postface p. 6.
2. Le principal intermédiaire – appartenant à des milieux de droite engagés – est l'avocat Me Violet. Mais de nombreux autres sont partie prenante au projet, notamment François de Weck, président de l'UBS (Union de banques suisses), ou Antoine Pinay (1891-1994), ancien président du Conseil sous la IVe République.
3. Péan [1984], chapitre II.
4. Témoignage de Paul Alba, [CEAN].
5. Péan [1984], chapitre II.

sens. De fait, une partie de l'argent qu'il gagne dans l'affaire est utilisée dans la fondation humanitaire de sa fille Anne (née en 1945), la fondation Antinea, qui s'est donné pour vocation la recherche de l'eau en Afrique. Albin Chalandon le décrit comme « un mystique à la limite de la folie », « un rêveur, un visionnaire[1] ». On voit ainsi en Villegas bien plus un idéaliste qu'un escroc – le Premier ministre Pierre Mauroy se demandait lui-même si les inventeurs étaient « des illuminés ou des escrocs[2] »...

Aldo Bonassoli (né en 1934 près de Bergame), qui est le « savant » du duo, est quant à lui d'origine très modeste. Il obtient, d'après Péan, un diplôme d'électrotechnicien à l'Institut industriel de Bergame, puis de technicien radio-télévision à l'Institut d'électricité de Turin[3]. Son parcours est difficile à retracer – à l'époque, personne ne lui avait posé de questions à ce propos : il maintient le flou sur ses qualifications, comme il le fera à propos de son procédé. André Giraud le décrit comme « un illuminé qui trichait, avec la conviction de travailler pour la bonne cause[4] ». Gilbert Rutman, directeur général d'Elf, témoigne que « Bonassoli vivait comme un moine, et passait son temps à bricoler des appareils, alors qu'il aurait pu mener une vie luxueuse et tapageuse[5] ». La Commission d'enquête insiste sur le fait que les différents lieux et dispositifs utilisés – le Centre européen de recherches (CER) de l'aéroport de Bordeaux, le château de famille des Villegas dans la banlieue bruxelloise, siège quant à lui du Centre de recherches fondamentales (CRF) – ou les avions eux-mêmes n'ont rien à voir avec « une prétendue mégalomanie », mais répondent « aux nécessités de la recherche ». Ceci conforte l'image de deux passionnés de science et de technique, mâtinée d'idéalisme tiers-mondiste chez Villegas.

---

1. Témoignage d'Albin Chalandon, P-DG d'Elf de 1979 à 1983, [CEAN].
2. P. Mauroy, [LB].
3. Péan [1984], p. 25. Le journaliste Pierre Péan a interviewé Bonassoli, retiré près de Menton après que l'affaire eut éclaté, en mars 1984. Il mentionne qu'au-dessus de la sonnette figurait l'inscription « Aldo Bonassoli, professeur de physique nucléaire », et que celui-ci lui a remis un curriculum vitae de quatre pages. Bonassoli a aussi accepté de s'exprimer en 2011 dans un documentaire sur l'affaire, diffusé sur France 3 en mars 2012 (« L'extravagante affaire des avions renifleurs », Jean-Charles Deniau et Jean Guisnel).
4. André Giraud, [CEAN].
5. Gilbert Rutman, [CEAN].

Dès leur plus jeune âge, tous deux sont fascinés par le spiritisme, les sciences occultes, l'alchimie, les OVNI[1]. Ils travaillent ensemble sur le développement de projets scientifiques dès 1964, bien avant celui des avions renifleurs. Avant le premier choc pétrolier de 1973 (qui rendra riches de nombreux pays désertiques), une des idées tiers-mondistes est l'irrigation à fins agricoles des pays secs : les deux associés travaillent sur la désalinisation de l'eau de mer et sur la détection de nappes d'eau souterraines – ce qui conduira au procédé des avions renifleurs. Péan ajoute même que Villegas et Bonassoli travaillaient ensemble sur le moteur à eau, le rayon de la mort de Tesla, le transport d'électricité sans fil...

*

Un des titres que Bonassoli semble arborer fièrement est celui de diplômé de l'Académie internationale de « psychobiophysique[2] », décerné par le *Prof.-Ing.* Marco Todeschini (1899-1988) ; c'est d'ailleurs celui-ci qui l'aurait mis en rapport avec Villegas[3].

Todeschini a été professeur de mécanique et d'électrotechnique dans divers instituts techniques à Rome et Bergame, sa ville d'origine comme celle de Bonassoli. Il est le concepteur de cette théorie *unitaire* de la « psychobiophysique », visant à découvrir « les modalités suivant lesquelles sont liés certains phénomènes physiques, psychiques et biologiques » – théorie qui ressuscite l'éther et s'oppose à la théorie de la relativité. Todeschini appartient encore à cette génération qui a fait ses études scientifiques sans entendre parler de relativité ; bien qu'ayant mené une carrière académique dans des instituts techniques, il se rattache plus au métier d'ingénieur et à la physique expérimentale qu'à la physique théorique.

Il est membre du cercle de physique Alexandre Dufour[4] et y présente avec emphase en 1970 (c'est-à-dire quelques années avant le

1. Selon Derogy et Pontaut, une partie de l'argent gagné avec les avions renifleurs aurait été utilisée par Villegas pour faire construire des pistes d'atterrissage pour OVNI en Amérique du Sud ! Cette information est difficilement vérifiable – l'extraordinaire appelle l'extraordinaire.

2. Péan, p. 25.

3. Aldo Bonassoli, [CEAN].

4. Liste des membres du Cercle, *Bulletin du CPAD*, janvier 1971, n° 146. Voir dans *Bulletin du CPAD*, janvier-février 1970, n° 139, une conférence de Todeschini devant le Cercle.

début du projet des avions renifleurs) sa « théorie des apparences », qui démontre que

> matière, gravité, lumière, électricité, magnétisme, son, odeur, saveur, actions nucléaires, atomiques, chimiques, astronomiques et réactions entre ondes et corpuscules, sont toutes des apparences d'une seule réalité objective : le mouvement de l'espace fluide (Principe d'Uni-substantialité du monde physique).

La théorie de Todeschini tiendrait en « une seule équation mathématique, avec grande simplification des calculs[1] », équation qui se trouve être « en harmonie avec la relativité classique de Galilée » – elle permet de se passer de la théorie d'Einstein. Il écrit un ouvrage intitulé *Einstein ou Todeschini : quelle est la clef de l'Univers ?*, publié en 1955 dans sa propre maison d'édition, CIP, de Bergame. Dans un autre de ses ouvrages, *Expériences décisives pour la physique moderne* (CIP, 1961, traduit en français et en anglais sous l'égide de l'Académie palatine des sciences), il livre une vision profondément religieuse de la science : sa théorie « démontre que l'on va à Dieu par la Foi et la Science, qu'à Lui nous portent les Saintes Écritures et le grand livre de l'Univers ». Encore de nos jours, des sites Internet italiens font référence à ses travaux :

> En opposition à la théorie einsteinienne de la relativité, il réévalue le concept d'« éther », c'est-à-dire d'un fluide subtil responsable de tout mouvement et de tout phénomène dans l'univers, du monde atomique à la cosmologie, ainsi que dans les mondes biologique et psychique[2].
> Sa théorie a eu un retentissement mondial, parce qu'elle surpasse la relativité d'Einstein, la mécanique ondulatoire de Schrödinger, la mécanique quantique d'Heisemberg [*sic*], la dualité onde-corpuscule de Bohr et la cybernétique de Wiener. Toutes théories qui n'admettent comme seule réalité que les objets matériels et excluent les réalités subjectives biologiques et spirituelles[3].

---

1. *Ibid.*
2. Traduit de l'italien – voir la page http://www.duepassinelmistero.com/Marco%20Todeschini.htm du site Due passi nel mistero (« Deux pas dans le mystère »), de Marisa Uberti et Giulio Coluzzi.
3. Traduit de l'italien – voir le site de l'ANCR, Associazione culturale nuova ricerca, http://www.nuovaricerca.org/todvita.htm (Fiorenzo Zampieri).

La théorie psychobiophysique de Todeschini « unifie non seulement les lois de la matière, dans toutes ses dimensions (de l'atome jusqu'aux étoiles), mais également celle de l'énergie ondulatoire[1] » : graal des physiciens d'unifier ainsi relativité et physique quantique. Todeschini aurait même été proposé en 1974 pour le prix Nobel, mentionne la vulgate Internet.

*

Il n'y a cependant rien de religieux chez son élève Bonassoli, le « savant » des avions renifleurs. Technicien de radiotélévision, il avait déjà attiré l'attention de la presse italienne en prétendant capter sur une de ses télévisions, au début des années 1960, l'image d'un Spoutnik soviétique gravitant autour de la Terre : c'était une supercherie utilisant des images virtuelles[2], comme dans l'affaire des avions renifleurs.

Le dispositif d'imagerie, domaine d'habileté de Bonassoli, joue d'ailleurs un rôle important dans la technologie des avions renifleurs – si l'on peut la qualifier ainsi. Comme dans la plupart des dispositifs de la physique moderne (physique des particules ou nucléaire), de l'électromagnétisme (imagerie médicale), l'observation n'est pas directe, et l'information est médiée par le dispositif de visualisation[3] – c'est aussi le cas dans les techniques traditionnelles de prospection pétrolière, comme la géophysique sismique ou le carottage.

Mais si Bonassoli connaissait un peu les dispositifs d'imagerie, il n'avait absolument aucune connaissance en physique théorique. Il devra *inventer* une théorie physique spécifique, celle d'une particule qui pénètre à des kilomètres sur Terre et revient porteuse d'une information sur la nature du sous-sol – champs pétrolifères, gisements de minerai, nappes aquifères. Car autant ne pas faire les choses à moitié : les dispositifs d'ondes étaient déjà utilisés dans la géophysique de prospection

1. *Bulletin du CPAD*, janvier-février 1970, n° 139.
2. Selon Péan (p. 223), c'est Todeschini lui-même qui aurait démonté la supercherie de Bonassoli à propos des images du Spoutnik.
3. L'écran de visualisation (comme celui de l'ordinateur) peut parfois forcer la confiance de l'observateur. Il a pu jouer, dans cette affaire, le rôle d'un miroir aux alouettes empêchant l'observateur (ou lui évitant) de se poser de manière approfondie la question de la physique sous-jacente. La visualisation du prétendu résultat prime alors sur son caractère effectif : le bien-fondé disparaît derrière l'affichage.

pétrolière, il fallait inventer quelque chose de neuf, un dispositif basé sur une particule.

La théorie était tenue secrète par les inventeurs, mais au fur et à mesure des sommes investies, les ingénieurs d'Elf leur arrachaient des bribes d'information : la particule avait un spin 1/3 (encore de nos jours on ne connaît que des particules de spin entier ou demi-entier), c'était peut-être le fameux gravitron, vecteur de la gravitation et cause des ondes gravitationnelles – jusqu'à nos jours, les ondes gravitationnelles prévues par la relativité générale n'ont pas été détectées. Et, fruit d'une belle symbiose entre les inventeurs et Elf, en une sorte de syndrome de Stockholm entre les bonimenteurs et leurs victimes, cette particule allait être désignée du prénom de son inventeur, l'*aldino*[1].

*

Les ingénieurs d'Elf constituaient en effet une cible de choix face à une technologie en apparence radicalement innovante, bientôt renforcée par une nouvelle théorie physique. Péan avance que « la folie est si éloignée du schéma intellectuel des X que son spectacle a paradoxalement bloqué leurs belles mécaniques au point de les transformer en admirateurs béats d'alchimistes à la petite semaine[2] ». L'extrême rationalité, celle des polytechniciens, peut, chez certains, ne pas être si éloignée d'une forme d'irrationalité. Les ingénieurs d'Elf étaient prédisposés à accepter cette théorie – et les inventeurs illuminés leur ont servi ce qu'ils voulaient entendre.

L'ordre dans lequel les différentes compétences sont mobilisées est d'ailleurs révélateur. Si l'on oublie provisoirement la direction générale, première contactée par les intermédiaires (compte tenu du caractère secret maintenu en permanence par tous sur l'opération), ce sera d'abord l'informatique puis la géologie qui seront mobilisées, et enfin seulement la physique[3]. Le projet est d'abord vu comme une technologie, avec son

---

1. Littéralement, « le petit Aldo » – comme le neutrino, dont l'hypothèse avait été émise par Pauli en 1930, avait été baptisé « le petit neutron », *neutrino* en italien, par Enrico Fermi en 1934 (depuis cette date de nombreux neutrinos ont été caractérisés dans les expériences les plus diverses).
2. Péan, p. 179.
3. Le directeur informatique du groupe, Paul Alba, polytechnicien (X1951), est dès le départ le responsable du projet AIX. Les deux géologues affectés par la direction générale auprès de lui sont Mathias Zimmermann et Claude Royer. Enfin, les deux physiciens sont Bernard Michaux (normalien) et Brigitte Serreault, polytechnicienne (X1973).

dispositif informatique de visualisation – nous avons souligné qu'elle pouvait primer sur la science sous-jacente. Puis deux géologues sont nommés en décembre 1976 auprès du directeur informatique Paul Alba, chef de projet depuis février 1976 : la géologie joue ici le rôle du terrain, nécessaire pour les tests – avec l'informatique, elle constitue la partie de *physique expérimentale* du projet. Ce n'est que par la suite, en mai 1978, que deux physiciens d'Elf sont appelés à participer au projet, lorsqu'on semble réaliser que, derrière des observations ou des faits (même s'ils s'avéreront erronés), derrière une physique expérimentale, il y a nécessairement une théorie physique : car une théorie sans faits est une fantaisie, mais « sans une théorie les faits se taisent » (Hayek). Paul Alba l'exprime en ces termes :

> [...] avec les résultats actuellement connus en physique, rien ne pouvait expliquer ce qu'on nous montrait. Ce raisonnement était juste et l'erreur fut de penser qu'une nouvelle physique pouvait apparaître aussi facilement. Nous avons commis une sorte de péché d'orgueil par présomption[1].

Mais une fois qu'il en est pris conscience, le fait qu'il s'agit nécessairement d'une nouvelle physique est totalement intégré par tous, à tous les niveaux, sans pour autant être remis en cause. On voit là à l'œuvre une prétendue familiarité des ingénieurs avec la science, qu'ils croient connaître grâce à leurs études, alors que la science a largement évolué depuis le temps de leurs études[2] ; ils ne connaissent d'autre part que peu les méthodes de la physique moderne, comme par exemple la façon dont une nouvelle particule peut être proposée, dans un cadre théorique donné, et par la suite détectée dans les grands équipements de recherche[3].

*

1. [DPA], page et contre-page 18.
2. Bachelard [1938] remarque lui aussi qu'une culture scientifique bloquée sur un temps scolaire est la négation de cette culture.
3. Voir par exemple la prédiction de l'antimatière par Dirac en 1930, et la découverte du positron (antiparticule de l'électron) dans une chambre à brouillard par Anderson en 1932 ; ou la prédiction du neutrino par Pauli en 1930 et sa détection provoquée dans un réservoir de centrale nucléaire en Caroline du Nord, par Reines et Cowan en 1956.

> *Il est en tout cas assez réconfortant, en dépit des millions partis en fumée, qu'à notre époque de haute rentabilité et de grand réalisme, deux poètes illuminés aient pu faire partager leur folie à l'une des plus grosses sociétés pétrolières du monde et que celle-ci ait accepté de donner son or à des alchimistes pour qu'ils le transforment en rêve*[1].

Le phénomène d'autosuggestion, déjà signalé à propos du nom donné à la particule, l'*aldino*, est à l'œuvre de manière permanente. Bonassoli lui-même est pompeusement désigné comme le « professeur Bonassoli ». Comment une personne peut-elle être désignée ainsi, sans aucune vérification de son rattachement académique, ou même des titres acquis pendant ses études ? Est-ce parce que l'un des deux « inventeurs », Villegas, *n'était qu'ingénieur* que l'autre, Bonassoli, s'est vu automatiquement propulsé au rang de professeur ? C'est toujours la même ambivalence du monde des ingénieurs (ceux d'Elf en l'occurrence) vis-à-vis de celui de l'université, analogue à celle du monde de l'alterscience vis-à-vis du monde scientifique : une fascination (il fallait nécessairement un *professeur* dans le projet) associée à un certain mépris, à tout le moins une désinvolture (on ne prend pas la peine de vérifier ce titre[2]).

Les deux géologues affectés au projet seront de leur côté de fervents défenseurs de Bonassoli. Ils deviennent même une source de documentation et de formation pour lui, des « puits de science » :

> Le travail éducatif de Zimmermann fut si parfait qu'il provoqua l'enthousiasme d'Aldo. Celui-ci avait compris tout le parti qu'il pouvait tirer de la présence permanente d'un éducateur largement alimenté en documentation. Nous tombions ainsi dans un piège que nous avions nous-mêmes creusé[3].

Autre signe de cette collusion, Elf et les inventeurs déposent en commun un pli cacheté à l'Académie des sciences en juillet 1978. Un pli

---

1. Derogy et Pontaut [1993].
2. Ajoutons-y le caractère exotique de ce tandem italo-belge. Cela a fait dire à certains – ou en tout cas a fait courir cette plaisanterie – que si ç'avaient été des Français, ingénieurs centraliens, qui avaient proposé ce projet, voire un projet plus sérieux, aux polytechniciens d'Elf, ils n'auraient pas été un instant pris en considération.
3. [DPA], contre-page 23.

cacheté, il fallait y penser ! Il y a longtemps que les chercheurs ne déposent plus de pli à l'Académie des sciences : ils écrivent un article scientifique, en ayant déposé ou non un pli à l'INPI (dit « enveloppe Soleau »), voire directement un brevet. De nos jours, écrire à l'Académie des sciences pour déposer un résultat relève plutôt de l'alterscience – il n'y a plus guère que les inventeurs indépendants ou les quadrateurs du cercle pour envisager pareille démarche.

Cette démarche de mimétisme du monde scientifique va même se nourrir en août 1978 de la crainte subite d'une concurrence possible – non pas dans une autre compagnie pétrolière à laquelle le couple d'inventeurs eût vendu son secret (comme ils en brandissaient la menace en permanence) –, mais chez un autre « inventeur indépendant », M. Nye, en Californie. Celui-ci avait publié un article sur une « chambre à mesure de gravité » dans la revue technique *Optical Spectra* – même si ses idées étaient « très en retard sur ce que faisait le Professeur[1] ». Cette concurrence putative ne fit qu'inciter les ingénieurs d'Elf, « puisque Aldo prétendait [lui aussi] détecter la gravité, à renforcer [leur] collaboration avec lui[2] ». Effet inverse en juillet 1979, juste après l'éclatement (interne à Elf) de la supercherie Bonassoli-Villegas, les ingénieurs d'Elf se précipitent chez Nye pour négocier un accord[3]. Mais finalement, cette pseudo-concurrence, émanant d'un inventeur « ruiné », ayant consacré « le peu d'argent qu'il avait gagné à fabriquer des systèmes optiques complexes pour développer son idée », se révéla elle aussi être un pétard mouillé :

> Dans le cadre de l'affaire Nye, il faut rétrospectivement conclure qu'il n'y avait rien car nous n'en entendîmes plus jamais parler après le dernier contact de 1979[4].

*

Nous ne reviendrons pas ici sur l'épilogue désastreux de cette affaire des avions renifleurs. Le ministre de l'Industrie, André Giraud, juge finalement nécessaire d'adjoindre un physicien de haut niveau à l'équipe

1. [DPA], p. 86.
2. [DPA], contre-page 86.
3. [DPA], p. 184.
4. [DPA], contre-page 86.

d'Elf, afin qu'il leur apporte son expertise – son choix se porte sur Jules Horowitz (1921-1995), directeur de la physique au CEA, que Giraud avait connu lorsqu'il était administrateur général du CEA, de 1970 à avril 1978.

L'idée de l'intervention d'un physicien extérieur à l'entreprise avait fait son chemin fin 1978, mais avec difficulté[1]. La direction d'Elf invoque longtemps la nécessité du secret ; toutefois, comme le dit le rapport de la Cour des comptes, « on ne saurait croire que dans toute l'Université française [...] il n'y eût pas un seul physicien, de valeur internationale, susceptible de respecter un secret d'État ». Les ingénieurs d'Elf, quant à eux, entendant parler de Horowitz, avaient plutôt suggéré le nom de l'astrophysicien Jean-Claude Pecker, car celui-ci, par ses positions critiques sur divers développements de la physique (le Big Bang, l'âge des quasars), leur semblait peut-être plus ouvert à des théories physiques alternatives comme celle de l'*aldino*. D'autre part, il ne fallait rien moins qu'un astrophysicien :

> Un astrophysicien semblait nécessaire, compte tenu de la genèse des travaux d'Aldo Bonassoli, et la personnalité de Pecker qui avait cautionné les travaux sur la fatigue de la lumière et autres théories physiques un peu iconoclastes semblait de nature à assurer notre position dans ce domaine[2].

Mais point n'était besoin de compétences en astrophysique, loin de là. Jules Horowitz, « initié » au sujet par les ingénieurs d'Elf fin février 1979, cherche à monter une expérience cruciale révélant de manière irréfutable qu'il s'agit d'une supercherie, ce dont il est convaincu. Il précisera devant la Commission d'enquête que ceci lui prend un certain temps, compte tenu de la méfiance *a priori* affichée par tous devant le « représentant de la science officielle[3] » qu'il était.

---

1. Réunion du 28 septembre 1978 avec André Giraud, [DPA], contre-page 87. Le compte rendu manuscrit de cette réunion indique : « Secret, secret, secret – recherchons les meilleurs physiciens mais pas trop tôt – prudence. »
2. [DPA], p. 100. La « genèse des travaux de Bonassoli », prétendument en rapport avec l'astrophysique, correspond à la visualisation des spoutniks et des satellites : on confond ici technologies spatiales et astrophysique ; par ailleurs, les premiers travaux de Bonassoli constituaient déjà une supercherie.
3. [CEAN], audition n° 39, M. Jules Horowitz.

Ce n'était donc pas par une démonstration de physique théorique que Horowitz pouvait convaincre – c'est finalement par une *autre supercherie* qu'il fera la preuve de celle des avions renifleurs, le 24 mai 1979 à Rueil-Malmaison. Le rapporteur François Giquel décrit ainsi cette Berezina dans le rapport de la Cour des comptes :

> Après un deuxième essai infructueux sur deux mires contenues dans des enveloppes, inconnues cette fois de M. Bonassoli, M. Horowitz proposa de mettre un simple réglet gradué derrière le mur – ce qu'il fit, mais, *à l'insu de M. Bonassoli,* il l'a partiellement rompu et tordu de manière à former un V aux branches de longueurs inégales. *L'image d'une règle parfaitement droite, horizontale, parut alors sur l'écran.*

Voici l'épilogue de l'affaire – ou comment un des leurs, le polytechnicien Horowitz (qui avait fait, quant à lui, toute sa carrière dans la recherche) avait eu raison des idées à proprement parler *mirifiques* qui s'étaient développées parmi les ingénieurs d'Elf pendant trois ans.

*

Quelques années plus tard, le propos du directeur général adjoint d'Elf, Gilbert Rutman, devant des analystes financiers est un étonnant discours d'autojustification, presque de persistance dans l'erreur. Le projet avait été abandonné à la mi-1979 ; l'affaire avait été rendue publique en juin 1983 par un article de Péan dans *Le Canard enchaîné* ; mais ce ne deviendra un scandale politique que début 1984. Quelques jours après l'article du *Canard*, Rutman, faisant référence au graal des alchimistes, indique que l'industrie pétrolière « a toujours un peu cherché *la pierre philosophale*[1] » :

> Il ne se passe pas de mois que nous ne recevions des propositions, plus ou moins farfelues.

Y avait-il la volonté de succomber à la tentation, et de finalement essayer au moins une de ces propositions ? Ce sera celle de Bonassoli et Villegas, qui était poussée au plus haut niveau politique par les inter-

1. G. Rutman, [CEAN] ; repris par Péan p. 202.

médiaires Pinay et Violet, au grand entregent. Et Rutman d'invoquer aussi, après l'alchimie, la physique moderne à l'appui de la stratégie suivie :

> Vous savez sans doute que la physique corpusculaire met en évidence, tous les ans, quelques nouvelles particules qui ont des propriétés tout à fait fascinantes – en particulier de se glisser un peu partout – et je vous rappelle que, pas plus tard qu'il y a un an ou deux, une expérience tout à fait fameuse a montré qu'on pouvait envoyer des neutrinos de New York à San Francisco. Émis à New York, on les récupérait à San Francisco[1].

Selon Rutman, il n'était, pour ce type de raisons, pas absurde de penser que des corpuscules particulièrement légers pouvaient migrer dans le sol, être réfléchis, étant « plus ou moins codés »... La référence à la physique fondamentale sert ici de légitimation – comme si c'était par mimétisme qu'Elf était fondée à procéder, sans vérification aucune, sans connaissance des méthodes de la physique théorique. On peut même aller plus loin dans la psychanalyse de ce discours aux représentants des financiers : le ton est professoral (« vous savez sans doute », « je vous rappelle que »), faisant appel à des choses prétendument sues (« une expérience tout à fait fameuse »), mais cache mal l'ignorance de l'orateur et le caractère erroné et imprécis de son discours. « Quelques nouvelles particules tous les ans » ? – c'est faux : le nombre de particules du modèle standard n'est pas si élevé que cela. « Émis à New York et récupérés à San Francisco » ? – à voir : la détection de neutrinos n'est déjà pas chose aisée, leur « transmission » n'a à ce jour pas été réalisée. Comme chez Vallée (chapitre suivant), comme Bachelard l'a diagnostiqué chez Marat (chapitre XI), la force de conviction pédagogique du propos est d'autant plus forte que la compréhension qu'a l'orateur de son sujet est faible.

Certains dirigeants d'Elf tiendront encore, longtemps plus tard, des discours analogues. L'un d'eux, soulignant qu'à présent « nous sommes environnés d'ondes » (GSM, WiFi, etc.), sous-entendait qu'après tout c'était une démarche visionnaire – et donc « pas absurde » (pour reprendre l'expression de Rutman) – de s'intéresser ainsi à une nouvelle

1. Témoignage Rutman, [CEAN].

onde elle aussi porteuse d'information. Un autre indique son intérêt devant les expériences de sourcier menées par le physicien Yves Rocard.

*

Il en est un qui restera convaincu par le procédé des avions renifleurs – et qui l'est resté jusqu'à sa mort sans doute –, parce que ce procédé venait, selon lui, confirmer ses théories physiques : Lucien Romani, membre du Cercle de physique Alexandre Dufour, auteur d'une *Théorie générale de l'Univers physique* (1976). Moins de dix jours après l'éclatement du scandale, Romani écrit à Gilbert Rutman, sur une lettre à en-tête de sa société, Aérodynamique Eiffel (au cas où il y aurait un contrat avec Elf à la clef) :

> Il nous paraît nécessaire de vous mettre au courant de travaux, théoriques et expérimentaux, qui montrent à l'évidence l'existence de l'onde invoquée par l'ingénieur italien [...]. Vous trouverez ci-joint ma conférence sur le sujet prononcée à la Sorbonne le 28 mai 1983 alors que j'ignorai [*sic*] tout des avions renifleurs[1].

Bien évidemment, Romani ignorait tout des avions renifleurs en 1983, puisque cette affaire avait été tenue secrète – le premier article de juin 1983 du *Canard* avait eu peu d'échos. Néanmoins, dix jours après l'éclatement de l'affaire, sans avoir eu un quelconque accès à des documents techniques ou scientifiques sur le procédé, Romani la rattache à ses théories... Le texte de la conférence qu'il envoie à Rutman commence par une réhabilitation des rayons N. Pour lui, « Blondlot avait raison sur toute la ligne[2] ». Cette affaire d'autosuggestion du monde scientifique en 1903-1904 est d'ailleurs fort intéressante en regard de celle des avions renifleurs. Car, bien que les deux affaires n'aient rien à voir, elles sont voisines dans la façon dont elles sont dévoilées. Le

1. Lettre de Romani à Rutman, 13 janvier 1984 [DPA].
2. Conférence Romani, p. 4. C'est un article de Pierre Thuillier dans le magazine *La Recherche* (décembre 1978, n° 95) qui met Romani sur la piste des rayons N, qu'il incorpore à sa théorie (source : Lucien Romani, *Bulletin du CPAD*, avril-juin 1983, n° 202). Le professeur Blondlot, à Nancy (d'où le nom de rayons N), suivi par de nombreux collègues français, avait cru déceler de nouveaux rayons, après les rayons X ou les rayons uraniques (ou radioactivité).

physicien américain Robert W. Wood (1868-1955), envoyé par le journal *Nature*, s'y prend de la même manière que Horowitz : il modifie l'objet à regarder à l'insu des promoteurs du procédé, et selon eux apparaît toujours la même vision : autosuggestion des observateurs dans le cas des rayons N[1], supercherie dans le cas des avions renifleurs.

Mais pour Romani, les rayons N, quatre-vingts ans après leur abandon par le corps savant (à commencer par Blondlot lui-même), restent une réalité. Selon lui, Wood n'a qu'en apparence résolu la question – il aurait d'ailleurs mystifié Blondlot. Car le « temps de relaxation » de l'onde N étant de l'ordre de vingt minutes, il était normal que l'on observât encore une onde N même sans le prisme (que Wood avait ôté à l'insu des observateurs) : les observateurs avaient donc raison quand ils disaient continuer à observer l'onde. Par ailleurs, toujours selon Romani, le rayon N est le véhicule « de la gravitation et, aussi, de la télépathie ». Il résulte du mouvement de la matière, « très compliqué », des « ondes d'éther très complexes », qui sont soit des ondes vectorielles transverses (celles du champ électromagnétique de Maxwell), soit des ondes scalaires longitudinales (celles de Blondlot) :

> Ainsi l'Univers est peuplé de deux espèces d'ondes fondamentales, correspondant, l'une à l'énergie et l'autre à l'information. L'humanité les connaît empiriquement depuis des millénaires mais la science moderne, qui a étudié à fond la première, refuse, contre toute logique, de s'occuper de la seconde[2].

*

« Le comble est que nous pensions à l'époque avoir réussi à bâtir une théorie de l'aldino qui était un mélange de relativité générale et d'équation des télégraphistes ; notre désir de prouver la chose était tel que notre imagination faisait des miracles[3]. » Cette jolie phrase de Paul Alba résume bien, avec humour, le fond de l'affaire. De manière individuelle et collective, les ingénieurs d'Elf ont développé une forme d'autosuggestion qui les a enferrés dans l'erreur. Ils avaient des difficultés à comprendre, parfois à accepter, les résultats de la physique

1. Pour une analyse détaillée de l'affaire des rayons N, voir Rostand [1958].
2. *Ibid.*, p. 14.
3. [DPA], contre-page 111.

moderne. Ce manque de familiarité avec la physique moderne peut se traduire par l'opposition à la théorie de la relativité (chapitre précédent) ; il se traduit aussi par l'ignorance qu'ont les ingénieurs d'Elf de la physique des particules. Bonassoli aurait découvert avec un matériel rudimentaire une nouvelle particule, alors que les importants équipements que sont les détecteurs à neutrinos en détectent au compte-gouttes, ou que le boson de Higgs a été découvert vingt ans après que l'idée de son existence eut été émise.

Les ingénieurs formés à partir des années 1950 ont sans doute intégré l'existence de la relativité. Mais l'affaire des avions renifleurs montre que le relais peut être pris par une autre forme d'incompréhension, dans ce cas celle de la physique des particules, fort complexe et à consonances parfois un brin irréelles (avec ses quarks *charme* et *étrange*). Face cachée de la science, l'alterscience en suit les développements.

VII

L'énergie libre de Vallée et le mythe Tesla

René-Louis Vallée (1926-2007) est l'acharné concepteur d'une théorie physique alternative, la synergétique. Ingénieur diplômé de Supélec (1951), titulaire d'un DEA de traitement électronique de l'information, il travaille chez Alsthom de 1953 à 1958, puis au CEA à partir de cette date. Il commence à faire connaître sa théorie en 1971, à l'âge de 45 ans ; il avait l'année précédente publié un livre chez Masson dans son domaine de compétences, *Analyse binaire. Théorie et applications aux circuits combinatoires.*

Il est membre du Cercle de physique Alexandre Dufour, devant lequel il fait une conférence en 1972, juste après la sortie de son ouvrage ; son approche reste pendant cette période centrée sur sa théorie alternative. Une seconde phase de son activité, à partir de 1995, est plus virulente et dépasse le cadre de la physique : il manifeste alors une dérive idéologique et complotiste. Ce regain de virulence peut être lié à l'âge avancé et à la perception d'une mort proche : on retrouve le même regain d'activité chez Maurice Allais à partir de 1989 (juste après son prix Nobel d'économie), et surtout à partir de 1997, date à laquelle il publie, à 86 ans, son premier ouvrage sur sa « théorie » physique – il n'avait pas publié sur ce sujet depuis ses notes de présentation à l'Académie des sciences en 1959[1].

Le regain d'activité est aussi lié à l'arrivée d'Internet : l'outil offre une possibilité extraordinaire de contacts et de diffusion de théories

1. Allais [1997].

alternatives. Car peu importe à l'alterscientifique où il publie, il ne cherche pas à tout prix la revue scientifique de pointe, à laquelle il sait qu'il n'a pas accès : l'essentiel est de publier, de faire connaître ses théories. Internet est, à partir de 1997-2000, une planche de salut, une formidable bouffée d'oxygène permettant de lever « la chape de plomb du silence » pesant selon eux sur leurs idées. Les alterscientifiques créent assez vite des sites Internet : Allais en 2000[1], les créationnistes du CESHE (Cercle scientifique et historique, chapitre VIII) avant. Ces ingénieurs, même d'un certain âge, ont certaines compétences techniques pour l'informatique. Ils se sont attelés à l'utilisation d'Internet et à la confection de sites – avec toutefois un bémol à noter : si le site évolue en termes de contenus, bien souvent il n'évolue pas en termes de présentation, restant figé sur sa confection initiale. Le caractère souvent « vieillot » du site ajoute au caractère suranné des idées véhiculées et à l'âge avancé de leurs émetteurs.

Un autre avantage d'Internet est le caractère *quantifiable* de la fréquentation d'un site : voilà de quoi satisfaire l'ingénieur, concret, adepte de chiffres et peu confiant dans les chiffres de diffusion de revues scientifiques sur papier, voire d'ouvrages, qui lui sont donnés par un tiers – alors que les statistiques de fréquentation de son site lui sont *automatiquement* fournies chaque matin.

Un troisième avantage d'Internet est de faire vivre la théorie alternative dans la durée – les visiteurs se renouvellent chaque jour, alors qu'un auteur ne sait pas si son ouvrage est emprunté en bibliothèque. À l'inverse du physicien chercheur, qui approfondit ses recherches par d'autres articles, les discutant avec des pairs, améliorant ses résultats, la théorie alterscientifique est bien souvent *figée* une fois publiée – il n'y a guère de discussion ou de construction scientifiques autour d'elle. Figée, la théorie l'est aussi dans la tête de l'alterscientifique : sa construction mentale le fait s'arc-bouter sur sa théorie – il n'envisage pas de la modifier ; c'est presque, pour lui, une *vérité révélée*, donc non modifiable. Mais le courant de visites sur Internet, les liens qui sont faits par d'autres vers son site, ou les échanges de courriels qu'il peut avoir avec des

1. Le site d'Allais est fièrement adorné d'un compteur qui affiche « 76 245 visiteurs depuis le 20 juin 2000 » (consulté le 30 mars 2011) – le nombre en apparence important de visiteurs, divisé par la durée elle aussi significative, conduit à environ 20 visiteurs par jour, ce qui est un faible chiffre de fréquentation.

visiteurs, lui donnent l'illusion d'une vie scientifique de sa théorie. Son site Internet vit, alors que son livre une fois publié ne vit plus – à l'inverse du manuel universitaire d'un physicien.

*

Revenons à Vallée. Il est difficile de comprendre, *a fortiori* d'exposer, sa théorie synergétique. Un débat avec les milieux scientifiques a lieu en 1976 par magazines scientifiques grand public interposés. Il est lancé par Renaud de la Taille, journaliste à *Science & Vie,* qui s'était enflammé pour la théorie[1] ; cela provoque une riposte du magazine *La Recherche,* qui propose une réfutation sous la plume de Jean-Marc Lévy-Leblond. À cette occasion, la théorie synergétique est comparée à ces calligraphies de Steinberg, faites de *signes* connus sans *signification* globale aucune – ainsi les écrits de Vallée comportent des signes mathématiques connus, voire des formules physiques cohérentes, mais sans enchaînement dans le raisonnement, et sans possibilité de compréhension globale.

Vallée mobilise un foisonnement de notions principalement empruntées à l'électromagnétisme qui sous-tend sa théorie. Une *synergie* $S = mc^2$ prend la place de l'énergie relativiste $E = mc^2$. La théorie synergétique est non relativiste, conservant un espace euclidien et un temps universel. La vitesse de la lumière n'est pas constante, elle enregistre de faibles variations[2]. La force de gravitation est d'origine électromagnétique – rappelons que cette force disparaît dans la théorie de la relativité générale, communément admise de nos jours. Une loi *ad hoc* fait son apparition, la « loi de matérialisation », qui précise comment l'énergie se transforme en matière et qui constitue, selon Vallée, « une loi fondamentale de la nature qui manquait aux lois physiques connues ». Une autre hypothèse *ad hoc* est faite, celle d'une « valeur limite supérieure

1. « Qui osera réfuter la synergétique ? », *Science & Vie*, novembre 1975, n° 698. Curieusement, cet article n'apparaît pas dans la liste Internet des articles de cet auteur, sur le site du magazine (19 articles écrits entre janvier 1975 et octobre 1978, http://www.science-et-vie.net, consulté le 30 mars 2011).

2. Pour un exemple de ces variations, on applique la formule donnée par Vallée ; c étant la vitesse de la lumière dans le vide, et v sa vitesse à la surface de la Terre, $c^2 - v^2 = gR_T$, où R_T est le rayon de la Terre ; le calcul donne $c - v = 0{,}10$ m/s, soit une variation de c de 3×10^{-10} (10 cm sur 300 000 km), variation non mesurable.

du champ électrique » – quand un champ électrique atteint cette valeur (39×10^{15} V/m), la matière se transforme en énergie :

> La théorie synergétique resterait cependant incomplète si on ne lui adjoignait pas l'hypothèse, expérimentalement vérifiée, de l'existence d'une valeur limite supérieure E_d du champ électrique [...]. Sans cette hypothèse, rien ne peut plus être démontré et la physique n'a qu'à retourner au chaos des principes arbitraires et des interprétations fantaisistes.

Vallée découvre aussi une source d'énergie inépuisable liée à la synergétique, l'énergie du vide. La matière est en fait de l'énergie électromagnétique diffuse localement piégée par la valeur limite du champ électrique – cette énergie électromagnétique diffuse emplit l'Univers, avec des densités d'énergie variables. En effet, on montre

> [...] par un calcul mathématique irréfutable, que l'espace est une source inépuisable d'énergie cosmique dont la simple différence de densité, entre la surface de la terre et celle du soleil, calculée à l'aide d'une formule connue, se révèle être de 45 mille milliards de joules par mètre cube.

L'étude la plus poussée de la théorie synergétique a été faite par un ingénieur de l'INSA de Lyon, Benjamin Lisan, en 1978 (il a réactualisé cette étude en 2006). Sympathisant[1] de Vallée dans les années 1980, Lisan est au final très critique sur la théorie :

> Derrière un formalisme qu'on pourrait en apparence prendre pour un formalisme rigoureux si l'on n'a aucune connaissance en physique fondamentale, le contenu de cet ensemble d'intuitions ou de convictions reste en fait assez flou [...]. Tout le corpus est en fait un ensemble d'intuitions étayées par de vagues démonstrations, ne formant pas un ensemble cohérent, avec des lois, des démonstrations ou affirmations facilement vérifiables. Aucune « démonstration » ne prouve définitivement tel ou tel fait de façon irréfutable et incontestable [...]. En fait, les affirmations peuvent aussi le plus souvent donner lieu à confusion d'interprétation. On peut donner plusieurs interprétations à cet « ensemble » selon les circonstances ou selon l'auditoire rencontré.

1. Confirmé lors d'une conversation téléphonique avec l'auteur.

Lisan souligne que Vallée aborde la physique avec des convictions (la caducité de la physique moderne, relativité ou mécanique quantique), qu'il cherche à tout prix à prouver et qu'il n'entend pas un seul instant remettre en cause. Selon lui, la théorie de Vallée n'est qu'une « tentative de remise en cause – malheureusement non clairement et honnêtement affirmée – des théories physiques modernes ».

*

Vallée est en effet antirelativiste. Dans sa conférence de 1972 au Cercle de physique Alexandre Dufour, il dénonce « l'adoration facile de la Relativité révélée ». Il déplore « l'enlisement de la Physique dans le marécage dangereux d'un descriptif mathématique exclusivement formel », ou « la toute-puissance d'un appareil mathématique hermétique et compliqué » – pourtant les mathématiques de Vallée, avec son « tenseur universel complexe » singeant les tenseurs de la relativité générale, sont loin d'être simples. Il est, aussi, d'une mauvaise foi certaine quand il critique la notion d'équivalence masse-énergie en jouant sur les unités physiques[1] : « Comme si une masse M pouvait, de quelque manière, être équivalente à une énergie $M.L^2.T^{-2}$. »

Mais, sans que cela contredise ce qui précède, Vallée rapporte en permanence ses travaux à ceux d'Einstein. Ainsi ses écrits reflètent-ils un certain mimétisme de la démarche d'Einstein dans son article de 1905 sur la relativité restreinte :

> Les lois de l'électromagnétisme sont statistiquement valables pour tout référentiel fixe lié au milieu dans lequel s'annule constamment l'intégrale volumique de la totalité des quantités de mouvement de toutes les énergies.

Vallée semble donc calquer la démarche d'Einstein tout en refusant ses résultats. Dans le même ordre d'idées, il annexe Einstein à sa théorie :

---

1. L'équivalence masse-énergie se mesure bien évidemment *à la constante c^2 près* (où *c* est la vitesse de la lumière) : ainsi, les physiciens disent couramment que l'électron a une masse de 511 keV (cette dernière unité étant une unité d'énergie). Vallée ne peut ignorer cette convention – c'est pourquoi il est de mauvaise foi quand il la dénonce ainsi. Il est même doublement de mauvaise foi, puisqu'on pourrait appliquer sa remarque à « l'équivalence masse-synergie » qu'il propose.

celle-ci permet de « retrouver l'expression de la synergie établie par Albert Einstein dès 1905 » – Vallée fait ici allusion à sa propre équation $S = mc^2$ (dont l'équation d'Einstein deviendrait alors un simple cas particulier). Car, Vallée en est certain : le concept de masse n'est « pas fondamental dans la théorie de la relativité d'Einstein – la chose fondamentale est la synergie ».

Nous voici pour la première fois en présence d'un argument de type « chaudron freudien[1] ». Il peut se résumer ainsi : « Non seulement Einstein a tort, mais en plus c'est un plagiaire. » Chez Vallée, une variante de cet argument serait : « Einstein a tort, mais en plus ses résultats confirment les miens. » Par une sorte de *machine à remonter le temps*, Einstein serait-il un plagiaire de Vallée ? Un plagiaire par anticipation, comme dirait Didier Nordon, avec les Oulipiens[2] ? Vallée, tout en réfutant Einstein, cherche à s'attribuer son prestige, comme si Einstein avait obtenu certains résultats partiels qu'il aurait mal interprétés, et que Vallée replace dans toute leur généralité[3]. En tout état de cause, la vénération d'Einstein (Vallée évoque « la *vraie science*, celle des Ampère, Einstein... ») associée à la négation de la relativité ou à la détestation des « einsteiniens », forme une contradiction courante chez les antirelativistes.

D'autres phénomènes d'inversion du discours, à caractère quasi psychanalytique, sont à l'œuvre : Vallée déclare que « la théorie synergétique s'énonce de manière très simple et très claire » – insistance à affirmer un énoncé immédiatement contredit par la suite de son discours. D'autres types d'énoncés traduisent une échappée inconsciente de Vallée quand il indique lui-même que sa théorie est difficilement vérifiable (les variations de la vitesse de la lumière sont infimes dans sa théorie) ou quand il précise prudemment : « On ne fera d'expériences que lorsque nous aurons avancé. » De manière consciente, Vallée est certain de sa théorie, à laquelle il consacre sa vie à partir de 45 ans ; mais peut-être son inconscient s'exprime-t-il lorsqu'il émet de telles nuances, presque des réserves.

1. Ce sophisme prêté à Freud est le suivant : « Je ne t'ai jamais emprunté de chaudron, et d'ailleurs il était déjà percé quand tu me l'as prêté. »

2. Didier Nordon, *Des cailloux dans les choses sûres*, Paris, Belin, « Pour la Science », 1997. L'OuLiPo est l'Ouvroir de littérature potentielle, qui a popularisé cette notion de plagiat par anticipation.

3. Le discours de Charles Fourier, qui se voit comme le continuateur de Newton – celui-ci n'aurait fait qu'une partie de la besogne –, est assez semblable (*cf.* chapitre XII).

Schopenhauer n'évoque-t-il pas, dans *L'Art d'avoir toujours raison*, « l'obstination à défendre une thèse qui nous semble déjà fausse à nous-mêmes[1] » ? Concernant Vallée (et d'autres ingénieurs), on pourrait dire « chassez le rationnel, il revient au galop » : tout se passe comme si Vallée lui-même peine à croire en sa propre théorie. D'ailleurs, inventer une théorie physique alternative non vérifiable, il fallait le faire !

*

Contre la complexité de la mécanique quantique et de la relativité, Vallée est à la recherche de l'unité de la physique – il voit d'ailleurs sa théorie comme « une théorie énergétique quantique et gravitationnelle » :

> Les vrais physiciens sont gourmands de synthèse, parce qu'ils soupçonnent une grande unité et une simplicité fondamentale dans la Nature.

Le refus de la nouveauté s'exprime, comme souvent chez les anti-relativistes, par le souci de se ramener à une science connue. Le physicien Léon Lecornu (1854-1940), professeur à Polytechnique, membre de l'Académie des sciences, refusait la relativité générale pour expliquer l'avance du périhélie de Mercure et introduisait une nouvelle force de Coriolis *ad hoc*. Vallée estime que, grâce à sa loi de dématérialisation (loi *ad hoc* elle aussi), « la relativité et la mécanique ondulatoire ont été ramenées à l'électromagnétisme classique ».

Il a aussi sa propre idée de la science. Elle est parvenue « à un stade où la presque totalité des phénomènes directement mesurables se trouve connue ». Elle doit d'autre part rester compréhensible par tous et ne pas entrer en contradiction avec le bon sens :

> Exprimée dans le langage commun de l'Ingénieur et du Technicien, la Physique peut enfin nous offrir un visage objectif et familier. Elle devient ainsi accessible à la compréhension par le plus grand nombre.

Les termes choisis ne sont pas neutres : la science actuelle n'est pas, selon lui, objective. Elle doit retrouver son vrai *visage* car elle est malade,

1. Schopenhauer [1998 ; 1831], p. 9. Le philosophe pointe aussi que « c'est en utilisant de tels stratagèmes dialectiques qu'un auteur révèle que, en son for intérieur, il est conscient d'avoir tort » – il prend l'exemple d'un texte de Lamarck (p. 22-25).

ou en état de « détresse » : l'anthropomorphisme alterscientifique – la personnification de la Science – est ici à l'œuvre.

Vallée mime aussi la démarche scientifique en donnant l'impression de mettre sa théorie à l'épreuve, de se poser des questions :

> Certes, il reste encore beaucoup à faire. Et lorsqu'une étape nouvelle vient d'être franchie, il est rare que les nouveaux problèmes posés ne se présentent pas en plus grand nombre que ceux qui ont été résolus. Nombreuses, en effet, sont les questions qui demeurent en suspens. Quelle peut être la valeur de la densité moyenne d'énergie diffuse dans l'espace intersidéral ? Est-elle la même dans les espaces intergalactiques ? Quelles sont, en fonction de la densité d'énergie, les variations de la permittivité électrique ?

Car l'alterscientifique a l'obsession de faire vivre sa théorie, y compris à ses propres yeux. Sa théorie, c'est lui : si sa théorie ne vit pas, il meurt. On a vu qu'Internet était un moyen de répondre à cette aspiration vitale ; ce type d'interrogations sur sa propre théorie crédibilise l'auteur (au moins à ses propres yeux), et contribue à ce même objectif. Si personne ne lui pose de questions, si la « science officielle » ne répond pas à ses interpellations en lui posant des questions, au moins lui s'en pose – ou fait mine de s'en poser...

*

D'autres caractéristiques alterscientifiques comme la vitupération et la dérive idéologique pointent chez Vallée à partir des années 1980. La perturbation de réunions publiques est une forme de vitupération – passage de l'écrit à l'acte. En 1979, Vallée provoque un *happening* à l'émission *Le téléphone sonne* de France-Inter. L'invité du jour est André Giraud, ministre de l'Industrie, précédemment administrateur général du CEA. Vallée s'était fait licencier du CEA en 1976, sous l'administration de Giraud. L'émission est consacrée à la sidérurgie et à l'indépendance énergétique française. Face à la personne qui sélectionne les questions avant passage à l'antenne, Vallée propose une question conforme au thème de l'émission. Une fois à l'antenne, il interpelle André Giraud à propos de son licenciement du CEA et le met face à ses responsabilités ministérielles : administrateur du CEA, après le premier choc pétrolier, il avait rejeté l'« énergie libre » liée à la synergétique et conservé l'énergie de fission nucléaire, en fera-t-il autant, en tant que ministre cette fois-ci, par surcroît après le second choc pétrolier de 1979[1] ?

On observe là une première mutation du discours de Vallée ; discours principalement scientifique lors de sa publication en 1971 – à cette date on est loin de penser aux chocs pétroliers – et qui, très adaptable, se fond au discours ambiant de la nécessité d'indépendance énergétique après 1973. C'est, aussi, une de ses manières de faire vivre sa théorie : Vallée tire parti des chocs pétroliers pour la présenter comme révolutionnaire du point de vue de l'approvisionnement en énergie. Ce qui est au départ une théorie alternative fondée sur l'électromagnétisme (et réfutant relativité et mécanique quantique) devient une théorie de l'« énergie libre ». La théorie alterscientifique est une théorie-pâte à modeler, protéiforme, malléable et adaptable aux changements de son environnement.

*

Mais le glissement du discours de Vallée au gré de l'actualité n'est pas qu'opportuniste : il est aussi idéologique. À la base se situe son opposition, structurante, à la relativité, qu'il voit comme « une religion que le capitalisme mondial s'est empressé de faire sienne[2] ». Plus généralement, toutes les voies du progrès scientifique sont aujourd'hui bloquées par « des gardes fidèles à la solde de la haute finance internationale » :

> Ils ont pour noms Stromberg, Bohm, Feynman. Ils font partie d'une secte philosophico-scientifique discrète qui ne fait aucun prosélytisme et ne recrute que des hommes influents et sûrs. Cette secte qui se veut « gnostique » a des ramifications dans la haute administration de tous les pays. Derrière ce rempart puissant, le capitalisme mondial assure sa sécurité[3].

On retrouve la phraséologie complotiste antisémite, avec mention exclusive de physiciens d'origine juive. Cette phraséologie se radicalise à partir des années 1995, quand Vallée organise une seconde phase de communication autour de sa théorie. Il signe en 2000, en tant que « membre

---

1. Débat détaillé dans [FLL-BSI].
2. [FLL-BSI].
3. [FLL-BSI], Vallée, 1975. Dans une lettre à *La Recherche*, en date du 15 octobre 1974, Vallée parle du prix Nobel Richard Feynman comme faisant partie « des hommes en noir comme certains les ont déjà nommés ».

de l'Académie des sciences de New York », une préface à un court document scientifique – plein de formules – portant sur sa théorie rebaptisée et anglicisée sous le nom de GUST (*Grand Unified Synergetic Theory*). L'antisémitisme est à peine voilé quand, à propos de Mai 68, il mentionne « l'ignorant petit Cohn-Bendit[1] » ou quand, entrant dans le vif de sa théorie, il parle du prix Nobel « Claude Nessim Cohen-Tannoudji » ; grâce à Vallée, nous connaissons le prénom hébraïque de ce dernier, qui sinon aurait pu nous échapper. D'ailleurs, selon Vallée, Cohen-Tannoudji, ignorant « le sens réel de ses réussites expérimentales », « tourne calmement un œil aveugle vers la Grande Théorie unifiée de la synergétique[2] ».

*

Appelant à une « grande révolution synergétique » qui résoudra le problème de la faim dans le monde et mettra un terme aux dépenses nucléaires, Vallée est aussi un contre-révolutionnaire de Mai 68 : ce n'est pas un hasard s'il reçoit en 1976 un soutien médiatique de poids, celui de René Barjavel (1911-1985). Barjavel, déjà écrivain sous l'Occupation, fut journaliste et écrivain à succès après la Libération[3]. Il avait écrit en 1943 un ouvrage, *Ravage* (dont les premiers chapitres paraissent en feuilleton dans l'hebdomadaire ultra *Je suis partout*), considéré comme le début de la science-fiction française. À une époque où le maréchal Pétain parlait de « la Terre qui ne ment pas », cet étrange ouvrage écologique avant l'heure exalte la seule voie de survie possible dans une ville du futur privée d'électricité et soumise aux pillages – la voie du retour à la campagne. En 1978, au moment où le débat nucléaire bat encore son plein, avant que la gauche de gouvernement ne se rallie à partir de 1981 au nucléaire, Barjavel écrit un pamphlet antinucléaire,

---

1. Citation complète : « Les illusions de la fausse révolution de Mai 68 ont d'ailleurs sombré dans la furie de revendications anarchistes, particulièrement absurdes, qu'avait formulées l'ignorant petit Cohn-Bendit, émissaire d'une Allemagne fédérale dont le seul but fut de forcer la France à souscrire aux amendements des accords de Bretton Woods, proposés par les États membres du FMI » ; R.-L. Vallée, *Bulletin de l'Énergie libre*, 1er trimestre 1999, n° 3.
2. R.-L. Vallée [2001].
3. Comme l'indique Robert Belot (*in* Belot-Heyberger [dir.], p. 111) : « Aujourd'hui, Barjavel est présenté comme l'un des pionniers de la science-fiction française. Il est enseigné dans les collèges et lycées où l'on a semble-t-il parfaitement oublié qu'il a été l'emblème de l'idéologie vichyste ! »

Lettre ouverte aux vivants et à ceux qui veulent le rester[1], où, à propos des énergies nouvelles, il évoque l'énergie libre de Vallée, « une idée qui [lui] est chère depuis longtemps » :

> Sa théorie bousculait les habitudes de pensée et de travail qui sont, depuis un demi-siècle, fondées sur la relativité. C'est sans doute trop d'audace [...]. Einstein et ses condisciples prétendaient que les véhicules de l'espace ne pourraient jamais dépasser *c*. Cet obstacle s'est effacé : les prochains navires sidéraux pourront accélérer sans se soucier des lois de la relativité.

À voir !... jusqu'à présent aucun « navire sidéral » n'a dépassé la vitesse de la lumière. On voit là apparaître de vieux relents antirelativistes, étonnants encore en 1978 de la part d'un auteur grand public.

*

Quant à Vallée, quelle est sa postérité ? Si le concept d'« énergie libre » fait florès sur Internet ou dans diverses revues pseudo-scientifiques ou ésotériques, les travaux de Vallée sont largement et justement oubliés. On découvre toutefois l'existence d'un Global Institute For New Energy Technologies (GIFNET), créé en 2003 par le Suisse Nicholas Moller et ayant des bureaux à Genève, à Fontainebleau, à Londres, en Croatie. Il s'agit d'un « institut libre, comme les énergies du même nom[2] ». Le directeur français en est Jean-Luc Naudin, ardent promoteur de la théorie de Vallée sur Internet. Le fondateur Moller exalte la possibilité d'une société différente, dans laquelle l'énergie sera produite localement, sans la domination de pays favorisés géographiquement – entendez les pays producteurs de pétrole, quels qu'ils soient. Plus incisif, il parle de « démanteler les scandaleux réseaux d'énergie de la planète » aux mains de « l'Establishment mondial de l'Énergie » – dont d'ailleurs le rôle est bien connu :

1. Pierre Gevaert (né en 1928) a écrit en 2005 un livre au titre très semblable : *Alerte aux vivants et qui veulent le rester* (Éditions Ruralis, 2005). Gevaert est un agronome alternatif aux valeurs traditionalistes – prônant comme Barjavel dans *Ravage* « l'exode urbain » (dans le sens contraire à l'exode rural). Ce livre est en vente au marché bio dominical du boulevard Raspail, Paris VIe.
2. C'est ainsi que le définit le site Quanthomme, promoteur des technologies de Vallée.

> Aucun aspect de la vie sur Terre ne restera inchangé avec elle [l'énergie libre], ce qui est précisément la raison pour laquelle ces technologies ne sont pas disponibles pour l'humanité. Les cartels et intérêts préfèrent voir se perpétuer le *statu quo*.

Ainsi, si ces nouvelles technologies ne se répandent pas, ce n'est pas parce qu'elles ne marchent pas, mais c'est à cause du lobby pétrolier et des États.

Aussi surprenant cela puisse-t-il paraître, le centre français du GIFNET, à Fontainebleau, reçoit la visite, le 13 juin 2005, du secrétaire général de l'ONU, Kofi Annan[1]. L'Institut lui présente ses projets de recherche en « énergies alternatives » : le MAHG (générateur d'hydrogène atomique de Moller), le LENR (Low Energy Nuclear Reactor), la reconstitution d'une turbine à disques de Tesla en collaboration avec le musée Tesla de Belgrade. Le LENR est un avatar du projet de fusion froide (fusion nucléaire à température ambiante) présenté au grand public en 1989 par deux physiciens de l'University of Utah, Pons et Fleischmann, et récusé par la communauté des physiciens, qui la considère comme une erreur scientifique. Cette idée continue à être étudiée dans quelques rares centres universitaires à travers le monde, et dans des instituts parallèles – non universitaires – comme le GIFNET. Les expériences concernées n'y paient pas de mine et se réalisent en bécher et éprouvette : c'est de la *small science*, par opposition à la *big science* de la physique dominante.

Cette visite du secrétaire général de l'ONU au GIFNET ne laisse pas d'intriguer. Elle peut être comparée au discours de Jacques Chirac indiquant que Maurice Allais aurait dû avoir le prix Nobel de physique à trois reprises[2], ou à la lettre de Valéry Giscard d'Estaing au créationniste Guy Berthault, son camarade de promotion à Polytechnique : « Je suis en admiration totale devant vos travaux qui remettent en cause, si j'ai bien compris, la géologie[3]. » Chacune de ces interventions publiques a

1. Le GIFNET avait déjà reçu un message écrit d'encouragement d'Annan en mars 2005. Depuis les photos de la visite de K. Annan en juin 2005, le site GIFNET (www.gifnet.org) s'est figé et n'affiche aucune nouvelle information (consulté le 28 juin 2012).
2. Discours du président de la République J. Chirac remettant diverses décorations à plusieurs personnes, dont la croix de grand officier de la Légion d'honneur à Maurice Allais (voir Moatti [2007]).
3. Réponse de V. Giscard d'Estaing, président de la République, à G. Berthault, citée par Valérie Lécuyer, *in* Dubessy-Lecointre (dir.) [2003], p. 251.

ses caractéristiques, mais elles montrent toutes une certaine perméabilité des milieux de pouvoir à des lobbys alterscientifiques et leur éloignement comme leur manque de compréhension du monde de la recherche.

*

La fantasmagorie autour de l'énergie libre sur Internet n'exploite pas les travaux de Vallée, mais l'image de Nikola Tesla (1856-1943). On ne reviendra pas ici sur les découvertes scientifiques et techniques impressionnantes de ce savant qu'on peut qualifier, avec de nombreux sites alterscientifiques, comme étant hors du commun. Il est un des rares scientifiques à avoir donné son nom à une unité physique, celle du champ magnétique. C'est un « ingénieur-savant », inventeur du courant alternatif, très massivement utilisé aujourd'hui, par opposition au courant continu d'Edison ; à l'époque, l'idée a rencontré des résistances – employer une force alternativement et rapidement (principe du courant alternatif) était perçu comme un procédé singulier et peu mécanique. Il a aussi travaillé sur les ondes hertziennes ; et, bien que la postérité eût retenu le nom de l'Italien Marconi (prix Nobel 1911), Tesla a joué un certain rôle dans l'invention de la radiodiffusion.

Dire que Tesla a été oublié est faux : ne serait-ce que par l'importante unité physique portant son nom, il est connu des étudiants scientifiques du monde entier. Mais son caractère difficile, fantaisiste, très solitaire, sa non-appartenance à une institution scientifique[1], sa pratique d'ingénieur et sa répulsion à formaliser des théories, ainsi que la deuxième partie de sa carrière, à partir de la quarantaine, plus obscure, plus belliqueuse, ont eu pour conséquence que son œuvre scientifique et sa vie ont été assez peu étudiées, d'un point de vue universitaire notamment. Le manque de sources peut alors donner l'impression que Tesla a été délaissé, ce que prétendent les sites sur l'énergie libre, avec la ferme intention de réparer ce prétendu oubli de l'histoire des sciences.

*

1. Tesla émigre aux États-Unis en 1884, lors d'une période charnière, avant que la recherche ne commence à se structurer réellement en institutions ; il n'est par ailleurs pas universitaire. Sa mise en pratique du courant alternatif se fait après que l'entreprise Westinghouse l'a recruté à cet effet.

Tesla peut être vu comme une icône des inventeurs et des ingénieurs, presque un saint patron pour nombre d'entre eux. Rarement figure d'ingénieur n'aura donné l'impression de faire tant avancer l'humanité par ses découvertes, en apparence déconnectées de la science de son temps. Tesla, travaillant seul sa vie durant, est, par excellence, « l'inventeur indépendant » qui réussit, au moins pendant la première partie de sa carrière, mais non sans des combats acharnés – à l'instar de tout inventeur indépendant qui, généralement moins couronné de succès que Tesla, peut lui vouer une admiration profonde. Un Tesla triomphant des « fossoyeurs du progrès[1] », représentants de tout poil de l'establishment économique, scientifique et technique – c'est donc possible, *Tesla did it* !

Ajoutons-y son image d'homme désintéressé : il accepte de revoir à la baisse le contrat financier qui le lie à Westinghouse et finit dans la solitude et une certaine misère – ce n'est pas la fortune qu'il cherchait, mais l'avancement de la science et la reconnaissance de ses découvertes. En ce sens aussi, tout inventeur indépendant, fonctionnant plutôt *pour les sciences et pour la gloire*, peut s'identifier à lui. Même si l'histoire effective de Tesla et du courant alternatif ne s'écrirait sans doute pas comme ce conte de fées, ce sont, à notre sens, les principaux ingrédients du mythe Tesla.

C'est aussi ce qui peut expliquer que cette fantasmagorie aille assez loin. De manière sympathique, elle dépasse les cadres de l'alterscience et le monde des ingénieurs et inventeurs exaltés. Tesla est, notamment aux États-Unis, une icône qui n'a presque rien à envier à Einstein : des T-shirts sont imprimés à son effigie, des jeux vidéo comme des romans font intervenir des personnages baptisés Tesla[2]. Mais, de manière plus pernicieuse, sur des fondements pas vraiment différents, le mythe Tesla (Tesla seul contre tous, ses découvertes comme l'énergie libre ou le rayon de la mort nous sont tenues cachées...) pénètre, notamment *via* Internet, dans des milieux complotistes et politiquement extrémistes.

*

1. Lumière [1941]. Ce sont, selon Lumière, les membres de l'Académie des sciences (*cf.* chapitre XIV).
2. Il a été récemment le sujet d'un livre à succès de l'écrivain Jean Échenoz, *Des éclairs* (Paris, Minuit, 2010). Cette courte fiction exploite habilement le mythe Tesla, sans le nommer, et sans ajouter grand-chose à la connaissance du personnage.

De fait, la seconde partie de la carrière de Tesla, lorsqu'il quitte New York et Westinghouse pour créer un laboratoire à Colorado Springs en 1899, est plus obscure et peu documentée. Il essaie de marier les deux domaines techniques dans lesquels il s'était illustré (l'électrotechnique et les ondes hertziennes) en faisant des expériences sur la transmission hertzienne d'électricité. Transporter l'électricité sans fil (sans câble électrique) est un enjeu scientifique non résolu de nos jours : la transmission sans fil de courants forts (courants électriques) est très dispersive en énergie et ne peut se faire que sur de très courtes distances[1].

Mais Tesla va plus loin quand il imagine créer une source d'électricité terrestre autonome - pas seulement transmettre sans fil l'électricité, mais aussi la produire à partir de la Terre, qu'il considère comme un immense corps non neutre électriquement, capable de générer de fortes décharges électriques analogues à un éclair. Il ne développe pas ici de théorie particulière - il est généralement rétif aux théories : il réalise, à partir de son intuition, des expériences, cette fois-ci non couronnées de succès.

Semblant abandonner la piste de l'électricité endogène à notre planète, Tesla tourne alors ses regards vers le ciel. Difficile d'obtenir une énergie circulante et stockable à partir de la foudre. Mais il existe une source continue de particules chargées venant de l'espace, les rayons cosmiques, découverts en 1911 par le physicien Victor Hess (1883-1964, prix Nobel de physique 1936). Tesla imagine pouvoir canaliser cette énergie - il fera constamment référence aux rayons cosmiques dans ses idées de production d'électricité sur Terre, ce qui deviendra « l'énergie cosmique de Tesla » dans le *Philadelphia Journal* en 1933.

Il refuse l'idée d'énergie contenue dans la matière, qu'établissait à la même période, preuves à l'appui, la physique nucléaire. Déjà, lors de la découverte des rayons X en 1895, observés mais non encore expliqués[2], il émet l'idée que ces rayons sont exogènes, d'origine externe à la matière : pour lui, il n'est d'énergie que dans l'environnement, et non dans la matière. Cela explique sa fascination pour les rayons cosmiques, qu'il tente d'expliquer par des hypothèses *ad hoc*. Ainsi le Soleil serait un conducteur chargé

---

1. Une équipe du MIT, travaillant sur la recharge électrique à distance d'ordinateurs ou téléphones portables, a pu, en 2006, allumer une ampoule de 60 watts à 2 mètres de distance.

2. Les rayons X sont découverts par Röntgen en 1895 - de nombreux scientifiques essaient d'expliquer l'origine de ce rayonnement lumineux. La réponse viendra plus tard, en 1918, par le « rayonnement de freinage », résultat d'une réaction nucléaire.

de 216 milliards de volts, qui émettrait des particules cosmiques de haute charge à des vitesses pouvant aller jusqu'à cinquante fois la vitesse de la lumière – ce qui est contraire à la relativité. Il affirme avoir construit un « récepteur d'énergie cosmique » et aurait fait fonctionner, devant témoins à Buffalo (NY) en 1931, une automobile, la Teslamobile, ainsi alimentée.

*

C'est à la fin de la Première Guerre mondiale que Tesla, âgé d'une soixantaine d'années, prend de manière définitive un chemin de traverse, sortant du *mainstream* de la science et de la technique. Entre 1900 et 1915, il menait sa carrière dans deux directions, celle d'un ingénieur et scientifique respecté faisant de la pédagogie sur ses inventions et les améliorant, et celle d'un savant émettant sans réel fondement les hypothèses les plus variées et parfois farfelues.

Après 1914-1918 et les profonds bouleversements sociétaux apportés par la guerre, une époque chasse l'autre : d'ailleurs n'est-il pas parfois dit que le XXe siècle a commencé en 1914 ? La science commence à se structurer, et la vieille Europe n'a pas dit son dernier mot, menant la révolution de la nouvelle physique. Aux États-Unis, les magiciens de la technique, auparavant adulés, Tesla, Edison, Bell, intéressent moins la presse, qui se tourne vers le théoricien Einstein, notamment après la vérification de la relativité générale lors de l'éclipse de Soleil de mai 1919. Tesla, qui avait une forte volonté de visibilité médiatique, a pu en concevoir une certaine acrimonie. Toujours est-il que, ne s'étant jamais intéressé à la relativité auparavant – il n'avait aucune raison de le faire dans le cadre de ses travaux sur l'électricité –, et ne s'y intéressant toujours pas beaucoup plus, il va néanmoins émettre des jugements péremptoires sur cette théorie :

> une magnifique parure mathématique qui fascine et rend aveugle aux erreurs sous-jacentes. La théorie est comme un mendiant habillé de pourpre que les ignorants prennent pour un roi [...] ses tenants sont des hommes brillants mais sont plutôt des métaphysiciens que des scientifiques[1]...

Les arguments traditionnels sont là : trop de mathématiques, théorie métaphysique plutôt que physique, etc. En outre, selon lui, la relativité

1. *New York Times*, 11 juillet 1935, p. 23, colonne 8.

est non seulement fausse, mais objet d'un plagiat (argument du chaudron) : Tesla considère qu'elle a été « émise il y a plus de deux cents ans par [s]on glorieux compatriote Ruder Bošković (1711-1787) » qui a, entre autres choses, introduit le « soi-disant continuum d'espace-temps ». Chacun voit midi à sa porte, c'est en son compatriote serbe que Tesla voit le *vrai* inventeur de la relativité, d'ailleurs *fausse*.

Tesla imagine d'ailleurs une théorie de substitution – lui qui ne s'était jamais intéressé à la théorie dans son propre domaine de compétences... Il annonce une « théorie unitaire de la gravitation », qui expliquera les origines de la force de gravitation si simplement qu'elle « mettra un terme aux spéculations absurdes de l'espace courbe ». Cette théorie unitaire ne verra jamais le jour, mais son annonce montre, dans cette dérive alterscientifique de Tesla, la farouche opposition d'un ingénieur (de génie, au risque du pléonasme), savant expérimentateur, aux travaux d'un savant théoricien.

*

On comprend mieux à présent la fantasmagorie de l'énergie libre qui s'est développée en lien avec le mythe Tesla. Selon Jeane Manning, écrivain pseudo-scientifique américaine, l'énergie libre environne l'homme, qui ne la voit pas – comme un poisson ne voit pas l'eau, ou comme l'homme au fond de l'océan qui chercherait à emplir son verre d'eau, alors qu'elle l'entoure. Thomas Bearden, lieutenant-colonel de l'US Army à la retraite, est l'auteur d'un ouvrage au titre significatif, *Le Secret final de l'énergie libre* – cet ouvrage est une des quelques références techniques données par le site du GIFNET, en même temps que le livre fondateur de Vallée [1971]. Bearden est un Vallée américain, qui estime que les équations de l'électromagnétisme sont caduques. Il fait des conférences en France, à l'invitation du Cercle « Énergie libre » à Ermont (Val-d'Oise), qui participe à la diffusion des travaux de Vallée. Il ambitionne de construire un récepteur de cette énergie libre « que nous a donnée le Créateur » : nous avons affaire avec Bearden à un *créationniste* de l'énergie libre – cette référence est à comparer à l'exaltation de Vallée l'athée, qui estime que l'homme doit « mériter » l'énergie libre – référence religieuse dans un cas, morale dans l'autre, mais d'une exaltation assez comparable.

Une personnalité de référence de l'énergie libre outre-Atlantique est le polymathe Walter Russell (1871-1963). Ami de Tesla (il n'avait que quinze ans de moins que lui), il est à la fois philosophe, peintre, archéologue, physicien. En sus de l'énergie libre, il promeut une mécanique alternative (le poids et la température doivent être mesurés sur une échelle négative comme positive), une électricité non conventionnelle (la loi de Coulomb en $1/r^2$ n'est pas valable), une chimie basée sur un autre tableau périodique des éléments, une cosmologie s'appuyant sur une partie de l'astrophysique reconnue, mais faisant intervenir l'idée de Dieu. Il crée avec son épouse une University of Science and Philosophy, toujours présente sur Internet malgré la disparition du couple fondateur : cette université virtuelle possède même l'intéressant nom de domaine philosophy.org…

Compte tenu de ses multiples facettes – aussi hors du domaine de la science –, le célèbre présentateur de télévision américain Walter Cronkite (1916-2009) juge bon, lors de la mort de Russell, de le présenter comme « le Léonard de Vinci du XXe siècle ». La référence est savoureuse, au Léonard artiste, mais surtout au Léonard ingénieur, bien plus que membre du monde savant de son époque – un praticien de la technique, et non un théoricien de la science. On s'étonne que cette référence ne soit pas plus souvent utilisée à propos des alterscientifiques, notamment des ingénieurs : mais en fait Léonard de Vinci est de nos jours, après la césure des cultures, beaucoup plus souvent vu comme un peintre (celui de la *Joconde*) que comme un inventeur. Ceci explique aussi pourquoi cette image n'est pas non plus utilisée par les alterscientifiques pour se décrire eux-mêmes : Léonard de Vinci est à leur goût trop *artiste* mais aussi, paradoxalement, pas assez *scientifique* – l'ingénieur de Vinci n'a jamais eu la prétention de rivaliser avec le monde scientifique de son époque, contrairement à eux ! De Vinci renvoie à l'alterscientifique comme un reflet de son propre éclectisme – ingénieur et soi-disant savant, voire artiste par surcroît ! Plutôt qu'à l'éclectique Léonard de Vinci, ingénieur et artiste, l'alterscientifique préfère se comparer à Galilée, le *vrai* savant incompris…

*

La récupération la plus putride de l'image et du mythe de Tesla se fait à travers les Éditions Félix, qui éditent un *Coucou, c'est Tesla* dans un format analogue – et avec des contenus communs – à leurs autres ouvrages à caractère complotiste et antisémite, les *Livres jaunes*[1].

---

1. Il n'existe que trois *Livres jaunes*, dans les mêmes collection, format et présentation que *Coucou, c'est Tesla* : *Livre jaune n° 5, Livre jaune n° 6, Livre jaune n°* 7. Nous nous

Entrer dans le contenu des *Livres jaunes* n° 5 et n° 7 est fastidieux : disons qu'ils pourraient être vus comme un *Protocole des Sages de Sion* de l'ère moderne – le livre n° 5 en reproduit des extraits en annexe. Évoquons en vrac quelques éléments de cette réactualisation. Il s'agit de remplacer les gouvernements existants par un gouvernement unique, celui des Sages de Sion, comme l'a décidé le congrès sioniste de Bâle en 1897. Les gouvernements de nos pays surendettés n'ont d'autre choix que de se soumettre à la volonté de ces *Illuminati*, les Rothschild, les Warburg, les Rockefeller, etc. En 1933, la banque Warburg et Prescott Bush (père de George Bush et grand-père de George W. Bush) ont favorisé l'accession de Hitler au pouvoir – c'est le fameux pacte secret entre les sionistes et les nazis. Car le peuple juif a été « missionné par le dieu Yahvé de l'Ancien Testament pour créer la guerre et l'enfer sur Terre ». D'ailleurs Hitler lui-même est un des leurs, ou du moins la marionnette des sionistes : il est par son ascendance bâtarde le petit-fils d'un baron Rothschild de la branche viennoise – il est « membre de la 13e lignée, membre de la Société théosophique, comme Tesla ». Dès après la guerre, l'ONU puis le Club de Rome sont montés en puissance : ce sont des esquisses du gouvernement mondial préparé par les *Illuminati*. Ils tiennent en leurs mains les médias comme « l'industrie de la pornographie ». Ils commencent à tenir sous leurs ordres directs l'humanité, grâce aux puces bientôt implantées dans l'organisme humain, qui leur permettront de s'introduire dans les consciences. Ils ont orchestré « la mise en scène » du 11 septembre 2001.

Ce fatras antisémite est composé d'une cinquantaine de petits chapitres répétitifs[1], parmi lesquels certains consacrés à Tesla et au générateur d'énergie cosmique fonctionnant à l'éther. Ils constituent un résumé de l'ouvrage *Coucou, c'est Tesla*, auquel les *Livres jaunes* renvoient. L'énergie libre, de 5 000 kWh/cm^3, a été « identifiée à maintes reprises dans l'histoire de l'humanité ». Le lobby du nucléaire cache les

sommes interrogé sur le titre – livre jaune : pendant l'Occupation, l'Institut d'études des questions juives, organisme de « recherche » créé par Vichy, éditait une revue hebdomadaire, *Les Cahiers jaunes* – en épitaphe de chaque numéro figurait une explication selon laquelle la couleur jaune était, dès le Moyen Âge, la couleur d'infamie réservée aux Juifs, symbolisée sous l'Occupation ou dans les camps de la mort par l'étoile jaune.

1. Ces *Livres jaunes* (publiés sans nom d'auteur) seraient en fait des extraits traduits en français d'ouvrages de l'Allemand Jan Udo Holey (alias Jan van Helsing, alias Robin de Ruiter), né en mars 1967 (Taguieff [2001] ; Wikipédia, page Holey).

découvertes de Tesla. La science telle que pratiquée de nos jours fait partie d'une stratégie qui vise à contrôler la pensée et à défendre les intérêts au pouvoir ; il faut en chercher l'origine aux fondations de recherche créées aux États-Unis au début du XXe siècle, qui ont initié le développement matérialiste de la science. La même conclusion morale que celle de Vallée est tirée, de manière énigmatique, par l'ouvrage : l'homme est-il vraiment prêt à courir le risque de l'énergie libre ? L'addition de tous les désirs de consommation de chacun n'aurait-elle pas des conséquences catastrophiques pour l'humanité dans son ensemble ?

Quant au *Livre jaune* n° 6, il ne ressemble pas à ses pairs impairs. S'il est aussi à fort contenu antisémite (« la conspiration satanique menée par des Juifs », dont « Helmut Kohl *alias* Kohn le crypto-Israélien »), il est aussi à fort contenu scientifique, ou plutôt alter-scientifique. La théorie de la Terre creuse est reprise : il y a un climat subtropical à l'intérieur de la Terre, c'est là le véritable jardin d'Éden. La Lune elle aussi est habitable : elle a une atmosphère d'oxygène, maintenue par une gravitation peu différente de celle de la Terre, de l'ordre des deux tiers de la gravitation terrestre et non du sixième comme la science officielle veut nous le faire croire. Les sciences de la vie sont aussi convoquées à l'appui de l'idéologie : le virus du sida a été créé par le « gouvernement mondial » pour enrayer la croissance de la population.

On lit ainsi, de manière à peine voilée, à l'intérieur du discours antisémite *en clair*, un sous-discours selon lequel l'expansion de l'humanité ne doit en aucun cas être menacée. Les promoteurs de ce discours sont violemment antiécologistes, favorables à la conquête de l'espace (voire celle de la Terre creuse), notamment de la Lune comme lieu de *colonisation* possible – notre satellite est, selon eux, vivable. Ils ne veulent pas voir l'expansion humaine affectée par une éventuelle baisse des ressources énergétiques sur Terre : l'énergie libre est là qui s'offre à l'humanité. Mais saurons-nous la maîtriser ? Nous retrouverons ces thèmes quasi identiques dans d'autres mouvements (comme celui de Lyndon LaRouche, chapitre XVI), en apparence sans rapport avec les *Livres jaunes*, mais présentant de nombreux points communs.

À la recherche des origines – Expliquer la religion par la science

VIII

Le géocentrisme, noyau dur du créationnisme

Les courants créationnistes sont surtout connus pour leur contestation de la théorie de l'évolution de Darwin. Leur noyau dur se trouve aux États-Unis, mais l'envoi[1] à des centaines d'établissements scolaires français et suisses du livre illustré du fondamentaliste turc Harun Yahya (pseudonyme d'Adnan Oktar, né en 1956), *L'Atlas de la Création*, a montré que l'Europe n'était pas à l'abri de telles influences. Nombreux auteurs se sont élevés contre le contenu de ses ouvrages, remettant en cause la théorie de l'évolution. Mais le discours de Yahya va au-delà d'un antidarwinisme primaire : c'est une instrumentalisation de la science au service d'un prosélytisme religieux, pour lequel Darwin n'est qu'un point d'entrée.

Partant de prémisses erronées, le raisonnement a une forte logique interne. La théorie de l'évolution de Darwin est mauvaise car elle nie la Création. Elle a donné naissance, dans les civilisations occidentales de la fin du XIXe siècle, à l'athéisme qui s'est développé avec la science. Elle a aussi été au cours de ce siècle le fondement théorique du racisme et du colonialisme. Le XXe siècle aussi a été athée, et le fascisme européen de la première partie du XXe siècle est un mélange d'athéisme et de paganisme. Au cours de ce siècle-là, la théorie de l'évolution est responsable de l'eugénisme et donc de tous les génocides du XXe siècle :

1. Cet envoi a eu lieu de fin 2006 à début 2007 (voir par exemple la note de lecture de cet ouvrage, réalisée par H. Le Guyader, professeur à Paris-VI, à la demande du ministre de l'Éducation nationale, en ligne à http://tecfa.unige.ch/perso/lombardf/bist/biotremplins/le-guyadier-h-2007-note-de-lecture-atlas-cration.pdf).

« La raison de l'assassinat de 350 millions de personnes dans le monde est le darwinisme, la religion de Satan[1]. »

Mais ce déviationnisme qu'est l'athéisme, engendré par le darwinisme, voit ses jours comptés en ce début de XXIe siècle. Nous sommes à un tournant de l'histoire, et les autres religions du Livre (christianisme et judaïsme) doivent faire cause commune avec l'islam : le conflit n'est pas entre Orient et Occident, mais entre croyants et athées. Ces derniers sont à sauver de l'ignorance dans laquelle ils sont. Religions du Livre, unissons-nous pour chasser l'athéisme : ainsi le XXIe siècle sera-t-il un siècle religieux, et plus particulièrement le siècle de l'islam qui viendra à régner partout[2]. La conclusion est assez éloignée de Darwin : le discours de Yahya, qui s'adresse à des affidés bénéficiant d'un certain niveau d'instruction (les références historiques, philosophiques et scientifiques y sont nombreuses), instrumentalise la théorie darwinienne dans un but de prosélytisme islamique.

*

Et pourtant, elle ne tourne pas...

Le créationnisme et les instrumentalisations qui l'accompagnent ne se limitent toutefois pas à la contestation de la théorie de l'évolution, donc à la biologie : toutes les sciences ayant trait à une « genèse », origine de la vie (biologie, paléontologie), origine et constitution de la Terre (géologie), origine de l'Univers (astronomie et astrophysique) connaissent des courants créationnistes plus ou moins marqués.

Un exemple du créationnisme en astronomie est la version moderne du géocentrisme. Ses adeptes pensent que le Soleil tourne autour de la Terre ; ils distordent les résultats de la science au bénéfice de leur théo-

1. Interview de Harun Yahya, http://www.dailymotion.com/video/xh2rij_darwin-facho_news?start =4 (consultée le 21 juin 2012).
2. Le prosélytisme du fondamentaliste turc continue depuis 2006, de manière moins voyante et moins médiatique : il organise des conférences à Paris et en province, avec *buzz* sur les réseaux sociaux et affichage sur les panneaux publicitaires. Nous avons assisté à deux conférences de « représentants » de Yahya en janvier 2011 et en janvier 2012 au théâtre Marie-Bell, à Paris ; l'ensemble du paragraphe est issu des notes prises lors de la seconde conférence.

rie. Le résultat négatif de l'expérience de Michelson et Morley (1887), une des prémisses de la relativité – le mouvement uniforme de la Terre autour du Soleil n'est pas détectable – est interprété de manière dévoyée : si l'expérience de Michelson donne un résultat négatif[1], ce n'est pas parce que le mouvement de la Terre n'est pas décelable par des moyens terrestres (principe de relativité), mais c'est tout simplement parce qu'il n'existe pas ! Ainsi la relativité restreinte aurait-elle été inventée de toutes pièces comme une échappatoire au géocentrisme, pour éviter de reconnaître la « faillite » du système héliocentrique de Copernic.

Le géocentrisme se rattache au *Young Earth Creationism*, créationnisme radical de certains mouvements évangéliques américains qui prônent une conformité totale au texte biblique, défendant « l'inerrance biblique » – c'est-à-dire l'impossibilité pour la Bible de se tromper. L'âge de la Terre est pour eux de six mille ans environ ; certains vont même jusqu'à dater le premier jour de la Création au dimanche 23 octobre 4004 avant notre ère, suivant la théologie de l'évêque anglican James Ussher (1581-1656).

*

Les premiers écrits du géocentrisme moderne paraissent au début des années 1920, quand la relativité vient à être connue d'un public beaucoup plus large, après l'éclipse de Soleil de 1919. La période 1920-1940 est aussi celle d'avancées importantes, la physique nucléaire et l'observation de la récession des galaxies venant donner un cadre conceptuel solide à une datation de l'Univers et du Soleil en milliards d'années : l'astrophysique « fait la jonction » avec la géologie uniformitariste de Lyell (suivant laquelle la Terre a été façonnée par des forces

1. On trouve ainsi, dans l'alterscience, deux interprétations opposées de cette expérience, toutes deux en opposition à l'interprétation relativiste de la « science officielle ». Les partisans antirelativistes d'un éther (Bouasse, Allais) clament que cette expérience n'a pas donné un résultat négatif, mais au contraire un résultat légèrement positif qui traduit un entraînement partiel de l'éther par la Terre (« vent d'éther » de 8 km/s). Les géocentristes veulent au contraire montrer que cette expérience conduit à un résultat le plus proche possible de zéro : ainsi Plaisant [1921] suggère-t-il d'améliorer la précision de l'expérience de Michelson pour arriver à déceler des vents d'éther de l'ordre de 300 m/s, afin de confirmer que ce vent d'éther, impossible à déceler selon les géocentristes, n'existe pas – et donc le mouvement de la Terre non plus.

persistant sur de longues périodes de temps, et non par des événements catastrophiques) et la théorie de l'évolution de Darwin pour proposer un modèle cohérent de datation en milliards d'années de l'Univers, du système solaire et de la Terre. C'est donc à partir de 1920 que le concept d'un Univers ancien « prend en masse » dans le grand public. C'est aussi à ce moment que se cristallisent en réaction divers fondamentalismes opposés à l'évolution : ainsi, en 1925, le « procès du Singe » voit s'opposer dans le Tennessee partisans et adversaires de la théorie de l'évolution, et les premiers écrits du géocentrisme moderne apparaissent dans la même décennie.

En France, l'ouvrage publié en 1921 par l'ingénieur polytechnicien Gustave Plaisant (1873-1937), *Tourne-t-elle ?*, en est un exemple. Plaisant, profondément religieux, préconise pour « les savants et leurs victimes un retour à l'Écriture, avec l'aide de prières humbles et modestes, sous la direction de l'Église catholique, avec le secours des Sacrements ». Il déforme la devise de l'École polytechnique, « Pour la patrie, les sciences et la gloire », en « Pour la patrie ? Oui. Pour les sciences ? Oui. Pour la gloire ? J'ai mieux : pour la gloire de Dieu ». Il veut « rouvrir devant les consciences le procès scientifique de Galilée et solutionner une bonne fois pour toutes cet ennuyeux problème de la relativité ». Il découvre en 1920 l'expérience de Michelson et déplore que ses maîtres ne la lui aient pas enseignée : c'est pour lui une véritable révélation en faveur du géocentrisme et de la Création divine – elle est preuve que la Terre ne tourne pas.

La dérive idéologique de l'ingénieur créationniste Plaisant se produit une dizaine d'années plus tard : en sus de son opposition à la relativité, il en vient à s'attaquer à la personne d'Einstein. En 1934, il s'étonne que le Parlement français ait rapidement octroyé à ce dernier – qui avait quitté l'Allemagne nazie – une chaire de professeur au Collège de France. Il s'élève contre « la fausse science, la science de gauche », qui a réussi à entraîner dans l'impasse « tout le centre, professeurs ou instituteurs laïques, et les catholiques eux-mêmes, dont certains s'imaginent encore que le péril de gauche, des Einstein, des Painlevé, des Borel, des Langevin n'existe pas ! ». Il lance contre Einstein une accusation de collusion avec le pouvoir nazi[1] :

1. Plaisant [1934].

Or le relativisme, frère du scepticisme, destructeur de toute métaphysique et de toute logique, est une philosophie germanique ; la relativité d'Einstein n'est qu'un effort constant pour appuyer ce relativisme de preuves d'ordre scientifique, tout en démolissant la physique, la mécanique et la géométrie. Et voilà que l'Allemagne, après avoir, pendant un siècle, diffusé dans le monde son erreur philosophique, rejette maintenant de son sein son fils adoptif, Einstein ! Ne serait-ce pas pour lui faire obtenir une auréole de martyr et d'homme de paix, qui faciliterait d'autant les progrès des mensonges scientifiques et philosophiques, particulièrement dans la généreuse France ?

On verra Lyndon LaRouche (chapitre XVI) lancer la même accusation contre le philosophe juif Leo Strauss (1899-1973), envoyé par le « philosophe nazi » Carl Schmitt répandre la bonne parole aux États-Unis – ce qu'il réussira, toujours selon LaRouche, en inspirant le mouvement néoconservateur américain des Kissinger, Wolfowitz, etc.

*

Sur le continent américain, un des pionniers du géocentrisme moderne est Walter van der Kamp (1913-1998). Ingénieur de formation, originaire des Pays-Bas, il émigre en 1955 dans l'Ouest canadien, où il devient proviseur d'un établissement d'enseignement chrétien pour immigrés hollandais. Membre d'associations créationnistes à partir de 1963, il ne s'intéresse au géocentrisme que plus tard, au début des années 1970 : il dit prendre conscience alors que les créationnistes ne vont pas assez loin dans l'interprétation de la Genèse. Il fonde en 1971 la Tychonian Society, en s'appuyant sur le modèle de l'astronome Tycho Brahe (1546-1601) selon lequel les planètes tournent autour du Soleil qui lui-même tourne autour de la Terre. C'est aussi un antirelativiste convaincu qui, en tant qu'ingénieur, propose un appareil pour tester l'anisotropie de l'espace[1]. Dans son ouvrage de 1989[2] figure une lettre

1. Selon la théorie de la relativité, la lumière va à la même vitesse dans toutes les directions, quels que soient mouvement et position de l'observateur : l'espace est dit *isotrope*. Une prétendue anisotropie de l'espace est un des arguments des antirelativistes, voir par exemple Allais [1997].

2. *De Labore Solis : Airy's Failure Reconsidered*, Surrey BC, Anchor Book & Printing Centre.

ouverte au pape Jean-Paul II, dans laquelle il recommande de ne pas songer à une réhabilitation de Galilée.

Gerardus Bouw (né en 1944), lui aussi protestant néerlandais émigré, a pris en 1984 la suite de Van der Kamp comme rédacteur du bulletin de cette *société altersavante*, rebaptisé The Biblical Astronomer. Tous deux ont pour point commun d'être des protestants d'origine néerlandaise ayant émigré en Amérique du Nord (Bouw aux États-Unis, dès son jeune âge en 1952). Titulaire d'un PhD en astronomie, il promeut le concept de « géocentricité » et anime le site geocentricity.com de son association sise à Cleveland (Ohio). Selon Bouw, le Soleil tourne autour de la Terre, mais suivant une orbite mobile qui expliquerait l'incidence variable de ses rayons et donc les saisons.

Un autre géocentriste américain est le théologien catholique radical Robert Sungenis (né en 1955). Il est l'auteur de l'ouvrage *Galileo Was Wrong : The Church Was Right* (2009), et anime le site *The Bellarmin Report* (http://catholicintl.com), du nom du cardinal Roberto Bellarmin (1542-1621), accusateur de l'Église contre Giordano Bruno puis Galilée. La vision théologique du prédicateur Sungenis l'amène loin : il a été accusé d'antisémitisme à plusieurs reprises – l'évêque de son diocèse de Harrisburg en Pennsylvanie jugeait ses propos contre les Juifs et le judaïsme comme « hostiles et contraires à l'esprit chrétien ». Bien que Sungenis ait expurgé son site d'un certain nombre de documents, on peut y lire que « le Juif humaniste a empoisonné chaque domaine de notre culture » ; il évoque aussi « l'inaptitude morale du Juif », qui est responsable du relâchement moral de la société américaine[1].

Ces géocentristes américains, assez différents, ne sont pas que des prédicateurs isolés vendant, avec succès, leurs ouvrages sur Internet. Ils mènent ensemble des réunions publiques, comme ç'a été le cas le 6 novembre 2010 dans un hôtel de South Bend (Indiana), à deux pas de la prestigieuse Notre-Dame University. Dans ce colloque grand public consacré au géocentrisme (entrée avec déjeuner à 50 dollars, gratuit

1. La page Wikipedia (anglais) de Robert Sungenis est bien documentée, notamment dans sa partie « Vues sur les Juifs et le judaïsme ». Elle mentionne plusieurs sources sur Internet, et leur date de consultation (documents aujourd'hui retirés sur le site de Sungenis). Pour les références citées ici : les propos de l'évêque de Harrisburg sont cités dans un article du 13 septembre 2008 de Daniel Burke du *Washington Post* (en ligne, consulté le 31 août 2011) ; la recension par Sungenis du livre *The Israël Test* (George Gilder, néoconservateur américain) est en ligne (consulté le 31 août 2011).

pour les étudiants) intervenaient Bouw et Sungenis. Le titre de la conférence de ce dernier était « Géocentrisme : ils le savent, mais ils le cachent » : comme l'indique Brigitte Axelrad, c'est le thème récurrent de la théorie du complot[1].

*

Au-delà de ces exemples d'un géocentrisme radical, et de certaines de ses dérives, il existe en astronomie un courant créationniste plus traditionnel, mené par des « instituts de recherche » couvrant les sciences de la vie, de la Terre et de l'Univers, comme la Creation Research Society (née en 1963 dans le Missouri), l'Institute for Creation Research (né en 1972 à Dallas), ou une scission de ce dernier, Answers in Genesis (très actif sur Internet, depuis Hebron, Kentucky).

Les « vieilles lunes » – si l'on peut s'exprimer ainsi – de ces mouvements sont elles aussi assez traditionnelles. Le fait qu'existent des éclipses de Soleil totales comme des éclipses annulaires montrerait que la Terre est au centre de la Création : en effet, si la Lune était plus proche, il n'y aurait que des éclipses totales et pas d'éclipses annulaires ; et, si elle était plus éloignée, ce serait le contraire ; donc la Lune a été placée à l'endroit idéal, à diamètre apparent égal à celui du Soleil, pour que l'homme puisse observer les deux phénomènes. Le fait que les astronomes fassent les calculs d'éclipses dans un repère géocentrique – ce qui, de fait, paraît plus simple pour un phénomène observé sur Terre et donnant lieu à des calculs assez complexes – est interprété comme une défiance des astronomes envers le modèle héliocentrique qu'ils prônent, sur le thème « croyez ce que je dis, ne croyez pas ce que je fais », mâtiné de théorie du complot. Il en est de même de l'existence de planétariums dans les musées de science, interprétée comme une confirmation de la fixité de la Terre face à la voûte étoilée qui tourne.

Ces mouvements font preuve d'une étonnante capacité d'adaptation aux résultats de la science moderne. On retrouve la relativité dans une interprétation tout à fait différente, cette fois-ci à l'appui du géocentrisme. Le repère absolu newtonien n'existe plus, le Soleil tourne lui-même autour du centre de la Galaxie qui se rapproche elle-même d'autres galaxies : le Soleil n'est pas fixe, donc on peut remettre la Terre

1. *Sciences & Pseudo-sciences*, janvier 2011, n° 294.

au centre de l'Univers. Les créationnistes font alors remarquer que si le système héliocentrique de Copernic et la gravitation de Newton étaient vrais, les « astronomes traditionnels » (« séculiers » lit-on parfois, au sens de *laïques*) auraient étayé et renforcé ces théories plutôt que les abandonner au profit de la relativité d'Einstein. Même si les bases du raisonnement ne sont pas fausses, les conclusions sont erronées : tout est bon pour servir la cause. Remarquable capacité d'adaptation d'un mouvement qui en 1920 accablait la relativité et à présent l'utilise ! On retrouve cette capacité d'adaptation dans d'autres champs scientifiques : ainsi l'*Intelligent Design*[1] est aussi une adaptation de la cause à l'avancée de la science. La théorie communément admise (relativité, évolution) est ainsi ingérée par les divers créationnismes et intégrée à leur propre corpus doctrinal.

De la même manière, la récession des galaxies est, comme la relativité, interprétée fallacieusement : l'Univers est en expansion, toutes les galaxies s'éloignent de nous, donc c'est bien nous qui sommes au centre de l'Univers. On sait pourtant que ce raisonnement serait valable depuis n'importe quelle galaxie, qui verrait les autres s'éloigner aussi. Le rayonnement de fond diffus cosmologique fait l'objet d'un traitement analogue : s'il est isotrope (ou quasi isotrope), comme nous le montrent les mesures des satellites COBE et WMAP, la Terre est bien au centre de l'Univers ! Plus surprenant encore, des travaux récents et complexes sur la théorie du chaos dans le système solaire (Jacques Laskar, Observatoire de Paris, 1991) sont interprétés comme donnant tort à la mécanique céleste déterministe de Laplace, et donc à la loi de Newton qui régit le mouvement de la Terre autour du Soleil.

*

Cette capacité d'ingestion et de réinterprétation des observations et données de la science récente se manifeste aussi dans la théorie de « l'apparence de vieillesse », que les créationnistes utilisent dans d'autres champs scientifiques (par exemple en paléontologie pour les fossiles). Cette théorie n'est elle-même pas nouvelle, puisque le natu-

1. Théorie de créationnistes qui acceptent l'évolution, mais pour lesquels il y a forcément eu intervention divine à un moment ou à un autre pour créer l'homme dans la chaîne de l'évolution.

raliste britannique Philip Gosse (1810-1888) essayait de concilier la Création avec les preuves apportées par les géologues (comme Lyell) à l'appui de l'ancienneté de la Terre : selon Gosse, lors de la Création, « tout avait été confectionné *comme si* tout avait eu une histoire antérieure[1] ».

De nos jours, comment expliquer des galaxies distantes de milliards d'années-lumière alors que l'Univers a été créé selon eux il y a quelque six mille ans ? Tout simplement parce qu'il a été créé avec sa « lumière en chemin » (*light in transit*) ! Reprenons l'image à caractère didactique qu'ils prennent – c'est une constante des articles créationnistes d'être fort pédagogiques. Comment imaginez-vous Adam dans le jardin d'Éden ? Plutôt un homme d'âge mûr, disons 20-30 ans, pas un bébé ni un enfant... il vient pourtant d'être créé. Soit maintenant une étoile comme *Proxima Centauri*, à 4 années-lumière de la Terre. Pour qu'Adam la voie dès le premier soir, il faut que sa lumière ait été créée « en transit », c'est-à-dire venant d'une direction donnée (censée représenter la position de l'étoile), avec un rayon ayant déjà parcouru 4 années-lumière moins un jour. Appliqué à Adam, comme à *Proxima Centauri*, comme à A1689-zD1 – la galaxie la plus lointaine observée à ce jour à plus de 12 milliards d'années-lumière –, c'est le scénario de « l'apparence de vieillesse » (« *Creation implies some sort of apparent history* »), avec laquelle Dieu aurait créé l'homme et les éléments. C'est aussi cette même apparence de vieillesse qu'Il donne aux fossiles lors du Déluge – comme le prétendait Gosse en 1857.

*

Russell Humphreys (né en 1942), PhD en physique, a été de 1979 à 2001 physicien au Sandia National Laboratory (Nouveau-Mexique), institution américaine de recherche nucléaire militaire. Après sa retraite, il est devenu professeur et chercheur à l'Institute for Creation Research, où il a travaillé sur la notion de « lumière en transit ». Selon lui, l'idée est intéressante mais pose un problème de taille : elle nous met sur la trace d'objets qui n'auraient jamais existé. Une supernova ayant explosé il y a cent mille ans est un non-sens puisque l'Univers date d'au plus six mille ans : même si les astronomes « séculiers » sont fondés

1. Russell [1935], p. 52, analysant Gosse, *Omphalos*, 1857.

à interpréter cette explosion comme une réalité, ce n'en est pas une. Dieu ne peut avoir ainsi produit un gigantesque « film » lors de la création – c'est-à-dire un ciel parsemé d'étoiles anciennes (ayant une « apparence de vieillesse »). Humphreys pense que Dieu ne peut nous mettre sur de fausses pistes : il ne peut nous tromper (*to fool*) ainsi.

Humphreys passe une année à modéliser une autre théorie, selon laquelle la vitesse de la lumière décroît depuis la Création, il y a six mille ans : ainsi une étoile serait, avec la vitesse de la lumière « classique », vieille de 12 milliards d'années (distante de 12 milliards d'années-lumière), alors qu'avec une vitesse de la lumière originellement beaucoup plus importante, elle ne serait effectivement vieille que de six mille ans. Il précise néanmoins qu'il n'a pu aller jusqu'au bout de cette modélisation : pour résoudre le problème de la distance $D = c \times T$ des étoiles, après avoir essayé de faire varier le paramètre c (vitesse de la lumière), il va s'attaquer au paramètre T, le temps de parcours. Le temps s'écoulerait différemment à la périphérie de l'Univers qu'en son centre, qui se trouve être la Terre. Pour cela, il prétend s'appuyer sur la relativité générale, pour laquelle la gravité change l'écoulement du temps. Même si cela n'a pas de sens[1], on remarque à nouveau l'utilisation d'une théorie scientifique récente, avec laquelle le modèle de Humphreys vise une compatibilité... Il arrive à la conclusion qu'une durée d'un jour sur Terre, lors de la Création, équivaut à 2 milliards d'années dans l'Univers – ainsi les 12 milliards d'âge des étoiles s'expliqueraient-ils dans le cadre des six jours de la Création.

Après avoir successivement admis puis rejeté l'apparence de vieillesse, la décroissance de la vitesse de la lumière, et s'être fixé à la théorie du temps variable, il en tire les leçons en faisant de l'épistémologie créationniste, indiquant qu'« il est bon qu'une théorie créationniste en chasse une autre », comme dans le monde séculier. Volonté de mimétisme de la science « officielle », c'est aussi l'affirmation d'une *science créationniste* qui est capable d'évoluer – et donc à tout le moins aussi valable que la science séculière. Humphreys fait remarquer, non sans ironie, que c'est une bonne chose que ce soit cette dernière qui ait « inventé » la dilatation relativiste du temps (qu'il

1. Les variations de temps, en relativité restreinte, n'affectent que des objets massiques se déplaçant à une vitesse inférieure à celle de la lumière, et par comparaison entre deux tels objets. Elles n'affectent pas un signal voyageant à la vitesse de la lumière c.

emploie hors du cadre dans lequel elle s'applique) : sinon « les créationnistes auraient été accusés de manipuler les données pour résoudre le problème ».

*

Les créationnistes en astronomie abominent la description de l'homme comme « poussière d'étoiles » ou « enfant du Soleil » : cette image, donnée par certains astrophysiciens à propos de la présence de carbone dans l'Univers – il est formé par nucléosynthèse en fin de vie d'une étoile, et par ailleurs il est à la base de l'ADN des organismes vivants – est totalement récusée, puisque allant à l'encontre de la Création. Car l'astrophysique démultiplie et amplifie la théorie de l'évolution en biologie, que certains ont du mal à accepter : l'homme est cousin du singe, mais l'un comme l'autre trouvent leur origine dans le carbone des étoiles...

De la même manière, des axes importants de recherche actuels comme les planètes extrasolaires et la recherche de vie hors système solaire sont considérés comme inutiles : la vie ne saurait exister que sur Terre où Dieu l'a créée. Ainsi la plaque embarquée dans la sonde Voyager (1977), destinée à être éventuellement recueillie par d'hypothétiques extraterrestres, est-elle dénoncée comme « visant à renforcer la croyance évolutionniste » dans la population.

Héliocentrisme et darwinisme, toutes deux théories usurpatrices, auraient d'ailleurs partie liée ; elles ont « toutes deux besoin d'un Univers datant de milliards d'années pour se justifier » et donc se soutiennent mutuellement. De plus, souligne van der Kamp, étant donné que la science officielle présente la théorie de l'évolution comme aussi évidente que la rotation de la Terre autour du Soleil, il est fondamental de s'attaquer *aussi* à ce dernier dogme pour défendre le créationnisme.

*

Dans le même ordre d'idées – lutter contre tout ce qui accrédite un Univers ancien –, certains créationnistes évoquent le débat sur le réchauffement climatique, sujet sur lequel on ne les attendait pas forcément. Pour eux, principe anthropique et vision finaliste de la vie transcendent les épiphénomènes des changements climatiques, quelle que soit leur origine : la Terre est conçue par Dieu pour que l'être humain y vive – il n'y a donc pas lieu de s'inquiéter du réchauffement climatique comme certains voudraient nous en convaincre. Ce débat représenterait aussi « une prise de possession des consciences par la religion évolutionniste » : en effet, la presse est amenée à faire des comparaisons climatiques sur « des millions d'années », accréditant ainsi l'idée d'une Terre ancienne ; elle indique aussi que, depuis trente ans seulement de réchauffement climatique, il y aurait déjà eu une adaptation de certaines espèces animales aux nouvelles conditions climatiques, ce qui accrédite à nouveau les thèses évolutionnistes de la sélection naturelle.

La théorie du réchauffement climatique est ainsi vue par certains créationnistes comme une théorie évolutionniste, à laquelle il convient de s'opposer : elle est utilisée par la science officielle et le pouvoir pour forcer l'opinion en faveur d'une Terre ancienne. On a ici une curieuse collusion des extrêmes. Les néoanarchistes (chapitre XVII) dénoncent le « catastrophisme écologique » comme un mot d'ordre du pouvoir politique visant à resserrer les rangs autour de lui : ils se gaussent aussi d'une prétendue puissance humaine qui aurait réussi à réchauffer l'atmosphère d'un degré en cent cinquante ans[1]. Les créationnistes dénoncent l'idée d'un réchauffement climatique comme contraire à la finalité divine : Dieu a prévu la Terre pour l'homme, et les catastrophes (Déluge, Apocalypse, etc.) dépendent de Lui seul – et ils arrivent à la même conclusion : qui est l'Homme pour prétendre être la cause d'une catastrophe, fût-elle écologique ?

*

Contre le « scientifiquement correct », bien plus développé et efficace que le « politiquement correct[2] ».

Il existe en France deux mouvements géocentristes : le Centre d'études scientifiques et historiques (CESHE), cercle franco-belge créé à Tournai en 1971, et une scission de celui-ci, le Centre d'études et de prospective sur la science (CEP). Ce sont des cercles catholiques (à

1. Voir Bertrand Louart (chapitre XVII).
2. Dominique Tassot, *Le Cep, Revue du CEP*, avril 2011, n° 55, éditorial p. 1.

la différence du *mainstream* créationniste américain, plutôt évangélique), à tendance traditionaliste, voire intégriste. Mais, s'il existe sans doute de nombreux cercles intégristes, ces deux-là ont la particularité de s'intéresser en priorité à la science, comme l'indique leur intitulé. Et, de fait, de nombreux ingénieurs sont au bureau de ces associations, ou auteurs dans leurs revues – donc membres ou sympathisants de l'association[1].

Pierre Dequènes, ingénieur de l'École centrale, est un des piliers du CESHE. Il s'est intéressé à nouveau à la science à partir de sa retraite et s'attaque dans ses ouvrages au « mythe de la chronologie longue de la Terre[2] » :

> Ce Mythe est une espèce de poupée gigogne, qui comporte trois étages : la géographie stratigraphique de Lyell, la théorie de l'évolution de Darwin, et la théorie du big-bang (appuyée sur la relativité générale).

Il prend à cœur de discréditer les savants dont il veut saper les découvertes. Galilée était un héliolâtre (un adorateur du Soleil) : c'est pour cette raison qu'il a « fait tourner la Terre autour du Soleil ». C'était aussi un homme arrogant et souffrant de troubles paranoïaques. Newton était un alchimiste ; proche des francs-maçons, il était mû par des puissances externes – d'ailleurs l'héliocentrisme a été imposé par la franc-maçonnerie. Intéressé par la théologie et le spiritisme, Newton était plus un métaphysicien qu'un physicien, moins attiré par la réalité que par l'illusion – par exemple celle des lois d'un prétendu mouvement des planètes autour du Soleil. Einstein, quant à lui, était un Juif œcuménique, qui imaginait une « religion cosmique » universelle (qui menaçait la religion catholique), ainsi qu'un « gouvernement mondial appuyé sur cette fausse religion » : ce gouvernement mondial, fût-il de savants ou d'hommes éclairés, on ne le connaît que trop, c'est celui de la franc-maçonnerie, *via* la loge juive du B'Nai-Brith à laquelle Einstein était évidemment lié.

---

1. Le CESHE est mentionné dans Jean-Yves Camus et René Monzat, *Les Droites nationales et radicales en France*, Lyon, PUL, 1992. On relève de nombreux ingénieurs, polytechniciens et centraliens notamment, au CESHE : Nourissat, Berthault, Dequènes, le prince Guy de La Tour d'Auvergne.
2. Dequènes [1997], p. 9.

Le stratagème est le même chez Dequènes et chez d'autres pour discréditer des théories scientifiques : monter en épingle un trait de caractère qui évoque quelque chose au lecteur (comme par exemple : Galilée sûr de lui, Newton alchimiste, Einstein œcuménique), si possible en le rapportant à la théorie du complot. Une autre manière de discréditer ces savants est le classique argument du chaudron : Galilée n'a rien inventé, déjà certains Grecs comme Aristarque avaient imaginé que la Terre pouvait tourner autour du Soleil ; Newton n'a rien apporté au mouvement des corps planétaires que Kepler n'eût déjà prévu ; Darwin a plagié son compatriote Wallace.

À Copernic est réservé un traitement de choix, aussi parce qu'il était chanoine, donc considéré comme traître à l'Église. Précurseur des trois savants précédemment cités, il est coupable d'avoir *inventé* l'héliocentrisme. Apportant sans preuve une « hypothèse plus commode », c'est lui qui a inauguré l'ère de la science fondée sur des hypothèses et élaborant des « théories », en lieu et place d'une science cherchant la vérité. Ce faisant, la révolution copernicienne a ouvert la voie à la déchéance de l'humanité, à travers d'autres révolutions elles aussi maléfiques : la révolution anglaise de 1649, qui elle-même a donné naissance à la géologie de Lyell et au darwinisme ; la révolution américaine de 1776 ; la révolution française de 1789.

*

À propos d'Einstein, l'éditorialiste de la revue du CESHE, *Science & Foi,* développe lors de l'Année mondiale de la physique, sous le pseudonyme de Chrysogone, une argumentation de discrédit assez sophistiquée. Par sa personnalité, Einstein aurait incarné jusqu'à l'extrême ce déplorable individualisme qui devient la marque première de nos sociétés. Mais, surtout, et Chrysogone fait référence au philosophe Jules Monnerot à propos de ce concept, il a incarné l'« hétérotélie » : le fait que l'action accomplie n'est jamais conforme à ce qui était projeté (*hétéro-, telos-* : un autre but). Chrysogone fait même appel au philosophe Hegel et à sa *ruse de la raison* à propos de ce concept. Le parcours de Jules Monnerot (1909-1985), proche avant guerre des milieux de gauche et surréalistes, fondateur avec Roger Caillois et Georges Bataille du Collège de sociologie, et qu'on retrouve dans les années 1980 au conseil scientifique du Front national, pourrait en lui-même constituer une forme d'hétérotélie...

Mais en quoi Einstein incarne-t-il à merveille ce concept, d'après la revue du CESHE ? Parce que ce qu'il fait ne concorde jamais avec ses pensées et son caractère profonds. Einstein est devenu cet autre, à l'opposé de ce qu'il voulait être. C'est un ours solitaire qui a été transformé en célébrité mondiale. Il obtient le prix Nobel de physique pour un résultat de mécanique quantique, alors qu'il passe le reste de sa vie à contester cette théorie et que par ailleurs celle-ci n'est pas compatible avec sa propre théorie de la relativité générale. C'est aussi un « mauvais Juif » – c'est-à-dire un Juif non religieux –, se préoccupant peu du judaïsme, qui est changé du jour au lendemain en leader sioniste. C'est enfin un pacifiste militant (il signe un « Appel aux Européens » lors de la Première Guerre mondiale), transformé en avocat de la bombe atomique lors de la Seconde Guerre mondiale.

*

Yves Nourissat, polytechnicien, ancien ingénieur au Laboratoire central de l'armement, est lui aussi un des piliers du CESHE[1]. Il est géocentriste, et sa vision de l'histoire des sciences est proche de celle de Dequènes, qui le cite souvent – Nourissat apporte quant à lui une vision créationniste sur la physique moderne.

Il conteste « la très célèbre théorie de la relativité restreinte développée par Henri Poincaré et par la suite attribuée à Einstein » ; il cite Maurice Allais « qui a fait des expériences très intéressantes sur la gravitation » et qui « estime que selon les propres paroles d'Einstein, la théorie de la Relativité devrait être abandonnée au vu des expériences de Dayton-Miller[2] » : comme Plaisant en 1921, il pense que la relativité est une échappatoire au géocentrisme. Nourissat mentionne son appartenance à « un réseau de physiciens antirelativistes », et ses contacts avec les géocentristes américains van der Kamp, Bouw et Sungenis. De la même manière, le géologue créationniste, membre du CESHE, Guy Berthault,

---

1. Il en apparaît comme « conseiller scientifique » (http://www.ceshe.fr/liens/contacts.htm, consulté le 28 mai 2011). Sur sa pratique de la physique au LCA (Laboratoire central de l'armement), voir Nourissat [2007].
2. Nourissat [2007], « La cosmologie de sainte Hildegarde ».

est abondamment cité par l'Institute for Creation Research, ce qui montre les liens existant entre créationnistes français et américains.

Nourissat remet aussi en cause l'« hypothèse atomique[1] » – il y a pourtant bien longtemps qu'elle a été validée par la science, et de nos jours cette locution n'est plus employée qu'en histoire des sciences :

> Je lus le livre de Jean Perrin *Les Atomes* et me rendis compte que l'existence de l'électron et de l'atome n'avait jamais été prouvée définitivement.

Il souhaite en revenir à la « physique classique des quatre éléments, la terre, l'eau, l'air et le feu, que l'on trouve chez Aristote et qui avait été reprise par saint Thomas d'Aquin ». Il assimile l'élément feu au « plasma des physiciens modernes », qui serait un élément irréductible, dont l'électricité et les ondes électromagnétiques ne seraient que des manifestations. La radioactivité aussi en serait une manifestation : c'est une combustion, et « non une désintégration d'atomes hypothétiques comme on l'interprète habituellement ».

En physique quantique, l'expérience d'Aspect (1982), « qui semble prouver qu'un photon passe par deux trous à la fois », pourrait, selon Nourissat, conduire à considérer « ce grain d'énergie comme un être de raison et non un être réel[2] ». Il conteste logiquement l'existence du noyau atomique, « formé de protons qui devraient se repousser selon les lois de l'électrostatique si l'on n'avait imaginé une force pour assurer leur réunion[3] » : la force d'interaction forte aurait ainsi été inventée de toutes pièces pour justifier l'existence du noyau donc de l'atome. Et, au niveau *infra*-atomique, évoquant les mésons, les muons, « les particules nommées *étranges* par les physiciens », Nourissat indique :

> Celles-ci ont été « découvertes » ou plutôt imaginées en essayent de « casser les noyaux » avec des faisceaux de haute énergie dans les accélérateurs de particules [...] c'est comme si on cassait volontairement un objet pour savoir de quoi il est constitué au lieu de l'observer avec minutie. Tout ceci est à l'opposé du bon sens.

1. *Ibid.* (pour cette citation et celles qui suivent).
2. Nourissat [2010e].
3. Nourissat [2010d].

*

Le CEP (Centre d'études et de prospective sur la science) est né d'une scission du CESHE. Il a été créé par Dominique Tassot, ingénieur civil de l'École des mines de Paris (promotion 1967), ancien président de la branche française du CESHE à la fin des années 1980. Il revendique 700 membres, dont une bonne partie de formation scientifique ; son président Tassot intervient fréquemment sur Radio Courtoisie.

CESHE et CEP partagent pratiquement les mêmes opinions, et il est difficile de les distinguer : géocentrisme, opposition à la relativité, au darwinisme, etc. Ils manifestent aussi leur conviction de l'authenticité du linceul de Turin ou « saint Suaire », censé avoir enveloppé le corps du Christ dans son tombeau[1]. Ils contestent les méthodes de datation radioactive qui ont permis de considérer le linceul de Turin comme un faux datant du Moyen Âge. Dans une approche qu'on pourrait qualifier de positiviste, ils indiquent que les laboratoires de datation ne mesurent pas l'âge, mais des quantités de produits chimiques dont ils déterminent par *déduction* un âge qui dépend de leurs *hypothèses.* « L'élégance de la formule » de datation radioactive $C_t = C_0 \times e^{-\lambda t}$ a « séduit les esprits mathématiciens ». L'argumentation des créationnistes est toutefois difficile à tenir en matière de datation radioactive, puisque pour le linceul ils souhaitent faire apparaître une date antérieure (l'Antiquité et non le Moyen Âge) et pour les roches terrestres une date postérieure (quelques milliers d'années et non quelques millions), ce afin de conforter leur idée d'une Terre jeune.

Arnaud-Aaron Upinsky est un des virulents défenseurs scientifiques de l'authenticité du linceul de Turin. Lors de ses conférences, il est présenté comme « mathématicien, épistémologue, l'un des principaux spécialistes de la recherche scientifique sur le saint Suaire[2] ». Sa qualité d'épistémologue pourrait être attestée par son premier ouvrage, *La Perversion mathématique. L'œil du pouvoir* (1989), dans lequel il dénonce le rôle prétendument joué par les mathématiques :

> Qu'est-ce que les mathématiques ? Un langage absolu, une norme sans faille, la clé de tous les progrès ? [...]. Quel est le prisme pervers qui

1. La réfutation des arguments en faveur de l'authenticité du linceul de Turin a déjà été largement faite par Henri Broch, Laboratoire de zététique de l'université de Nice.
2. Voir sa conférence le mardi 25 mai 2010 à l'église Saint-Sulpice à Paris, http://petrus.angel.over-blog.com/ext/http://linceuldeturin.info/html/2010.05.25_stsulpice.html.

> fait dévier les promesses de bonheur annoncées par le siècle des Lumières ? La réponse est simple en la reconsidérant d'un autre œil. Jusqu'à présent, nous avons désigné tous les coupables, le Marxisme, le Capitalisme, le Terrorisme, la Bourgeoisie, la Technocratie, l'Idéologie, le Militarisme, l'Impérialisme, l'Étatisme, la Machine… sauf le seul bon : LE DIEU DES MATHÉMATIQUES, idolâtré par Napoléon. […] Posées en termes de Pouvoir, les Mathématiques sont-elles « l'empire du mal » ? Le moment était venu d'instruire le procès des mathématiques dont le système scolaire voudrait nous faire croire qu'elles constituent la référence majeure de l'intelligence […]. C'est ainsi que les mathématiques servent aujourd'hui de caution intellectuelle et de justification morale aux fausses démocraties comme aux vrais totalitarismes.

Pour l'authenticité du saint Suaire, contre la prépondérance des mathématiques, on retrouve Upinsky dans un autre combat : il préside une association s'opposant à l'exposition des œuvres d'art de Jeff Koons ou du Japonais Murakami dans les appartements royaux du château de Versailles, avec le prince Sixte-Henri de Bourbon-Parme, « descendant de Louis XIV » ; combat qualifié par Jean-Jacques Aillagon, président de l'Établissement public du château de Versailles, d'« activisme aux relents xénophobes[1] » – en tout cas combat à caractère traditionaliste marqué.

*

Comme les conférences du mouvement de Yahya, les expositions et conférences organisées par le CIELT ou des cercles analogues sont plus nombreuses qu'on ne l'imagine[2] et attirent un certain public. Le linceul de Turin y est présenté comme une *preuve scientifique* de l'existence de Jésus : il est « scientifiquement authentique au troisième degré par défaut », d'après Upinsky[3]. Son autoqualification d'épistémologue

1. « Polémique avant l'exposition Murakami à Versailles », *Le Monde*, 3 septembre 2010 ; voir aussi *Le Monde* pour *Direct Matin*, « Expo Murakami : les opposants haussent le ton », 25 octobre 2010, n° 759, p. 6. Dans le premier article, Upinsky est présenté comme président de l'association Non aux mangas ; dans le second article, comme président de l'association Coordination défense de Versailles.
2. Exposition et conférences à l'église intégriste de Saint-Nicolas-du-Chardonnet à Paris (mars 2009), ou dans des lieux fort touristiques, comme la grotte de Notre-Dame de Rocamadour, Lot (août 2009), ou l'abbaye de Saint-Benoît-sur-Loire, Loiret (juin 2010).
3. Cité par le journaliste Jean-Paul Dufour, « Une polémique sans fin », *Le Monde*, 3 juillet 1996.

s'applique à ses propos sur les mathématiques, mais aussi, par extension, à sa position sur le linceul : pour lui, l'épistémologie « permet de faire apparaître ce qui est caché, c'est la Science de la preuve[1] ». Les défenseurs de l'authenticité du linceul en cherchent la preuve par la science ; mais lorsque les résultats de la science ne leur conviennent pas, ils instituent à leurs fins une méta-science, une « Science de la preuve ».

Nous avons affaire, avec Upinsky ou Nourissat, à des hommes de science qui, malgré les apparences, sont profondément convaincus de la valeur de la science, en tout cas de la science telle qu'ils la voient. Constamment à la recherche de preuves, ils pourraient même être qualifiés de positivistes radicaux : les restes de l'Arche de Noé au Tibet seraient une preuve du Déluge, comme le saint Suaire serait le linceul de Jésus. On peut même considérer que la religion chrétienne est fondée sur la preuve et le besoin de certitudes *positives* : le Dieu fait homme (son fils Jésus) est la preuve de l'existence de Dieu, et le saint Suaire serait par surcroît une preuve de l'existence de Jésus donc de Dieu.

*

Mais, pour comprendre ce type de mouvements, il est nécessaire de les approcher. L'écrit – les revues qu'ils publient – conduit nécessairement à une forme d'autocensure. Les conférences internes au CEP expriment des positions beaucoup plus radicales[2]. Ainsi, Copernic n'ouvre pas uniquement la voie aux « théories » scientifiques infondées, ou aux révolutions politiques sanguinaires – qui n'existaient pas avant lui : il marque aussi le début de « la judaïsation de l'Église ».

On sait que le Soleil tourne en spirale autour de la Terre – le conférencier reprend là les théories de Gerardus Bouw. La fusion de l'hélium dans les étoiles est une plaisanterie – comme le sont le Big Bang ou les fameuses *trois premières minutes de l'Univers* de Weinberg[3], ou

1. http://www.a-c-r-f.com/html/2010_St_Benoit_acrf_Upinsky_19%20juin_v2.html#_ftn1. Conférence Upinsky à Saint-Benoît-sur-Loire, site de l'association ACRF (Les Amis du Christ roi de France).

2. CEP, Journée régionale d'Île-de-France, samedi 27 mars 2010, conférence de X., « La face occulte des théories scientifiques ».

3. Samuel Weinberg (né en 1933) est prix Nobel de physique 1979 et auteur de vulgarisation astrophysique réputé dans le monde entier, par exemple avec son ouvrage *Les Trois Premières Minutes de l'Univers* (1977).

encore le rayonnement de fond cosmologique, censé confirmer le Big Bang et découvert « par un Juif, Penzias[1] ». Les étoiles ne tirent pas leur énergie de la fusion nucléaire, mais elles sont en fait de gigantesques arcs électriques : l'Univers n'est en fait qu'un immense plasma électrique.

L'*humanisme* a commencé à faire des ravages juste avant Copernic. L'humanisme, c'est la religion de l'homme, la croyance en la puissance de l'esprit humain – grave péché d'orgueil, comme si celui-ci pouvait être l'égal de Dieu. Les fautifs sont notamment les Italiens Ficin (1433-1499) et Pic de la Mirandole (1461-1494), initiateurs de la cabale chrétienne, fondée sur une volonté néfaste de syncrétisme entre judaïsme et christianisme. Cette alliance entre humanisme et cabale, fût-elle née au sein de la chrétienté, a conduit au judéo-maçonnisme et à l'anarchie religieuse organisée par le concile de Vatican II (1962-1965). C'est ainsi que depuis longtemps l'humanité est menée « par qui nous savons ».

Mais cette « cabalisation » de l'Église est aussi une cabalisation – et une judaïsation – de la science. Ficin avait déjà introduit la magie dans la science. À partir de Copernic, l'usage des mathématiques – directement issu de la cabale, puisque celle-ci postule la primauté des valeurs numériques dans l'interprétation des textes – va se généraliser, et ce dans l'objectif de systématiquement contredire les faits observés, comme le Soleil tournant autour de la Terre. La physique moderne est, depuis Copernic, l'héritière de la cabale : les travaux d'Einstein, de Weinberg ou de Penzias en sont la marque. Les sciences de la vie sont elles aussi issues de la cabale : le mythe du Golem ne symbolise-t-il pas la transformation d'une matière inanimée en une matière vivante – cette transformation n'est-elle pas ce que la théorie de l'évolution voudrait nous faire croire, évacuant Dieu du processus de création de l'homme ?

C'est donc toute la science moderne qui est inféodée à la cabale juive : on peut même trouver des traces de la théorie des cordes chez un cabaliste juif du XIIe siècle ! Ce qui montre qu'*Einstein et al.* n'ont rien inventé – toujours l'argument du chaudron –, mais aussi que tout cela était préparé de longue date – toujours la théorie du complot.

---

1. Comme l'explique Dennis King à propos du mouvement larouchiste (chapitre XVI, King [1989]) : lorsqu'un patronyme est connu comme juif – c'est le cas pour Weinberg – aucune précision n'est donnée ; quand ce n'est pas le cas, un « tag » est marqué – c'est le cas ici pour Penzias, à propos duquel l'orateur précise qu'il est juif.

La chute se fait en fin de conférence ; c'est un discours à clefs – les auditeurs, membres du CEP, connaissent déjà la théorie de l'orateur et sont à même de comprendre les allusions de celui-ci –, le discours s'adresse à des affidés. La science moderne, depuis Copernic, n'est qu'un avatar de la cabale. *C'est donc une religion* : elle ne saurait prétendre à la vérité, c'est un scénario religieux, plus encore que ne l'est celui de la Création. Entre ces deux scénarios, les membres du CEP doivent évidemment choisir ce dernier, le leur, contre celui de la science moderne. Et, malgré leur formation scientifique, ils n'auront pas à regretter de rejeter cette dernière.

*

Finalement, que trouve-t-on de commun entre les mouvements ou individus ici décrits ? Ils cherchent à expliquer non pas la science par la religion (comme cela a pu être le cas des prêtres païens de l'Antiquité attribuant une divinité aux éléments naturels), mais la religion par la science. Cette démarche est difficile et périlleuse : on peut d'ailleurs se demander si cette vaine dialectique ne serait pas, de nos jours, réservée à des hommes de science. Elle nécessite, outre un véritable amour de la science, des constructions théoriques assez élaborées, comme celles de Nourissat ou de Humphreys. Elle impose de se tenir au courant des derniers résultats de la science et de les comprendre, en vue de les intégrer dans le cadre créationniste.

Elle amène aussi à s'engouffrer dans chaque brèche ouverte dans le front de constitution de la connaissance : toute indécision de la science est exploitée par le créationnisme pour dénoncer l'inanité de telle théorie scientifique. On peut même émettre l'hypothèse, chez ces créationnistes, d'une aversion au doute, d'une horreur de l'erreur : ceux du scientifique qui ne supporte pas l'idée de se tromper – d'avoir une mauvaise note ? Dans leur approche de la science, peut-être indépendamment de leur foi, l'*inerrance biblique* (son incapacité à se tromper) est alors ô combien plus rassurante que la *science séculière* avec ses hypothèses et ses interrogations permanentes. Au doute naturel de la science, est substituée la certitude de celui qui ne doute pas, de celui qui a la *foi du charbonnier*. Le doute inhérent à la démarche scientifique, constitutif de cette démarche (au sens propre de la science en *marche*) est exploité contre elle : c'est bien la remise en cause de la démarche scientifique elle-même qui paraît la plus dangereuse chez les créationnistes.

Et ces ingénieurs ou scientifiques géocentristes de nos temps, que dire d'eux et de l'extrême étonnement qu'ils suscitent ? Ils sont écartelés entre leur foi et leur foi en la science. Leur besoin de sens passe par un besoin de science. Même dans leur approche de la science moderne, ils balancent entre leur désir de comprendre les nouvelles connaissances et celui d'en exploiter toute faille. Cherchant à reconstituer le cadre dans lequel était circonscrite la science d'avant Galilée, ils jouent à présent à fronts renversés par rapport à la situation de 1610, petits face à la toute-puissance de la science actuelle. Martyrs de cette science contemporaine, de cette société dont leurs idées sont exclues, comme Galilée, martyrs et pourtant scientifiques dans l'âme, on pourrait les entendre gémir à propos de la Terre : « Et pourtant, elle ne tourne pas. »

IX

La cosmogonie catastrophiste de l'ingénieur Hans Hörbiger

Hans Hörbiger (1860-1931) est un ingénieur autrichien qui a déposé des brevets et développé sa propre entreprise (qui existe encore de nos jours[1]) de valves hydrauliques à haute pression, utilisées notamment dans l'industrie de la réfrigération, à l'époque naissante. Un soir de septembre 1894, en observant la Lune, lui vient « la solution de l'énigme de la surface lunaire[2] » : la Lune, comme la plupart des planètes, est couverte d'une épaisse couche de glace. Hörbiger décrit cette soirée comme une révélation : sa théorie « n'est pas une construction, mais un don sacré[3] ». C'est cependant sur le tard qu'il formalise une théorie sur le sujet, après avoir fait fortune avec son entreprise et trouvant sans doute moins d'intérêt à s'y investir intellectuellement. En 1912, il publie un ouvrage de 820 pages intitulé *Glazial-Kosmogonie*, fort rébarbatif et comprenant de nombreuses répétitions : lors de la réédition en 1920, les auteurs revendiqueront les erreurs et imperfections du premier jet, en indiquant que justement la science est humaine et peut se tromper. En tout état de cause, les nombreux fidèles de Hörbiger adopteront sa théorie sans lire l'ouvrage, voire sans comprendre les rudiments mêmes de la théorie.

*

---

1. Cette entreprise est un des leaders mondiaux de son secteur : un timbre a été gravé par les Postes autrichiennes à l'effigie de Hörbiger en 1985.
2. Hörbiger [1925], p. 773.
3. « Die Glazialkosmogonie ist keine Konstruktion, sie ist eine hehre Gabe », Hörbiger-Fauth [1925], p. VII, préface de 1912.

Donnons-en quelques-uns, pour situer le sujet. À partir de cette « révélation » d'une Lune couverte de glace, la théorie s'échafaude avec les hypothèses scientifiques *ad hoc*. À l'origine, une masse pleine d'eau et une énorme étoile sont entrées en collision : l'eau condensée a été expulsée dans l'espace interstellaire et a gelé. Les planètes ont absorbé énormément de glace : elle constitue un rayon de 185 kilomètres depuis la surface sur la Lune, 479 sur Vénus, 173 sur Mars (les chiffres sont très précis). Hörbiger conteste la théorie de la gravitation newtonienne ; il indique que l'effet de l'attraction solaire s'arrête à une distance égale à environ deux fois et demie la distance du Soleil à Neptune[1]. Il s'agit là d'une vision anthropocentrique et par ailleurs exclusivement empirique : il n'y a pas d'autre planète observée au-delà de Neptune (découverte en 1846), donc la force d'attraction newtonienne n'existe pas au-delà. Rien n'a jamais prouvé que les étoiles subissaient cette force, ou que des planètes graviteraient autour d'autres étoiles que le Soleil : la loi de Newton n'est pas vue par Hörbiger comme une loi universelle – elle est trop abstraite, trop conceptuelle –, mais comme une loi locale.

Prétendument *hypothesenfrei*, c'est-à-dire délivrée de toutes hypothèses, en tout cas celles de la science officielle qui aboutissent à des résultats incompréhensibles pour lui, la théorie de Hörbiger fait cependant appel à ses propres hypothèses *ad hoc* qu'il trouve plus valables que celle de la science officielle, puisque justement elles aboutissent à ses propres observations et révélations. Pour lui, l'espace interplanétaire, ou éther, n'est pas vide : il est composé d'hydrogène qui ralentit la rotation des blocs de glace de la Voie lactée. Ceux-ci viennent alors percuter les planètes, formant et renforçant ainsi leur couche de glace. Hörbiger explique ainsi comètes et météorites. Certains blocs de glace arrivent jusqu'au Soleil, ce qui serait la cause des protubérances de la couronne solaire.

L'éther ralentit aussi la rotation des planètes autour du Soleil, et des satellites autour de leurs planètes. Ainsi la Terre a-t-elle déjà capturé trois planètes situées entre Mars et elle, qui deviennent ses satellites (des « Lunes ») avant de s'effondrer sur elle. L'effondrement de la troisième Lune sur Terre provoque la catastrophe du Déluge biblique, principalement par accroissement de l'effet de marée. La Lune que nous

1. Hörbiger [1925], cité par Nagel [2000].

connaissons est la quatrième, elle gravitait auparavant autour du Soleil et est beaucoup plus grosse que les précédentes : quand elle s'effondrera sur Terre, ce sera l'Apocalypse, compte tenu de sa taille. Hörbiger se rattache explicitement à la tradition catastrophiste de Cuvier, en indiquant que « Cuvier doit être réhabilité face à Lyell[1] ». Car entre Lyell et Cuvier ne se joue pas une simple bataille d'« opinions académiques » : l'enjeu réel est de décider, entre ces deux théories, « laquelle s'adapte le mieux à la globalité d'une conception du monde astronomico-géologique[2] ». Hörbiger a déjà la réponse malgré les questions qu'il feint de se poser : c'est la théorie catastrophiste de Cuvier.

*

Lors de sa parution en 1912 (et sa réédition en 1925), la théorie de l'ingénieur Hörbiger, même largement fantasmagorique, s'inscrit dans une tradition de nombreux essais personnels de cosmologie : à l'époque, l'astrophysique est naissante, et la science n'a pas donné d'explication des origines du monde (on ne parle pas encore de récession des galaxies), ou même de l'énergie des étoiles. Par ailleurs, l'appétence envers la science amenait certains astronomes amateurs à émettre certaines hypothèses cosmologiques. En France, on peut citer Émile Belot (1857-1944) : polytechnicien, ingénieur spécialisé dans l'automatisation de la production (il a parfois été qualifié de *Taylor* français), il est astronome à ses heures. Il produit sur le tard, à partir de 1911, sa propre cosmogonie, et publie une dizaine d'ouvrages. Son dernier livre, édité en 1932 dans la collection Bibliothèque catholique des sciences religieuses de l'éditeur Bloud & Gay, expose en conclusion la conviction créationniste de l'auteur. Comme dit un critique de Belot lors de la parution de l'ouvrage[3] :

---

1. « Cuvier muß gegen Lyell wieder zu seinem Rechte kommen », Hörbiger [1925], sommaire p. XVIII.
2. Hörbiger [1925], p. 12.
3. J. Maisin, recension du livre d'Émile Belot, *Revue néo-scolastique de philosophie*, 1937, 40, n° 53, p. 155-156 (Persée). Religion en moins, la cosmogonie de Belot inspirera celle de Lucien Romani (chapitres V et VI), qui le cite souvent. Sur Belot, et plus généralement sur les diverses hypothèses cosmogoniques en France entre 1870 et 1930, on pourra consulter les travaux de Volny Fages, centre Alexandre-Koyré/EHESS (mémoire *Émile Belot (1857-1944) ou la quête génétique : étude des pratiques d'un cosmogoniste français du premier quart du XXe siècle*, direction D. Pestre ; thèse en cours).

> Chacun y est allé de sa petite cosmogonie [...]. Personne ne songe plus aujourd'hui à aller chercher des données de sciences naturelles dans la Bible et d'autre part les acquisitions modernes de l'astronomie invitent à la prudence. Au moment de la parution de ce volume, l'image qu'on pouvait se faire de l'évolution de l'univers était le contre-pied de la cosmogonie de M. Belot.

On pourrait s'arrêter là à propos de ce type de cosmologies : de fait quel intérêt a de nos jours un exposé plus approfondi de pareilles théories ? Mais ce n'est pas tant la théorie de Hörbiger que la façon dont elle a été utilisée qui retient notre intérêt. Car si Belot n'a jamais réussi à diffuser ses théories, ce n'est pas le cas de Hörbiger qui a, de son vivant, réuni des *militants* autour de sa théorie et l'a diffusée assez largement dans le grand public. Juste après sa mort, le IIIe Reich utilise cette théorie dans une cosmogonie païenne censée expliquer l'origine de l'homme aryen, s'affranchissant de racines bibliques judéo-chrétiennes ou d'un cousinage darwinien avec le singe. Puis, dans une floraison de best-sellers à caractère pseudo-scientifique de 1950 à 1970 (*L'Atlantide et le Règne des géants*, *Le Matin des magiciens*), elle est présentée comme possibilité d'une *autre science* aux mains d'une autre civilisation, celle des nazis. Une forme d'alterscience résurgente, ou à double voire triple détente.

*

Dans les années 1920, la cosmologie de Hörbiger vient à point nommé à une époque où se cristallise la prise de conscience – et peut-être la crainte – d'un univers ancien, avec à l'appui les premiers résultats astrophysiques comme l'univers en expansion de De Sitter issu de la relativité générale ou les observations par Vesto Slipher (puis Edwin Hubble) de décalages vers le rouge indiquant l'existence d'autres galaxies que la Voie lactée. Des militants du mouvement de Hörbiger vont alors perturber les congrès scientifiques d'astronomie ou les conférences de vulgarisation aux cris d'« À bas l'astronomie officielle, donnez-nous Hörbiger ! ». Plusieurs ouvrages de vulgarisation paraissent, plus abordables que l'ouvrage *princeps*. H. Voigt publie en 1920 un ouvrage intitulé *La Glace, un matériau de construction du monde. Introduction à la portée de tous à la Glazialkosmogonie de Hörbiger*. Son compatriote autrichien Max Valier (1895-1930), pionnier de la propulsion spatiale, publie lui aussi plusieurs ouvrages promouvant la théorie de Hörbiger. Un autre Autrichien, Hans Schindler Bellamy (1901-1982), passe sa vie à écrire sur les théories de Hörbiger, comme l'écrivain antisémite Rudolf Elmayer von Westenbrugg (1881-1970), qui qualifie Hörbiger de « Copernic du XXe siècle[1] ». Une biographie de Hörbiger paraît de son vivant, en 1930[2]. L'ouvrage de l'ingénieur autrichien Engelbert Pigal (1899-1978), directeur scientifique de l'Institut Hörbiger de 1931 à 1938, est traduit en français[3]. À une époque encore récente, l'Anglais Egerton Sykes (1894-1983) donne en 1966 à Londres une conférence sur « La théorie de capture de la Lune par Hörbiger cinquante-cinq ans après ».

*

Cette période de cristallisation voit se créer l'Institut Hörbiger et la Société cosmotechnique en 1921 : au *logos-* de la cosmologie, c'est-à-dire le discours, la rationalité – et dans une certaine mesure la logique et l'intelligence – se substitue le *techné-* de la cosmotechnique, c'est-à-dire le savoir-faire, celui de l'ingénieur. En lieu et place de la cosmologie officielle, trop abstraite, dont les fondements relativistes heurtent par trop le bon sens, et mettant en œuvre, pour l'énergie de fusion des étoiles, une physique nucléaire naissante et peu connue du grand public, Hörbiger propose une *cosmotechnique* fondée sur des savoirs traditionnels et des *process* connus de thermodynamique – une espèce de machine à vapeur cosmique. D'ailleurs Hörbiger ne faisait-il pas lui-même ses propres expériences[4] en plongeant de la glace dans l'acier en fusion de ses valves hydrauliques, afin de valider ses idées sur les protubérances solaires prétendument dues à l'impact de blocs de glace en provenance du cosmos ?

Sa théorie est un immense récit rédigé (812 pages), avec de nombreux schémas explicatifs mais peu de formules, à l'opposé de la relativité générale avec ses mathématiques complexes. Hörbiger, cité par

1. Nagel [1993 ; 2000]. Elmayer von Westenbrugg publie en 1937, en plein régime nazi, un livre sur les Juifs.
2. Hans W. Behm, *Hörbiger, ein Schicksal,* Leipzig, v. Hase & Koehler Verlag, 1930.
3. *Cosmologie glaciale, par H. Hoerbiger. Système unitaire de la physique du cosmos et de la Terre, exposé par E. Pigal,* Mauer, près Vienne (Autriche), Institut Hoerbiger, 1931.
4. Nagel [1993 ; 2000].

Ley [1947], exprime cette aversion aux mathématiques : « Combien de temps allez-vous mettre à comprendre que les mathématiques sont sans valeur et trompeuses ? » À la cosmologie des savants relativistes s'opposait ainsi la cosmotechnique de l'ingénieur Hörbiger, une *Weltanschauung*, une conception du monde en apparence à la portée de tous. Dans cette nouvelle discipline scientifique qu'est la cosmotechnique, les rôles s'inversent :

> La WEL est une science, dont nous les cosmotechniciens sommes les experts, et dont nos sceptiques incultes[1] sont les profanes.

Les années 1920 sont celles du dadaïsme en littérature, du sérialisme en musique, du Bauhaus en architecture… La nouvelle cosmologie relativiste était elle aussi une remise en cause d'anciens canons. Les mêmes ressorts de réaction contre l'art moderne pouvaient être en œuvre contre la science moderne, et la *Glazial-Kosmogonie* une manifestation de cette réaction : l'évolution de l'astrophysique ne correspondait pas à l'idée de la science que se faisaient les partisans de Hörbiger, généralement de formation scientifique.

Mais les années 1920 sont aussi celles des nationalismes, dans le monde germanique notamment. Les militants nationalistes, puis nationaux-socialistes, s'emparent de la théorie de Hörbiger – à moins que ce ne soient ses partisans eux-mêmes qui deviennent nationalistes, voire l'étaient déjà. La *Glazial-Kosmogonie*, avec son étymologie gréco-latine trop voyante, est rebaptisée en la plus germaniquement correcte *Welteislehre* – théorie de la glace universelle. Des tracts de propagande sont distribués sous le titre *Connaît-on la Welteislehre dans votre cercle de relations*[2] ?. L'astronomie y est présentée comme ayant été sous influence « romano-méditerranéenne, puis occidentalo-française, et plus récemment anglo-saxonne », avant de s'en libérer grâce à Hörbiger. L'action et la position de Hörbiger dans la science en viennent à être comparées à celles de Hitler dans la politique. Hitler n'est pas issu du sérail, ce n'est pas un professionnel de la politique, et pendant ces

1. Hörbiger [1925]. Allemand *Unbelehrbar*, littéralement : « auquel on ne peut enseigner ».
2. « Kennt man in Ihrem Bekanntkreise die Welteislhere ? », tract postérieur à 1934, reproduit dans Nagel [1993 ; 2000].

années 1920 il est en train de damer le pion aux professionnels patentés de la « politique officielle » : il en est de même de Hörbiger par rapport à la « science officielle » des Newton ou des Einstein[1]. L'attaque de Hitler contre la république de Weimar et son représentant juif le ministre Walter Rathenau est comparée à celle de Hörbiger contre la nouvelle physique théorique et son représentant juif Albert Einstein. Les troupes en voyant dans la *Welteislehre* l'antithèse germanique de la théorie juive de la relativité.

*

Mais c'est après la mort de Hörbiger, en 1931, et surtout après l'arrivée du parti nazi au pouvoir que sa théorie alterscientifique va être exploitée, sous l'impulsion de Himmler. Ce dernier était ingénieur agronome, diplômé de l'Université technique de Munich et lecteur passionné de Jules Verne[2]. Il intègre l'Institut Hörbiger en 1936 au sein de l'*Ahnenerbe* (*lit.* « héritage des ancêtres[3] »), « organisme de recherche » qu'il venait de créer. Philipp Fauth (1867-1941), le coauteur de Hörbiger, pourtant sans titres universitaires, est nommé professeur à l'*Ahnenerbe* en 1938. Cet institut reste de sinistre mémoire, puisque c'est un de ses départements qui mène les expérimentations médicales sur des humains en camp de concentration ; un de ses directeurs, le criminel de guerre Wolfram Sievers (1905-1948), est condamné au procès de Nuremberg et pendu.

Les idées de feu Hörbiger sont alors intégrées dans un corpus doctrinaire plus global, en relations avec les thèses antisémites et antichrétiennes du régime, à la recherche d'origines non bibliques de l'humanité.

1. Source Ley [1947]. Ley (1903-1969), physicien, Juif allemand, émigre aux États-Unis en 1935, où il s'illustrera comme auteur de science-fiction et vulgarisateur de la conquête de l'espace. Comme Jacques Bergier (coauteur du *Matin des magiciens*), au profil similaire de physicien et auteur de science-fiction, Willy Ley n'est pas une source totalement sûre. Ici l'information paraît crédible : l'article date de 1947 (c'est-à-dire peu de temps après les faits), et par ailleurs Ley y indique avoir entretenu une correspondance écrite avec Hörbiger lui-même.

2. Sur ce point, *cf.* Johann Chapoutot, *Le National-Socialisme et l'Antiquité*, Paris, PUF, 2008.

3. Protocole de Pyrmont, signé le 19 juillet 1936 entre les représentants de Himmler (dont le secrétaire général Sievers) et la partie Hörbiger, composée notamment d'Alfred Hörbiger, Voigt et Fauth (*cf.* Kater [2005]).

Lorsque s'approche la Lune, les marées deviennent très fortes, et l'homme se réfugie sur les plateaux montagneux, au Mexique, au Tibet, sur les plateaux andins au Pérou et en Bolivie. Il subit lui-même une force de marée lunaire beaucoup plus importante, puisque la Lune est plus proche, et sa taille croît, tel un bourrelet de marée : c'est la race des Géants. Ceux-ci vivent plus longtemps car l'accroissement du rapport taille/poids est bénéfique à la longévité ; ils sont plus intelligents car leur cerveau est plus volumineux.

La blancheur de la glace de ces plateaux montagneux est assimilée à la pureté de la race aryenne. Celle-ci trouve ses racines dans les glaces tibétaines, au côté des Géants qui lui ont communiqué leur intelligence supérieure : s'expliqueraient ainsi les vieux mythes du Walhalla nordique. La race aryenne se voit ainsi débarrassée de toute origine biblique, à caractère « judéo-chrétien », ou de tout cousinage avec le singe promu par la théorie darwinienne.

*

Quant à Hitler lui-même, il aurait à plusieurs reprises cité favorablement Hörbiger, selon les *Libres Propos*[1] qu'il tenait à son quartier général. Il dit croire à une interférence Terre-Lune il y a dix mille ans et à l'existence d'une race supérieure disparue : selon lui, après Ptolémée et Copernic, Hörbiger a fait « un nouveau pas en avant » et présenté « la troisième grande conception cosmologique de l'humanité ». En référence à Hörbiger, Hitler se félicite qu'« à la tête d'un État se trouvent des hommes disposés à favoriser les chercheurs audacieux : car ceux-ci sont rarement soutenus et encouragés par la science officielle ».

Selon Hitler, la cosmogonie doit être étroitement liée à la religion, une religion plus ancienne, « plus humaine » que le christianisme. Les prêtres des religions gréco-romaines étaient plus proches de la Nature – le Juif, qui a apporté le christianisme au monde, y a aussi insufflé l'intellectualisme. La manipulation de divers mythes et légendes aurait éloigné le christianisme de la Nature et de l'homme, ainsi que l'homme de la religion...

---

1. Adolf Hitler [1952], *Libres propos sur la guerre et la paix*, Paris, Flammarion, verbatim de monologues de Hitler au grand quartier général berlinois, recueillis sous les ordres de Martin Bormann (1900-1945).

Dans le seul ouvrage de référence (puisque écrit par lui) de Hitler, *Mein Kampf* (1924), l'évocation de la science est limitée, mais significative. L'histoire des sciences doit servir le nationalisme, elle doit faire connaître aux enfants les « grands Allemands ». La science elle-même est mentionnée à travers l'Église catholique : celle-ci a su s'en tenir à ses dogmes, indépendamment de leur caractère non scientifique, ou de l'avancée de la science. Il doit en être de même du parti national-socialiste, qui doit rester ferme sur son programme politique.

*

Un coup sévère est porté à la *Welteislehre* par le physicien Philipp Lenard, fort influent sous le régime nazi. Il qualifie la *Welteislehre* de « *reine Phantasterei* » (« pure fantaisie »), de « dérision du savoir », résultant en un abêtissement du peuple allemand[1]. Himmler continue à soutenir la *Welteislehre* jusqu'en 1938 : il se réjouit de « la libre recherche sous toutes ses formes[2] », et défend les partisans de Hörbiger, « compagnons travailleurs manuels de la science *(Handwerkgesellen der Wissenschaft)* », contre l'Académie qui serait en retard dans la science. Par la suite, si les recherches de l'*Ahnenerbe* continuent pour retrouver trace d'un homme aryen dans les glaces du Tibet, ce ne sera plus pour vérifier la théorie de Hörbiger.

Celle-ci réapparaît toutefois après guerre sous une forme d'ésotérisme romantico-catastrophiste, assez marqué à droite. Elle sert alors au romancier du fantastique comme caution scientifique : si théorie scientifique il y a eu (fût-elle invalide dès l'origine), alors elle est utilisée comme telle dans l'ésotérisme ou la science-fiction. Denis Saurat (1890-1958), fin lettré, agrégé d'anglais, universitaire spécialiste du poète anglais John Milton (1608-1674), est directeur de l'Institut français de Londres de 1924 à 1945, président du département français du King's College jusqu'en 1950[3]. Il commence à s'intéresser à l'ésotérisme vers

1. Il est une erreur fréquemment répétée à propos de la *Welteislehre*, selon laquelle celle-ci aurait prospéré de conserve avec la *Deutsche Physik* de Lenard (chapitre XV). Cette erreur est issue du *Matin des magiciens*, souvent approximatif, et perpétuée dans de nombreux ouvrages.

2. Lettre du 22 juin 1938, citée par Nagel [1993 ; 2000].

3. La carrière de Denis Saurat mériterait d'être investiguée. On peut se demander pourquoi, alors qu'il semble proche de De Gaulle à Londres en 1940, il est démis de ses fonctions peu après la Libération, en mars 1945, par le gouvernement de Gaulle. Un collège de Trélon (Nord) a été nommé en son honneur en 1971.

1935, et publie en 1954 chez Denoël *L'Atlantide et le Règne des géants*, succès de librairie constamment réédité en livre de poche depuis. Dans cet ouvrage, qui fait souvent référence aux théories de Hörbiger, Saurat exprime un désenchantement marqué envers l'homme de science : celui-ci est bon en ce qui concerne les faits, mais n'est pas fiable pour ce qui concerne les théories. Le désenchantement du monde chez Saurat l'amène au catastrophisme : la Lune que nous connaissons maintenant étant nettement plus grosse que les précédentes, quand elle s'approchera, ce sera cette fois-ci la vraie catastrophe, la fin de la Terre et de l'homme. Saurat introduit néanmoins un zeste d'espoir en utilisant la science récente : si l'Univers est bien en expansion, peut-être cet effet compensera-t-il l'effet de rapprochement de la Lune prévu par Hörbiger ?

*

Mais ce sont surtout Louis Pauwels et Jacques Bergier, avec leur *Matin des magiciens*, immense succès de librairie lui aussi, qui font connaître au début des années 1960 en France les théories de Hörbiger à un très large public. Ils lui consacrent un large tiers de leur livre, en en faisant une clef d'explication du régime nazi, fondée sur une primauté de l'intuition sur la connaissance. Pour comprendre l'hitlérisme, il faudrait accepter d'abandonner la vision positiviste et rationnelle des choses et entrer dans un univers irrationnel et irréel : suivant ces auteurs, les nazis auraient constitué l'embryon d'une *autre civilisation*. L'explication du nazisme par l'ésotérisme a fait d'ailleurs florès dans ces années-là, chez de grands éditeurs (*Hitler et la tradition cathare*, Robert Laffont[1] ; *Hitler et l'ordre noir*, Perrin ; etc.). Peut-être, dans une France marquée pendant la guerre par une forte adhésion au régime de Pétain, de tels ouvrages permettaient-ils de s'exonérer d'une réflexion sur la nature politique du nazisme, et sur la dérive d'une population, allemande ou française, vers des idées d'extrême droite et vers l'adhésion à un chef. Ancrer le nazisme dans l'ésotérisme permettait à l'auteur et à son lecteur d'en distinguer nettement le vichysme et l'adhésion à Pétain, facilitant un certain dédouanement des consciences.

1. Cet ouvrage évoque sur six pages la théorie de Hörbiger et son appropriation par les nazis.

Le succès du *Matin des magiciens. Introduction au réalisme fantastique* s'est prolongé avec celui de la revue *Planète* de 1961 à 1968. Elle correspondait à une théorisation de ce réalisme fantastique, prétendant se distinguer de l'occultisme ou des parasciences : ce n'est pas dans les ouvrages historiques ou universitaires que vous trouverez la vérité sur certains sujets, mais dans *Planète* – oui au *réalisme*, mais il doit être *fantastique* ! Avec *Planète*, la science cessait d'être ennuyeuse : comme ironise Michel Winock[1] en paraphrasant Clemenceau, pour les créateurs de *Planète* la science était chose trop sérieuse pour être confiée aux savants, à l'instar de la guerre, trop sérieuse pour être confiée aux militaires.

*

Planète est un vaste fourre-tout, et peu d'études existent à propos de ses contenus. Elle tient un discours holiste : « [...] Le Point de Convergence est la fusion finale de l'algèbre, de la poésie, de l'esthétique, de la physique et de la mythologie. » Un tel discours est assez fréquent dans l'occultisme, l'ésotérisme ou les doctrines New Age – on pourrait rattacher *Planète* à ces dernières. Mais ce qui la distingue est une certaine résistance à la théorie scientifique, notamment au darwinisme. Pauwels et Bergier l'expriment eux-mêmes dans un article, « Des doutes sur le darwinisme ». L'Homme n'est pas un animal comme les autres, c'est un « animal hors série » ; il n'est pas le fruit d'une lente évolution, mais celui d'une succession de mutations accélérées, à plusieurs reprises dans son histoire ; il est même possible que certaines d'entre elles soient d'origine « cosmique ». S'opposant à la « science dogmatique », ou souhaitant aller plus loin qu'elle, Pauwels et Bergier préfèrent se placer sous la protection des « saints Pères » de la théorie de l'évolution, Wallace et Darwin, « plus accueillants que les fils ». Et, selon eux, ces saints Pères leur auraient sans doute donné raison de voir l'Homme comme un point d'aboutissement, de parler d'*humanisme* plutôt que de *darwinisme*.

*

1. Winock, *Chronique des années soixante*, Paris, Seuil, 1987.

Une revue actuelle, *Nexus*, se situe aussi entre science et ésotérisme, comme *Planète*, mais de manière plus radicale et plus confidentielle. Elle se distingue des revues occultistes par un ancrage dans la science – comme la revue créationniste du CEP se veut scientifique[1], et comme *Planète* se voulait telle. La rédaction traduit le titre latin, *Nexus*, en « entrelacs de causes et d'effets ». Son sous-titre est : *Science et alternative* ; la revue souhaite donner « une information négligée par des instances médiatiques clairement liées à l'élite dirigeante ». En astrophysique, elle conteste la cosmologie issue de la théorie de la relativité (Einstein est d'ailleurs un plagiaire) ; elle invoque l'univers électrique de Velikovsky (chapitre suivant), en rejetant l'énergie nucléaire des étoiles. L'énergie vient du vide et non de la matière, comme chez Tesla souvent cité par *Nexus*, avec les rendements surunitaires et l'énergie libre, qui nous est cachée. D'ailleurs la revue se propose de cultiver une salutaire paranoïa : revendiquée dans le concept comme dans l'étymologie, il s'agirait simplement d'une autre pensée (*para-noïa*). En médecine, la revue propose aussi une « alternative santé » – en ceci elle est plus radicale que *Planète* : elle s'oppose à la vaccination, qu'elle considère comme faisant partie du complot ; quant au cancer, ce pourrait être un simple champignon, à traiter au bicarbonate de soude[2].

Les thèmes classiques de la théorie historique du complot sont présents dans *Nexus* : les nazis mis au pouvoir par Prescott Bush et les banques américaines, le conspirationnisme du 11 Septembre. Le géopoliticien souverainiste Aymeric Chauprade (né en 1969) estime dans *Nexus* que le 11 Septembre était un complot israélo-américain, et que le Hamas a été installé par le Mossad pour affaiblir l'OLP. D'ailleurs les deux arguments se renforcent l'un l'autre : « Si Israël a joué la carte du Hamas, pourquoi n'aurait-il pas joué la carte de Al-Qaida [pour le 11 Septembre][3] ? » Mais la principale caractéristique de *Nexus*, qui semble être sa raison d'être, est l'explication *exogène* de l'humanité, dans la droite ligne des interprétations faites des théories de Hörbiger (race des Géants). Le darwinisme est « un nouveau système de croyances » :

---

1. Lors de la réunion du CEP à laquelle nous avons assisté, une famille avait le dernier numéro de cette revue.
2. La diffusion par *Nexus* de ce genre d'idées lui a fait perdre l'agrément paritaire de la presse (avec taux réduit de TVA et de frais postaux y afférant).
3. Aymeric Chauprade, « Nous sommes entraînés dans un choc des civilisations », *Nexus*, mai-juin 2009, n° 62.

c'est ce que prétend Jean-François Moreel, auteur commun à *Nexus* et à la revue créationniste du CEP, et auquel Harun Yahya offre ses colonnes. Mais, comme Yahya va plus loin dans l'utilisation de Darwin, on l'a vu, *Nexus* aussi va plus loin :

> Toute cette mascarade scientifique [la théorie de Darwin] prêterait à rire si elle n'avait creusé le lit des pires délires eugénistes et du libéralisme actuel, tout en privant l'humanité de recherches alternatives sur les vraies origines de la vie.

La théorie de Darwin est une plaisanterie, mais sans doute moins que ne l'est « la fable de la Création », indique *Nexus*. Il s'agit de discréditer aussi bien la théorie scientifique explicative (Darwin) que la théorie alternative des croyants (la Création), ce au profit d'une explication exogène de l'humanité – la vie sur Terre a été amenée par des extraterrestres.

*

Se dessine ainsi, de Hörbiger en 1920 à *Nexus* de nos jours, en passant par Saurat et *Planète*, une explication paganiste des origines. Sous ce terme, on entend généralement un courant de pensée philosophico-religieux occidental qui ne se reconnaît pas dans le judéo-christianisme, ainsi que dans toute forme de révélation ; il cultive néanmoins un sens du sacré et du mystique, ce qui le distingue de l'athéisme et peut le rapprocher de l'ésotérisme. Il recherche les origines de l'Homme, mais sans la science ni la religion : ni Dieu ni Darwin, dit *Nexus*. Ce courant, parfois appelé *néopaganiste* car il a peu à voir avec le paganisme antique, résurge à partir du début du XXe siècle en étant souvent marqué à droite. Il inspire les nazis, profondément opposés au christianisme (et au judéo-christianisme) et qui, à la recherche des origines de l'homme aryen, utilisent comme on l'a vu la cosmologie de Hörbiger. Alain de Benoist, fondateur de la *Nouvelle Droite*, qui est suivant Winock[1] l'héritière de *Planète*, dédie en 1981 à Louis Pauwels son livre *Comment peut-on être païen ?*.

C'est l'interaction avec la science de ce courant néopaganiste qui nous intéresse ici : non les débordements que ce courant a pu avoir

1. Winock, *Chronique des années soixante*, *op. cit.*

vers une pseudoscience New Age[1] ou vers l'occultisme, mais son rapport de dénigrement et d'opposition constante aux théories scientifiques contemporaines (relativité, darwinisme). C'est bien ce fil de l'alterscience que nous avons tiré du début du XXe siècle au début du XXIe, de Hörbiger à *Planète* et à *Nexus*. Alors que la science donne à penser des échelles de temps *inhumaines* (formation de l'Univers il y a 13,5 milliards d'années et extinction de notre monde terrestre avec le Soleil dans 5 milliards d'années), la théorie de Hörbiger offre une perspective plus humaine à la fin du monde, avec l'effondrement prochain de l'actuelle Lune sur la Terre. Ce type de théories offre aussi, comme la Bible, une origine du Monde plus récente : pour chacun d'entre nous, être précédé par une quasi-éternité n'est guère plus rassurant qu'être suivi par une éternité effective... Et cette origine du Monde, non seulement plus récente, apparaît *explicable* – comme Saurat avec ses Géants, *Nexus* avec ses extraterrestres ayant apporté la vie sur Terre. Ce type de courants païens toujours résurgents, à la recherche des origines et du destin de l'humanité contre une science inhumaine et contre une religion révélée donc inexplicable, est à prendre en considération même s'il paraît plus marginal que les divers créationnismes actuels.

1. Le New Age est un courant spiritualiste et holiste né dans les années 1960, proche de la théosophie (avec certains apports hindous), voire de l'occultisme, visant à l'épanouissement personnel par exemple avec les *chakras*, centres d'énergie corporels.

X

Velikovsky : la science au service d'un fondamentalisme juif

La cosmologie de Velikovsky apparaît, quand elle est publiée en 1950, plus en décalage encore avec la science de son temps que celle de Hörbiger. Elle est aussi plus englobante, incluant des éléments d'histoire, d'art et d'archéologie. Mais toutes deux se rejoignent sur au moins un point : elles sont au service d'une interprétation *orientée* de l'origine de l'homme et du monde. La théorie de Velikovsky, qui reste dans le schéma de pensée biblique à la différence de celle de Hörbiger, lui permet de justifier non les événements de la Genèse, mais ceux de l'Exode – comme la sortie d'Égypte ou l'arrivée en Terre promise : elle peut être vue comme un fondamentalisme juif ou sioniste.

*

Immanuel Velikovsky (1895-1979) est un médecin juif d'origine russe, ami de Freud et d'Einstein lorsqu'il fait ses études à Berlin. Il émigre en Palestine, puis quitte celle-ci pour les États-Unis en 1940 ; à la suite de ce changement radical d'existence, lui vient « brusquement à l'idée qu'un cataclysme a eu lieu au moment de l'Exode[1] », lors de la traversée de la mer Rouge par le peuple hébreu. Après des années de recherche à la New York Public Library – il se qualifie lui-même de « rat de bibliothèque » –, il publie en 1950 un best-seller, *Worlds in Collision* (constamment traduit et réédité depuis).

1. [V-JDL], p. 4.

Il est difficile de résumer la théorie de Velikovsky, qui a la prétention d'un savoir universel mêlant littérature, histoire, archéologie, géologie, astrophysique, psychanalyse... Disons qu'une comète a été éjectée par Jupiter il y a trois mille cinq cents ans, et s'est approchée de la Terre à deux reprises à cinquante-deux ans d'intervalle, provoquant des catastrophes à la surface terrestre. Son premier passage explique l'ouverture des flots de la mer Rouge, par effet de marée (basse) causé par la force d'attraction de la comète troublante. Le second passage explique le fameux « long jour de Josué », qui permet à celui-ci de défaire la totalité de ses adversaires : la comète a ralenti la rotation de la Terre – il a ainsi fait jour plus longtemps pour permettre à la bataille de se dérouler –, et la pluie de météorites de la queue de comète s'est abattue sur les adversaires de Josué. La comète devient ensuite, vers 800 avant notre ère, la planète Vénus...

Réfuter les théories de Velikovsky serait ici de peu d'intérêt : cela a déjà été largement fait outre-Atlantique, par exemple par l'astronome Carl Sagan (1934-1996) ou par Stephen Jay Gould, qui écrit un bref article, « Velikovsky in collision ». C'est plutôt sa démarche qu'il nous intéresse d'analyser à la lumière de l'alterscience – son instrumentalisation de la science à des fins religieuses et politiques.

*

Médecin de haut niveau s'intéressant à la psychiatrie, Velikovsky est un homme de science. De famille aisée, il évolue dans un monde international pendant ses études de médecine, faites à Montpellier, à Édimbourg, à Moscou et à Berlin. Résidant de 1921 à 1924 dans cette ville, il y lance une revue scientifique et érudite, *Scripta Universitatis Atque Bibliothecae Hierosolymitanarum*, sous les auspices de l'Université hébraïque de Jérusalem alors en gestation : en offrant les *Scripta* aux principales bibliothèques universitaires du monde, l'université hébraïque recevait en retour leurs revues et constituait ainsi un fonds documentaire pour sa bibliothèque. Les *Scripta* sont une revue de qualité, avec de prestigieuses signatures[1] : Velikovsky enrôle Albert Einstein pour superviser la section mathématiques-physique de la revue – cette période

1. En sus de la signature d'Einstein, on relève celle des mathématiciens Edmund Landau, Tullio Levi-Civita, Jacques Hadamard ou Harald Bohr.

correspond au ralentissement de la carrière scientifique d'Einstein et à son intérêt croissant pour le sionisme.

Velikovsky s'installe avec sa femme et ses filles en Palestine de 1924 à 1939. Il exerce à l'hôpital du Mont-Carmel à Haïfa la médecine et la psychiatrie ; éternel étudiant, il se forme à la psychanalyse en Europe, en 1930 à Zurich et en 1933 à Vienne, avec un élève de Freud. Praticien clinique, il est aussi chercheur et publie des articles dans des revues de psychiatrie : il émet l'idée que l'épilepsie peut être visualisée dans des encéphalogrammes – idée qui reste au fondement des diagnostics actuels[1].

*

Un des ressorts de la démarche de Velikovsky est justement d'*appliquer la psychanalyse* dans sa vision cosmologique. Reliant les récits bibliques à des événements réels, notamment à des perturbations cosmiques effectives (comme le passage d'une comète expliquant l'ouverture de la mer Rouge), il pense que ces événements catastrophiques ont eu un effet traumatisant sur l'humanité qui les a psychanalytiquement *refoulés*. Notre Terre a subi de telles violences cosmiques que personne ne *veut* s'en souvenir, ce que Velikovsky appelle « l'amnésie collective » :

> La tâche que j'eus à accomplir n'est pas différente de celle du psychanalyste qui à partir de souvenirs et de rêves dissociés reconstitue une expérience traumatique oubliée[2].

C'est une forme de légitimation par la science – en tout cas par la psychanalyse – que cherche Velikovsky ; mais c'est aussi le fondement de sa construction théorique. Il analyse selon la même grille l'opposition qu'il rencontre dans le monde scientifique : c'est la « peur enfouie[3] » de

1. Velikovsky I., « Über die Energetik der Psyche und die physikalische Existenz der Gedankenwelt », *Zeitschrift für die gesamte Neurologie und Psychiatrie*, vol. CXXXIII (14 janvier 1931) (en ligne sur Velikovsky Archive). On notera l'exergue à caractère scientiste à l'article – une phrase d'Alexis Carrel (en anglais) : « [...] *the science which will occupy the summit of the hierarchy of human knowledge, the science of thinking matter and energy* [...]. »
2. [V-JDL], préface 1950, p. 5 (ici traduction antérieure de 1951).
3. « The acceptance of correct ideas in science », Velikovsky Archive (non daté) http://www.varchive.org/ce/accept.htm.

la répétition de ces catastrophes qui empêche les chercheurs de prendre ses théories en considération.

Velikovsky présente de manière caricaturale la « science officielle », en indiquant que, si Newton et Darwin restent « sacro-saints » dans la science, alors son propre livre « est une hérésie[1] ». Il dépose très précocement un *affidavit*[2] de neuf pages sur ses « découvertes » à l'Académie nationale des sciences à Washington en novembre 1942. Ses références à l'histoire des sciences sont permanentes, mais dépassées : ignorant toute la géologie transformiste de Lyell et la science qui en a résulté, il s'inscrit, comme Hörbiger, dans le sillage du catastrophisme de Buffon et de Cuvier – manière aussi de se légitimer, avec de grands noms de la science. Son récit est rythmé par des interrogations successives :

> Se pourrait-il que la Terre, notre Terre, se rue, au risque d'une collision pleine de périls, vers une énorme masse de météorites, une traînée de pierres tournant à une vitesse vertigineuse à travers notre système solaire ? Sommes-nous fondés, sur la foi du Livre de Josué, à certifier qu'à une certaine date au milieu du deuxième millénaire avant notre ère, la rotation régulière de la Terre fut interrompue par une comète ? Pareille affirmation est chargée de tant d'implications qu'elle ne doit pas être faite à la légère[3].

Il mime ainsi le doute de la démarche scientifique, présentant ses convictions comme des hypothèses[4]. Son discours est à prétention démonstrative (« J'entends établir que... », « mon objectif sera de montrer, à partir de ces données ») autant que scientifique (« Le problème qui nous est posé est un problème de mécanique »). Par ailleurs, le catastrophisme engendre le catastrophisme, l'argumentation est circulaire – ainsi à propos de Vénus :

> Comment est-elle devenue une planète vers 800 avant notre ère ? [...]
> Quels sont les phénomènes qui provoquèrent des perturbations aussi

1. [V-JDL], p. 3.
2. http://www.varchive.org/ce/affidavit.htm.
3. [V-JDL], chapitre « Vénus I », p. 2 (1re citation) et p. 5 (2e citation).
4. C'est la même façon qu'a Vallée (chapitre VII) de présenter ses hypothèses farfelues de manière interrogative.

considérables de son mouvement, qu'elle se transforma en planète à orbite circulaire ?

À la théorie newtonienne, il substitue ainsi une catastrophe (Vénus viendrait d'on ne sait où il y a seulement mille ans), suivie d'une autre catastrophe amenant finalement au mouvement circulaire (ou plutôt elliptique). Velikovsky récuse par ailleurs toute théorisation et toute abstraction : « aucune formule ou aucun hiéroglyphe » ne viennent dans son ouvrage « se mettre en travers du chemin » (*stand in the way*) du lecteur. C'est l'impérialisme des faits : si, à l'occasion, l'évidence historique ne concorde pas avec les lois connues,

> il doit être rappelé qu'une loi n'est rien d'autre qu'une déduction faite de l'expérience, et qu'en conséquence ce sont les lois qui doivent se conformer aux faits, et non les faits aux lois[1].

*

Mettons en regard la démarche de Velikovsky avec celle des créationnistes. Ceux-ci, dans leur frange la plus radicale (YEC, *Young Earth Creationism*), s'intéressent principalement au livre de la Genèse – les sept jours de la Création et le Déluge. Il met en scène l'être humain générique, Adam et Ève ou le couple humain sauvé dans l'Arche de Noé, dans une période allant de 4 400 à 2 400 ans avant notre ère. Velikovsky s'intéresse, lui, au livre de l'Exode, donc à une période plus proche (qu'il date à 1250 avant notre ère) où ce n'est déjà plus l'homme générique, mais le peuple hébreu qui est en scène. C'est une des raisons du succès de Velikovsky : il est plus facile de s'identifier à l'être humain membre d'une société, à une période plus récente, qu'à l'homme générique qu'est Adam, qui apparaît par trop mythique et qu'on ne saurait expliquer que par... Dieu. Tandis que la société humaine de l'Exode, plus proche de nous, peut, elle, être ancrée dans la réalité et dans l'histoire, et ce grâce à... la science, telle que présentée par Velikovsky.

On voit apparaître là une seconde différence avec le créationnisme : l'idée de Dieu créateur n'intervient que peu chez Velikovsky. Certes, tous les dieux possibles et imaginables de toutes civilisations et religions, de

---

1. Velikovsky [1950], réédition Paradigma, 2009, préface, 1950, p. 19.

l'Antiquité au bouddhisme, sont convoqués dans le Panthéon de ses légendes, mais toujours à l'appui des mêmes événements (Exode, plaies d'Égypte, long Jour de Josué, etc.) : s'il va chercher dans les autres traditions mentions d'événements analogues, c'est pour mieux conforter ces épisodes d'histoire du peuple juif. Malgré l'omniprésence de Dieu ou des dieux, et des diverses traditions, dans son ouvrage, la référence à la Création est quasi absente chez Velikovsky. Si l'on pousse le trait plus loin, on pourrait lui faire dire, à propos de sa propre « Exposition du système du monde », ce que Laplace répondait à Napoléon au sujet de Dieu : « Sire, je n'ai pas eu besoin de cette hypothèse. » En revanche, il a la volonté d'ancrer les événements de l'Exode dans l'Histoire : ce ne sont pas des récits à caractère mythique ou légendaire, mais bien des réalités étayées par une théorie scientifique, aux yeux de son promoteur.

*

Ceci nous amène à une idée osée émise par un commentateur de Velikovsky : Duane Vorhees[1] parle de la « science juive » de Velikovsky. Cette appellation est bien évidemment différente de celle que lui donnent les nazis : elle n'a pas de connotation antisémite. C'est une science juive dans sa *conception* et non dans sa perception, qui pourrait constituer une clef de compréhension du personnage. Arguant avec raison d'une judéité profondément ancrée en Velikovsky, Vorhees le voit comme révélateur d'une histoire *attestée* du peuple juif, aux yeux de ce même peuple et aux yeux de l'humanité entière.

La gestation de cette *révélation* a lieu entre 1940 et 1950, au moment où ce peuple fait face au plus grand drame de son histoire, puis se reconstruit en terre d'Israël. Vorhees souligne d'ailleurs, citant l'historien anglais J. H. Plumb, qu'« en temps de guerre, il faut combattre aussi bien pour le passé que pour le présent – l'autorité, une fois installée, doit reposer sur un passé sûr et utilisable ». Cette science juive, cette conscience d'une histoire juive doivent servir de fondement, ou de

1. D. Vorhees est professeur de littérature et d'histoire américaines à l'Université du Maryland. Il a beaucoup étudié l'œuvre de Velikovsky et fait sa thèse de doctorat sur le sujet : *The « Jewish Science » of Immanuel Velikovsky : Culture and Biography as Ideational Determinants* (source http://www.velikovsky.info/Duane_Vorhees).

fondation, au peuple juif en Israël, à son histoire sur cette terre, et légitimer historico-scientifiquement le nouvel État aux yeux de tous.

Vorhees met aussi au compte de la « science juive » l'interprétation psychanalytique des événements historiques sur laquelle Velikovsky s'appuie. Il va plus loin encore quand, soulignant l'importance de la figure du père chez Velikovsky, il imagine que celui-ci est aux yeux de son père le Messie tant attendu des Juifs – d'où le prénom d'Immanuel qui lui est donné –, à tout le moins un prophète dont la mission est de révéler, à la lumière des événements de 1940-1950 (l'Holocauste, puis la création d'Israël en 1948), la vraie signification de l'Exode et de la marche vers la Terre promise.

Une autre caractéristique de la « science juive » de Velikovsky pourrait être celle de l'absence de la notion de Création, déjà soulignée. Nous proposons cela avec circonspection[1], mais il arrive que, dans certaines manières de pratiquer le judaïsme, l'attachement à la tradition prime sur l'idée de Dieu : Velikovsky veut inscrire son peuple dans l'histoire et dans la tradition, plus que le rattacher à Dieu – en ce sens, il pourrait s'inscrire dans cette même conception – celle pour laquelle la judéité (le fait juif) prime sur le judaïsme (la religion elle-même).

*

De manière étonnante et assez émouvante, Velikovsky entretient une correspondance soutenue avec Einstein après la parution de son ouvrage – c'est une caution à la fois *scientifique* et *juive* que Velikovsky recherche auprès de lui. Il avait fait lire son manuscrit à son ami des années berlinoises, et entre juillet 1946 et mars 1955 (un mois avant la mort d'Einstein), ce ne sont pas moins de quinze lettres échangées entre les deux hommes – dix lettres de Velikovsky et cinq réponses d'Einstein[2].

Les lettres de Velikovsky sont fort détaillées scientifiquement. Il émet une nouvelle idée selon laquelle le mouvement des astres n'est pas dû

---

1. D'autant que cet argument a pu être utilisé, de manière outrancière, par les pires antisémites (le Dieu des Juifs n'est pas le Dieu de la Création, c'est un dieu de boutique et de règles, avec un petit *d*, etc.). Voir article d'Henry Coston, *in* P.-A. Taguieff, *L'Antisémitisme de plume, 1940-1944*, Paris, Berg Éditeur, 1999 ; voir à ce propos Moatti [2007], p. 182-183.
2. Cette correspondance est consultable sur http://www.varchive.org/cor/einstein/index.htm.

qu'à leur masse, mais aussi au champ électromagnétique qu'ils rayonnent – il suppose les astres et planètes non neutres électriquement. Comme le souligne Gardner, c'est *après* la parution de son ouvrage, pour répondre à certains de ses contradicteurs, que Velikovsky avait eu l'idée de faire intervenir des forces électromagnétiques...

Non sans un certain culot[1], Velikovsky va même jusqu'à demander à Einstein si l'anomalie du périhélie de Mercure ne devait pas être expliquée par le champ magnétique solaire plutôt que par la relativité générale[2]. Il s'étonne aussi du fait que les physiciens fonctionnent avec des œillères – acceptant les propriétés électromagnétiques des astres pour les taches solaires, les rayons cosmiques ou les barrières magnétiques, mais les refusant pour le mouvement :

> Dès qu'on en arrive aux mouvements célestes, ils en restent aux conceptions d'avant Faraday, celles de Lagrange et de Laplace, et postulent une électricité stérile et un magnétisme impuissant qui n'agiraient pas à distance[3].

Einstein ne donnera évidemment pas raison à Velikovsky. Il lui indique que s'il rejette ses théories, ce n'est pas parce qu'il *suppose* que la gravitation est seule à l'origine des mouvements des planètes et des étoiles, mais parce qu'il prend en considération le *fait* que ces mouvements sont « calculés à un incroyable degré de précision » en faisant cette supposition :

> Face à des connaissances aussi précises, des spéculations comme les vôtres ne peuvent être prises en considération par un expert.

Manière habile, côté Einstein, de renverser la pseudo-épistémologie de Velikovsky : si, pour celui-ci, les faits priment sur les lois, eh bien oui, la concordance des calculs exécutés à partir de la théorie de la gravitation avec le mouvement effectif des planètes est bien un *fait*. Les réponses d'Einstein sont néanmoins empreintes de sympathie : il vante

1. L'explication par la relativité générale, en 1915, de l'anomalie du périhélie de Mercure fut le premier argument à l'appui de la théorie einsteinienne.
2. Lettre de Velikovsky à Einstein, 10 septembre 1952.
3. Lettre de Velikovsky à Einstein, 26 août 1952.

la qualité de son interlocuteur à aller chercher dans l'histoire l'origine des découvertes scientifiques – pour Einstein, les chercheurs ont trop souvent « mauvaise mémoire » et, « vivant trop dans le présent », ont tendance à considérer leurs idées comme nouvelles, au mépris de débats scientifiques antérieurs qui ont pu déjà écarter cette idée[1].

*

Cette proximité entre Einstein et Velikovsky est utilisée jusqu'à la corde par les actuels éditeurs français de ses ouvrages, Le Jardin des Livres. Ils indiquent, dans leur avant-propos, qu'Einstein, avant de mourir, relisait l'ouvrage de Velikovsky pour la troisième fois : « C'est le seul livre qu'on trouvera ouvert sur son bureau[2]. » Velikovsky est présenté comme « une union intime de Freud et d'Einstein », son œuvre comme l'alliance de deux principes contradictoires, l'irrationnel et le rationnel. La « censure phénoménale » qui s'est abattue sur l'œuvre de Velikovsky est d'ailleurs bien « la garantie absolue d'une œuvre immortelle ». Au même catalogue des éditions du Jardin des Livres on trouve *L'Erreur de Darwin*, *Souvenirs de l'au-delà* ou *Le Principe de Lucifer* : les livres de Velikovsky sont à présent clairement rattachés à l'occultisme et à l'ésotérisme, et trouvent leur place dans les circuits de diffusion correspondants, soit dans les librairies spécialisées, soit dans les rayons correspondants des librairies générales, de nos jours souvent plus fournis que les rayons consacrés à la science.

Mais ses idées, notamment celle d'univers électrique, apparaissent aussi dans la revue du CEP[3]. Le Cercle créationniste ne fait référence à Velikovsky que comme auteur d'un ouvrage « très controversé » : mais il reprend largement le texte d'un ingénieur disciple de Velikovsky, Wallace Thornhill (né en 1942), auteur avec David Talbott (né en 1942 lui aussi)

1. Lettre d'Einstein à Velikovsky, 22 mai 1954.
2. « Velikovsky et le paradoxe du 14 juillet », avertissement de l'éditeur de la seconde édition de *Mondes en collision*, Paris, Le Jardin des Livres, 2004. Le « paradoxe du 14 juillet » vise à expliquer la valeur de la vision globale de Velikovsky : c'est d'hélicoptère au-dessus des Champs-Élysées, et non sur le trottoir, que l'on a une vision du défilé militaire correspondant à sa réalité.
3. Wallace Thornhill, « L'Univers électrique », *Le CEP*, avril 2011, n° 55 (trad. fr. Claude Éon). Voir aussi le site www.thunderboldts.info de W. Thornhill.

d'ouvrages sur ce concept d'univers électrique[1]. Velikovsky, comme sa correspondance avec Einstein le montre, souhaitait remplacer la force de gravitation par la force électromagnétique : c'est celle-ci qui expliquerait le mouvement des planètes qui seraient d'énormes conducteurs électriques... Pour Thornhill, cette explication de l'Univers se substituerait alors à l'explication couramment admise du modèle standard, fondée sur le Big Bang, l'énergie de fusion et la force de gravitation :

> Les ingénieurs n'ont aucun mal à éclairer nos villes avec une énergie électrique [...] il ne vient jamais à l'idée des astronomes que la Nature utilise la même méthode simple pour éclairer les galaxies. Ils n'ont jamais considéré que les étoiles pourraient être un phénomène électrique cosmique, comme les lampadaires suivent le cours des lignes électriques.

Les idées fantasques d'un fondamentaliste juif sont ainsi recyclées, par le truchement (et une forme de *blanchiment*) de W. Thornhill, dans la vulgate d'un cercle créationniste intégriste aux idées fort imprégnées d'antijudaïsme. Deux milieux fort opposés sur le plan religieux exploitent la même théorie de l'univers électrique : ce n'est pas une des moindres curiosités de l'étude de l'alterscience que se trouver ainsi face à des apparentements terribles entre extrêmes – nous en avons vu ou en verrons d'autres entre idéologies tout aussi radicales qu'opposées.

1. L'association d'un scientifique (Thornhill) et d'un littéraire (Talbott) est souvent productrice de best-sellers dans le domaine de l'alterscience ou de la science-fiction – en témoigne aussi l'alliance Bergier-Pauwels.

Postures historiques d'opposition à l'institution scientifique

XI

Marat, esprit préscientifique

Jusqu'à présent, nous n'avons parlé d'*alterscience* qu'à partir du XXe siècle. C'est, en physique, le siècle de l'impact majeur des théories : relativité, quanta, physique statistique. C'est, en biologie, celui de la théorie néodarwinienne de l'évolution qui fait la synthèse entre l'évolution darwinienne et la génétique mendélienne. La théorie scientifique appelle la contre-théorie : elle attire l'alterscience, elle aussi construction théorique. Le XXe siècle est aussi celui des idéologies mises en pratique, et certains de leurs tenants utilisent la science à fins idéologiques.

Plus tôt, au cours des XVIIIe et XIXe siècles, la science dite *moderne* est en cours de formation, comme le sont ses institutions : la charnière entre les deux siècles est à cet égard une étape importante – période que Bachelard décrit comme celle de la *formation de l'esprit scientifique*. Aussi, comme nous l'avons dit, est-il moins significatif de parler d'opposition radicale et théorisée à la science quand cette dernière, aussi bien sur le fond que dans son fonctionnement, n'est pas encore établie. Cependant, à cette charnière des XVIIIe et XIXe siècles, au moment où se forment un esprit et un corps scientifiques, se révèle aussi une opposition virulente à l'institution de la science – au double sens du terme, l'acte (du verbe *instituer*) et l'entité (l'Académie des sciences ou l'École polytechnique, par exemple).

Au XVIIIe siècle, Marat, médecin avant la Révolution, est un exemple d'esprit préscientifique entrant dans une opposition virulente et théorisée à l'Académie, avec son pamphlet *Les Charlatans modernes*. Au début du XIXe siècle, les philosophes utopistes Saint-Simon et Fourier contestent eux aussi la prédominance de la physique ou le fonctionnement de l'Académie. Face à la théorie de Newton, ils ont une attitude ambiguë faite d'admiration et de mimétisme, mais aussi de dénigrement. Quant à Auguste Comte, de formation scientifique, il s'oppose à certains développements de la science de son temps et mène une charge violente contre les savants de l'Académie, accusés de ruiner sa carrière et ses idées. Indépendamment de l'œuvre de ces trois philosophes, on retrouve certaines prémisses de l'alterscience dans leurs diatribes contre la science exacte de leur temps et contre l'institution scientifique.

Un autre élément, d'ailleurs lié, amène à les prendre en considération : leur influence majeure dans les courants d'idées alterscientifiques des XXe et XXIe siècles, dont nous avons déjà donné certains exemples. Le positivisme comtien est générateur, en France notamment, d'un scepticisme des scientifiques à l'égard de l'idée de *théorie physique* : il offre, au XXe siècle, de nombreux arguments aux opposants à la théorie de la relativité. Il est aussi générateur, comme l'idée saint-simonienne du gouvernement des savants, d'un scientisme dans sa version forte – une religion de la science, un panscientisme : ce scientisme fort est à l'origine de courants d'idées contemporains comme le technofascisme (chapitre XVI) ou le transhumanisme. Ces mouvances ne s'opposent pas à la science, mais l'instrumentalisent à des fins idéologiques. Quant à Fourier, il peut être vu, à la suite de Rousseau et de Marat, comme la face cachée d'une science triomphante, celle de Condorcet ou de Saint-Simon. Il est l'un des premiers visionnaires d'une *écosophie*, c'est-à-dire d'une philosophie écologique opposée au développement industriel et scientifique. Sa vision sociale inspire le marxisme et il est précurseur des idées des néoanarchistes (chapitre XVII) : pour eux, comme pour Fourier, la science se développe mais elle reste « sourde aux cris des miséreux ». Bachelard nous convainc que « l'ancien doit être pensé en fonction du nouveau » : c'est cette même démarche que nous proposons ici pour analyser les filiations historiques des idéologies radicales autour de la science actuelle.

*

Qui donc est fondé en droit à dire qu'il connaît bien la personnalité philosophique, scientifique et politique de Jean-Paul Marat[1] *?*

La destinée de Jean-Paul Marat (1743-1793), dont le prénom comme le parcours avant la Révolution sont peu connus, ne laisse pas d'intriguer. Médecin donc scientifique de formation, physicien pendant une décennie, demi-savant en butte perpétuelle à l'Académie des sciences, vociférant contre elle et contre les savants qui lui sont contemporains, aigri, Marat a déjà une longue carrière derrière lui quand la Révolution éclate – il a 46 ans lorsqu'il devient, en 1789, publiciste (avec son quotidien *L'Ami du peuple* qui paraît de septembre 1789 à septembre 1792), puis homme politique avec la Montagne.

Le Marat d'avant 1789, médecin jusqu'en 1778, puis faisant ses expériences sur la lumière et l'électricité dans son cabinet de physique pendant la décennie suivante, a été étudié en tant qu'*homme de science*[2]. L'historien américain Robert Darnton l'incorpore à son étude de la bohème littéraire des ouvrages du XVIIIe siècle – on pourrait à cet égard parler pour Marat, comme pour d'autres, d'une *bohème scientifique*. Charles Gillispie, autre historien américain, le range avec Mesmer et son magnétisme animal dans la catégorie des *charlatans* : celui qui, selon l'étymologie italienne, parle avec emphase de ses remèdes et découvertes miraculeux. Pour un troisième historien américain, Arthur Molella, Marat comme Rousseau proposaient une vision scientifique alternative, que Molella qualifie de *science romantique*[3]. Gaston Bachelard, quant à lui, voit chez Marat un archétype de l'esprit *préscientifique*, celui d'avant la formation de l'esprit scientifique.

Bohème scientifique, charlatanisme, esprit préscientifique... Les qualifications ne manquent pas pour décrire l'activité scientifique de Marat. Sans que ce soit contradictoire avec ces qualifications, nous voyons chez Marat certaines caractéristiques annonciatrices de l'alterscience : remise en cause de la science qui lui est contemporaine, refus de l'abstraction mathématique, attaques personnelles virulentes... Sa

1. François Chèvremont, cité par Jacques de Cock [2003].
2. *Marat, homme de science ?* Bibliographie [BLP].
3. Molella *in* [BLP].

dérive idéologique sous la Révolution découle en partie de ses difficultés relationnelles dans le monde scientifique avant la Révolution, et de la frustration que cela crée en lui.

*

Un des moteurs essentiels de Marat est la recherche de la gloire – il exprime en permanence son souci de reconnaissance :

> Les vrais grands hommes n'aspirent qu'à la gloire et pas à la fortune : ils sont sans jalousie, sans intrigue, sans manège. Ils ne songent même pas à répandre leurs ouvrages, à propager leurs découvertes[1].

Il évoque sans vergogne son « amour de la gloire[2] » : on peut parler d'une *glorification de la gloire* chez Marat. Un des principaux reproches qu'il fait aux académiciens s'y rapporte : ceux-ci ayant déjà la gloire en tant qu'académiciens ne cherchent pas à l'obtenir en tant que savants. Et en négatif photographique des académiciens « engraissés par le Gouvernement » et « encensés par les trompettes de la renommée », bénéficiant d'une gloire indue, se dessine la figure du « vrai grand homme », celui qui aspire à la gloire comme savant, et non à l'or des prébendes académiques. Ces vrais grands hommes, tel lui-même, sont « sans intrigue, sans manège, sans jalousie ». Ils ne songent même pas à répandre leurs ouvrages, à propager leurs découvertes. La science avance grâce à ces « quelques hommes isolés que le ciel daigne de temps en temps donner à la terre », parmi lesquels il se range[3].

---

1. Marat [1791].
2. J.-P. Marat, *in Journal de la République française*, 14 janvier 1793, n° 98, cité par [BLP], p. 165. Roger Hahn, professeur d'histoire des sciences à Berkeley, émet l'hypothèse que la volonté de reconnaissance de Marat et son amour de la gloire sont exaucés pour lui au-delà de ce qu'il pouvait imaginer – figé qu'il est pour l'éternité « comme le martyr assassiné dans son bain, tel que David nous l'a représenté ».
3. « Jusqu'à moi tout ce qui avait paru sur l'électricité se réduisait à un ramas d'expériences isolées, compliquées, rentrant les unes dans les autres et éparses dans cinq cents volumes. Il s'agissait de tirer la science de cet affreux chaos. Je me renferme dans ma chambre obscure, j'ai recours à ma méthode d'observer, je rends visible le fluide électrique, je le compare au fluide du feu et au fluide de la lumière avec lesquels on l'a confondu... tout devient intuitif, la science se forme. Et [voilà] mis à jour le seul ouvrage méthodique, la seule théorie connue sur l'électricité. » Marat à son ami Roume, lettre du 20 novembre 1783, cité dans [BLP].

La figure du savant isolé est ainsi théorisée par Marat. Seuls les génies devraient pouvoir écrire la science ; car la multitude des autres qui se mêle de science, tels Lavoisier ou Condorcet, est faite d'hommes vains, attachés par amour-propre aux anciennes opinions, hors d'état de rien approfondir, presque toujours brouillés avec le *bon sens*. Cette multitude charlatanesque est nuisible à la science elle-même. Elle est nuisible pour le vrai homme de science, qui perd du temps « à se mettre à couvert de leurs erreurs », temps qu'il pourrait consacrer à « l'étude de la nature », c'est-à-dire à la vraie science. Elle est nuisible pour le public, et ce plus gravement que la charlatanerie ne l'est dans l'art ou la littérature – car en matière d'art « il y a la sanction du public », tandis qu'en science celui-ci « peut se laisser duper » :

> La manie [des littérateurs] est presque sans conséquence pour le gros des lecteurs ; en sciences tout lecteur qui n'est pas profondément instruit est fait pour être dupe [...]. Dans la littérature le charlatanisme n'a pas si beau jeu, le règne de l'erreur est de plus courte durée[1].

L'antienne d'une science en panne est aussi présente chez Marat. À l'opposé du « tableau des progrès de l'esprit humain » que brossait Condorcet, Marat voit plutôt un siècle d'errements :

> Peu à peu, les erreurs de Newton sont devenues celles de presque tous les physiciens du monde, et quand elles n'auraient fait qu'enchaîner les esprits, arrêter la marche du génie, retarder la connaissance des merveilles de la vision, un siècle entier, irrévocablement perdu pour les progrès de la science, ferait déjà matière aux plus vifs regrets[2].

*

C'est en opposition à Newton que s'oriente la brève carrière de physicien de Marat, qui s'étend sur une dizaine d'années, de 1779 à 1789, après celles de sa pratique médicale. Il s'adonne alors à de multiples expériences dans son cabinet de physique et publie successivement trois mémoires entre 1780 et 1782 : sur la lumière, sur le feu, puis sur l'électricité. Dans

---

1. Marat [1791] ; tout le paragraphe précédant la citation, y compris les noms de savants, correspond aux idées exposées par Marat dans cet ouvrage et à ses termes.
2. Marat, *Mémoires académiques*, p. 148 (cité par De Cock [2003], p. 1456).

son *Mémoire sur la lumière* (1780), il rapporte le résultat de deux cents expériences et remet en cause la théorie des couleurs de l'*Opticks* de Newton, regrettant qu'« un aussi beau génie ait perdu tant de temps à de si vaines recherches[1] » et parlant à une autre occasion

> de formules déduites d'observations mal faites et entassées pêle-mêle, qui sont érigées ensuite en un principe intangible[2].

Marat conteste chez Newton son expérience du prisme conduisant au fait que les différentes couleurs se réfractent différemment (réfrangibilité différentielle) – cette expérience est à la base de la théorie des couleurs. Il attribue ce résultat non à la réfraction par le prisme mais à la diffraction par l'orifice d'arrivée de la lumière[3]. Or Newton commençait justement, grâce à cette expérience, à expliquer la réfraction, alors que la diffraction était observée depuis longtemps mais très peu expliquée : il faudra pour cela attendre Augustin Fresnel en 1815. Attribuer en 1780, comme le fait Marat, un résultat d'expérience à la diffraction ne « mangeait pas de pain » et n'avançait à rien – puisqu'on ne savait justement pas expliquer la diffraction.

Certains défenseurs du Marat scientifique insistent, à juste titre, sur le respect qu'avait Marat pour Newton – cette ambivalence n'est pas pour nous étonner. Il n'est pas impossible d'ailleurs que la théorie proposée par Marat, la périoptrique[4], ou attraction de la lumière par les corps environnants, ne soit une amplification de la théorie (erronée, celle-là) de l'attraction de la lumière de Newton : la lumière, composée de corpuscules massiques, serait déviée par l'attraction newtonienne des corps l'environnant – ce qui expliquerait la diffraction. Or la diffraction s'expliquera vingt ans plus tard par le fait que la lumière est une onde

---

1. Marat, *Découvertes* [...] *sur la lumière, constatées par une suite d'expériences nouvelles qui ont été faites un très grand nombre de fois sous les yeux de MM. les commissaires de l'Académie des sciences*, Londres et Paris, 1780, 141 p. ; citation p. 77, donnée par De Cock [2003], p. 1441.
2. Marat, *Mémoires académiques*, p. 285 (cité par Gillispie *in* [BLP] [1993] – texte français original repris ici depuis De Cock [2003]).
3. Sur l'expérience de 1672 du prisme de Newton, voir par exemple Claude Guthmann, « Newton et la naissance de la théorie des couleurs », site BibNum, octobre 2010.
4. *Mémoire sur la lumière* : il contient en partie 1 : « Attraction de la lumière », et en partie 2 : « La périoptrique ».

et n'est pas composée de corpuscules massiques, contrairement à ce que pensait Newton.

Marat, basant toute sa théorie sur la « déviabilité des rayons lumineux » – au point que certains de ses thuriféraires voient en lui un précurseur de la déflexion des rayons lumineux de la relativité générale (Einstein 1915) –, pourrait ainsi avoir été plus *newtonien* que Newton, en allant jusqu'au bout de la théorie, même fausse, de ce dernier. Ses modèles « étaient naïvement newtoniens », écrit Gillispie : quant à Jean Bernard, il fait de Marat « un conformiste de l'anticonformisme[1] ».

Car finalement, Marat conteste *les expériences* de Newton et ses résultats (la réfraction prismatique, les anneaux irisés, l'explication de l'arc-en-ciel), aujourd'hui et dès l'époque incontestables, au nom même de la *théorie* qu'avait faite Newton de la lumière, celle des corpuscules massiques, qui allait être balayée par la théorie ondulatoire. Ainsi, Marat, redresseur de torts à l'égard de Newton, lui refuse la découverte effective de la réfrangibilité différentielle des rayons en tentant d'expliquer ce résultat par la théorie alors très fumeuse de la diffraction, liée à celle de l'attraction newtonienne de la lumière.

Contestant un résultat effectif au nom d'une théorie non étayée, Marat semble remettre Newton dans le droit chemin. Pratiquant avec Bachelard une *psychanalyse de la connaissance*, nous pourrions voir le même comportement de redresseur de torts à l'œuvre chez Marat pendant la Révolution. Si l'on n'invoque pas la psychanalyse, on peut dire que Marat a contesté Newton là où celui-ci avait raison, et s'est engouffré dans les erreurs de Newton.

*

Bachelard, qui ne donne d'ailleurs acte à Marat d'aucune contribution à la science, note, à partir de la comparaison que celui-ci fait entre la machine électrique et la pompe[2], que l'analogie est *première* pour l'esprit préscientifique : elle joue *avant* la théorie, visant à expliquer, et le fait mal. Alors que pour l'esprit scientifique, l'analogie intervient *après*,

---

1. [BLP], p. 161 : « Il tend à s'opposer systématiquement aux théories régnantes, se conduisant en quelque sorte en conformiste de l'anticonformisme, ce qui n'est peut-être pas la meilleure méthode pour progresser » (Pr Jean Bernard).
2. Bachelard [1938], à propos de *Mémoire sur l'électricité* (1782).

pour illustrer des notions abstraites, telles la différence de potentiel ou l'intensité en électricité.

Selon Bachelard, le danger des métaphores immédiates (au sens de *premières*) est qu'elles poussent à une pensée totalement autonome, en circuit fermé : « Elles tendent à se compléter, à s'achever dans le règne de l'image », et conduisent à une « inertie de l'esprit ». Chez les « auteurs de second ordre », tel Marat, cette inertie trouverait son origine dans un « besoin de vague » qui viendrait mettre du flou dans des connaissances à peu près vérifiées et établies. C'est « l'imprécision critiquant la précision[1] » : le vague veut en imposer au précis. Cette explication peut être transposée au *Mémoire sur la lumière* : Marat attaque des résultats à peu près établis depuis un siècle par Newton (la réfraction et les couleurs) pour les expliquer par du flou – celui de la diffraction, encore très mal expliquée de son temps.

Bachelard décèle aussi chez Marat, à travers ces manifestations, un manque de compréhension des travaux de Newton, accompagnée d'« un dédain des mathématiques » – il le cite :

> Ici paraissent, dans tout leur jour, l'abus de la science et la variété des spéculations mathématiques [...] pourquoi ont été prodigués tant d'efforts de génie, tant de formules bizarres, tant d'hypothèses révoltantes, tant de merveilleux, que pour mieux faire sentir l'embarras de l'auteur[2] ?

Et Bachelard de se demander si cet embarras n'est pas plutôt celui du lecteur qu'est Marat confronté aux formules mathématiques des écrits de Newton : « L'hostilité aux mathématiques est un mauvais signe quand elle s'allie à une *prétention* de saisir directement les phénomènes scientifiques[3]. »

*

Tout au long de sa décennie scientifique (1779-1789), Marat s'aigrit de voir ses idées non considérées. Dans *Les Charlatans modernes ou Lettres sur le charlatanisme académique* (1791), pamphlet épistolaire

1. Toutes citations de ce paragraphe : Bachelard [1938].
2. Marat, *Mémoires académiques*, 1788, p. 244 (cité par Bachelard [1938]).
3. Bachelard [1938]. Nous soulignons le mot *prétention*, car nous suggérons de le lire, comme c'est souvent nécessaire, dans son double sens.

adressé au lecteur, Marat se livre à une diatribe virulente contre l'Académie et la *science officielle*. Il retourne la flèche portée contre lui : les charlatans, ce sont eux, les académiciens, et non lui. C'est, sans doute, la première charge aussi lourde contre l'Institut créé par Colbert en 1666 – c'est en tout cas la première *théorisation* d'un dénigrement de l'Académie.

Ces académies sont « les enfants de l'orgueil de nos ministres et de nos rois », elles ne sont pour eux que de « beaux meubles » : les souverains, français mais aussi étrangers, sont les jouets des intrigants, philosophes ou savants, tous ces « fripons » qui les entourent : Frédéric II était dupe de Voltaire et de D'Alembert, Catherine II de Russie de Diderot et de Condorcet.

Le fait que Marat se soit mis à dos l'Académie est présenté par lui comme une réussite et le conforte dans sa vision de l'institution – il le voit aussi comme une preuve de la validité de ses résultats scientifiques :

> J'oserais me flatter de n'avoir pas manqué mon but, à en juger par l'indigne persécution que n'a cessé de me faire, pendant dix ans, l'Académie des sciences, lorsqu'elle se fut assurée que mes découvertes sur la lumière renversaient ses travaux depuis un siècle, et que je me souciais fort peu d'entrer dans son sein. Comme les d'Alembert, les Caritat, les Leroy, les Meunier, les Lalande, les Laplace, les Cousin, les Lavoisier, et les charlatans de ce corps scientifique voulaient être seuls sur le chandelier, et tenaient dans leurs mains les trompettes de la renommée, croira-t-on qu'ils étaient parvenus à déprécier mes découvertes dans l'Europe entière, à soulever contre moi toutes les sociétés savantes, à me fermer tous les journaux, au point de n'y pouvoir même faire annoncer le titre de mes ouvrages, d'être forcé de me cacher, et d'avoir un prête-nom pour leur faire approuver quelques-unes de mes productions ?

Car, c'est bien connu, la presse stipendiée favorise le despotisme des académies, « toujours occupées à persécuter les talents distingués qui les offusquent » et à « empêcher que les journaux annoncent d'autres parutions ».

*

L'attaque personnelle est pratiquée tout au long du pamphlet : Laplace ne devrait sa position qu'à « sa jolie moitié » ; l'astronome

Lalande, le premier à avoir fait des rapports circonspects[1] à l'égard de Marat, est d'une « galanterie grotesque », et les Parisiens se gaussent de ses prévisions météorologiques – lorsqu'il prédit du beau temps, ils prennent leur parapluie, et *vice versa* ; Condorcet est un « vil intrigant, bas valet de la Cour » et s'est « fait allouer 50 000 livres de pension ».

Mais Marat se déchaîne surtout contre Lavoisier, le « coryphée des charlatans » – c'est-à-dire le plus important des académiciens. Le thème classique du plagiat est joué sur de multiples variations. Lavoisier n'a pas d'idées en propre, il dévore celles des autres. Sa position à l'Académie lui permet de profiter des mémoires scientifiques qui y sont déposés ; ainsi devient-il aisément « le père putatif de toutes les découvertes qui font du bruit » :

> Quand il entend une découverte qui lui plaît, il en accroche ce qu'il peut, se met à brocher un mémoire, déraisonne sur le sujet, se contente d'y consigner les termes qui caractérisent la découverte, pour prendre date ; ensuite quand l'ouvrage réel paraît, il vient en disputer la paternité.

La métaphore de la girouette est appliquée à l'Académie elle-même : « Elle était avec Descartes contre Newton, maintenant c'est le contraire » ; elle est aussi appliquée à Lavoisier, « qui change de système comme de souliers ». Le reproche fait par Marat à Lavoisier de « s'engouer de phlogistique pour le proscrire immédiatement » est une remise en cause de la démarche scientifique elle-même : dans son raccourci caricatural, Marat dénigre l'évolution de la pensée de Lavoisier, d'abord acquis à la théorie chimique dominante du phlogistique (comme Marat et beaucoup de savants contemporains), avant de la réfuter expérimentalement, en niant l'existence du fluide dit phlogistique, et de fonder une nouvelle théorie chimique. Car l'iconoclaste remettant en cause la science officielle du phlogistique, c'est bien lui Lavoisier en ce cas, et le conformiste du phlogistique, c'est bien Marat !

*

1. Commission du 16 juin 1779, Lalande rapporteur pour l'Académie des sciences, cité par Gillispie [2004].

Marat est coutumier de l'attaque personnelle et de la vitupération, pas seulement dans le domaine scientifique, et pas seulement vis-à-vis de ses contemporains. Comme l'écrit Voltaire dans une critique acerbe d'un ouvrage de Marat, *De l'homme*[1], datant de la période où il était médecin : « Si M. J.-P. Marat traite mal ses contemporains, il faut avouer qu'il ne traite pas mieux les anciens philosophes. » Brissot de Warville (1754-1793), soutien scientifique de Marat avant la Révolution, puis son ennemi politique en tant qu'éminent Girondin (il est guillotiné sous la Terreur en octobre 1793), rappelle dans ses mémoires que Marat traitait « les Locke, les Malebranche, les Condillac d'hommes orgueilleusement ignorants, d'esprits bornés, fermés ». Ce à quoi Voltaire répondait qu'« on pouvait établir un système contraire au leur sans les injurier, parce que des injures ne sont des raisons ni en physique ni en métaphysique[2] ».

La critique de Voltaire portait en fait sur une des théories de Marat, celle du suc nerveux, « lien de communication entre les deux substances du corps et de l'âme ». Voltaire doutait du caractère effectif de cette découverte, et – positiviste avant l'heure – suggérait à Marat de lui montrer, afin de n'en pas douter, « ce suc nerveux qui sert de médiateur à l'esprit et à la matière ». Surtout, Voltaire reprochait à Marat, dans sa « péroraison », qui annonce une « parfaite connaissance de l'homme » mais où l'« on est fâché de ne trouver que ce qui a été répété depuis trois mille ans », de s'écarter de son sujet en prenant à partie certains philosophes avec de mauvais arguments. Chez Voltaire, la critique contemporaine de Marat vise à la fois la théorie scientifique fumeuse (celle du suc nerveux) et l'utilisation d'arguments non scientifiques à l'appui de la théorie (le dénigrement par Marat des philosophies de Locke, etc.). Comme l'écrit Voltaire :

---

1. Marat, *De l'homme ou Des principes et des lois de l'influence de l'âme sur le corps et du corps sur l'âme*, 1775-1776 ; 3 volumes de 325, 380 et 220 pages.
2. *Mémoires relatifs à la Révolution française. Mémoires de Brissot sur ses contemporains et sur la Révolution française*, Paris, Ladvocat, 1830, tome second, p. 6 (Google Books). Brissot fait ici référence à une polémique entre Marat et Voltaire à propos du livre de Marat *De l'homme ou Des principes et des lois de l'influence de l'âme sur le corps et du corps sur l'âme* (1775). Voir Voltaire, *Observations sur le livre intitulé* De l'homme, etc. (Google Books, *Œuvres complètes* de Voltaire, Mélanges littéraires, second volume, Bruxelles, Ode & Wodon, 1828, p. 95-104).

Rien ne discrédite plus un système de physique que de s'écarter ainsi de son sujet. Il ne faut pas sortir à tout moment de sa maison pour s'aller faire des querelles dans la rue.

*

La théorie du complot point chez Marat : c'est justement le complot des philosophes, qui dépasse de loin sa propre personne. Seuls Montesquieu et Rousseau trouvent grâce à ses yeux ; il les vénère et honnit les autres, de Locke à Voltaire. Dans une longue lettre de 1783 à son ami Roume de Saint-Laurent[1], on peut lire, à propos des « noires manœuvres des philosophes » :

> Chaque jour ils se multiplient ; ainsi répandus sur la face de la terre entière, quelle redoutable confédération ne formeront-ils pas ? Confédération d'autant plus redoutable qu'elle serait invisible ; car n'ayant aucune marque extérieure qui les distingue, ils peuvent sans être connus remplir tous les ordres de la société, compagnies savantes, universités, tribunaux, conseils des princes [...]. Quels maux n'ont-ils pas déjà faits ? Quels maux ne feront-ils pas encore ! S'ils viennent un jour à concevoir des projets ambitieux, à porter leurs vues sur les affaires politiques, au moyen de leurs créatures bientôt instruits de tout ce qui se passe dans les cabinets, qui pourra les empêcher d'agiter les gouvernements, de bouleverser les États ?

Cette diatribe sur une prise de pouvoir par les philosophes ne laisse pas d'étonner quant à la vision par Marat de ce qu'on appelait déjà à l'époque la philosophie des Lumières. C'est un discours peu visionnaire : de fait, six ans plus tard, la Révolution française, dont Marat sera un acteur majeur, consacrera la philosophie des Lumières. Mais, surtout, on peut considérer ce discours comme opposé aux Lumières, voire, en jouant à dessein sur les mots, comme celui d'un *illuminé* (au sens donné à ce mot dans la théorie du complot), à la raison et au regard aveuglés par les Lumières. Comme si les Lumières avaient eu, elles aussi, leur

1. « Lettre de M. Marat qui contient le récit de ses transactions dans les différentes sciences où il a porté la Lumière et la Vérité », 20 novembre 1783, reproduite dans De Cock [1993]. Il s'agit d'un long plaidoyer de Marat à propos de ses recherches, missive à caractère scientifique destinée à être présentée pour l'obtention de la direction du projet de la future Académie des sciences de Madrid, qu'il n'obtiendra pas.

face cachée, ouvrant dans les domaines littéraire, philosophique et scientifique, les vannes d'une péroraison, d'une péri-raison, dont Marat ne serait qu'un des exemples, parmi les plus significatifs.

*

Jean-Jacques Rousseau, l'autre Suisse ayant inspiré la Révolution, est à relire à la lumière de son influence sur Marat. Ce dernier voyait en Rousseau « [s]on ami, [s]on maître », de réputation éternelle. Marat l'enjoint de lui prêter sa plume, son talent enchanteur, ses accents sublimes. On connaît l'influence qu'a eue le *Contrat social* sur les révolutionnaires jacobins, et donc sur Marat. Mais l'influence de Rousseau sur Marat n'est pas seulement politique : leurs visions de la science présentent aussi de nettes similitudes.

Le texte présenté par Rousseau avec succès au concours de l'Académie de Dijon en 1750, *Discours sur les sciences et les arts*, est un jalon important dans l'histoire de l'opposition à la science. Selon Rousseau, la science est fille de l'oisiveté et la petite-fille de la richesse. L'astronomie est née de la superstition – il fait sans vergogne un raccourci entre astronomie et astrologie. Les mathématiques, quant à elles, sont nées de « l'avarice » et la physique « d'une vaine curiosité ».

> L'étude des sciences est bien plus propre à amollir et efféminer les courages, qu'à les affermir et les animer.
> La science n'est bonne à rien, et ne fait jamais que du mal, car elle est mauvaise par sa nature.
> Peuples, sachez donc une fois que la nature a voulu vous préserver de la science, comme une mère arrache une arme dangereuse des mains de son enfant ; que tous les secrets qu'elle vous cache sont autant de maux dont elle vous garantit[1].

Rousseau a par ailleurs une vision élitiste de la pratique de la science, car celle-ci « n'est point faite pour l'homme en général[2] » : elle doit être réservée à quelques esprits géniaux, très peu nombreux, capables de marcher « seuls sur leurs traces », capables de résister à la bêtise de la vanité, à la jalousie et aux autres basses passions

1. Citations de Rousseau [1750], sauf la deuxième, Rousseau [1753].
2. Rousseau [1753].

qu'engendre le goût des lettres. On retrouve cette dialectique chez Marat et son « homme isolé », son « vrai grand homme », le seul susceptible de faire avancer la science – car « seuls les génies devraient pouvoir écrire ». Les autres perdent leur temps à l'étude et en oublient leurs devoirs civiques, politiques, voire religieux :

> Nous avons des physiciens, géomètres, chimistes, astronomes, poètes, musiciens, peintres ; nous n'avons plus de citoyens.
> Le charme de l'étude rend bientôt insipide tout autre attachement.
> Nous sommes tous devenus docteurs, et nous avons cessé d'être chrétiens[1].

*

Ces idées de Rousseau sont à mettre dans le contexte d'époque d'opposition à une science expérimentale naissante : le savant commence à manipuler des objets et des corps, en physique, en chimie, et ne se contente plus de l'observation (l'astronomie) ou de la « géométrie » (les mathématiques). Il s'oppose à une forme de science officielle, celle des cabinets de curiosités, des salons mondains ou « efféminés ». Certains historiens des sciences ont souhaité, dans ce contexte, relativiser la portée anti-scientifique des écrits de Rousseau en rappelant qu'il pratiquait lui-même la science, notamment la botanique, à ses heures perdues[2]. Il n'en reste pas moins que son discours d'opposition à la science est fort, émanant de quelqu'un, justement, à qui la science n'est pas totalement étrangère.

On voit ainsi se dessiner une critique de la science – notamment d'une science prétendument *officielle,* et l'esquisse d'une autre vision de la science. Rousseau et Marat, contre Condorcet et Lavoisier : l'histoire du développement de la science et de la technique est marquée par l'opposition entre ces deux tendances – celle de Rousseau inspire dès le début du XIXe siècle le romantisme. Comme l'indique Daniel Boy, « les arguments de Rousseau sont, il est vrai, ambigus. Mais, en fin de compte, la querelle qu'il mène contre la science et les arts trace l'un des champs de bataille sur lequel partisans et adversaires du progrès s'affronteront ».

---

1. Première citation de Rousseau [1750], deuxième de Rousseau [1753], troisième issue de Rousseau, *Réponse au roi de Pologne, duc de Lorraine, ou observations* [...] *sur la Réponse qui a été faite à son Discours.*
2. Bensaude-Vincent et Bernardi (dir.), [2003].

Chez Marat, le disciple de Rousseau, il n'y a pas ambiguïté. Faisant de la mauvaise physique, critiquant la bonne sans vraiment la comprendre, attendant les éclairs du génie dans sa solitude romantique, s'attaquant aux institutions scientifiques, théorisant ses reproches à leur égard, imbu de lui-même, aigri, vociférant, maniant en permanence l'attaque personnelle, il est finalement en route vers une dérive idéologique dont il donne une clef, quatre mois avant sa mort violente :

> Vers l'époque de la révolution, excédé des persécutions que j'éprouvais depuis si longtemps de la part de l'Académie des sciences, j'embrassai avec ardeur l'occasion qui se présentait de repousser mes oppresseurs et de me mettre à ma place[1].

1. Marat, *Le Publiciste de la République française*, 19 mars 1793, cité par J.-P. Poirier, [BLP].

XII

Saint-Simon, Fourier et le newtonisme social

On connaît les constructions théoriques faites au nom de Darwin, celles du « darwinisme social », qui mène à l'eugénisme. On connaît moins celles du « newtonisme social » : elles sont pourtant au fondement des utopies du début du XIXe siècle, celles des philosophes Saint-Simon et Fourier. L'idée de ces philosophes est de transposer au monde humain l'harmonie du monde céleste, mise en équations par Newton à la fin du XVIIe siècle.

Cette possible harmonie du monde humain est un beau projet de société. Réfléchissant à l'amélioration du sort des classes ouvrières à la suite de la première révolution industrielle – celle de la machine de Watt de 1775 –, les deux philosophes français sont à l'origine de la notion de socialisme. Ils ont inspiré de nombreux courants d'idées jusqu'à nos jours : Saint-Simon un courant industrialiste social, celui d'une France d'ingénieurs – Fourier, à la pensée plus radicale, a inspiré Marx d'une part, le surréalisme et le mouvement de Mai 68 d'autre part.

Les deux prophètes ne sont pas scientifiques, loin s'en faut, mais ont une fascination pour la science, notamment celle de Newton ; par ailleurs leurs idées fascinent des « hommes de science » du XIXe siècle, notamment des polytechniciens. Ce rapport particulier de Saint-Simon et de Fourier à la science nous amène à les étudier à la lumière de l'alterscience, en concordance avec certains de ses critères (leur instrumentalisation de la physique, leurs dérives vers une contestation radicale de la science et de ses institutions) et en essayant de comprendre à sa source leur influence rémanente dans des mouvements d'idées actuels radicaux autour de la science (par exemple celle de Fourier chez certains mouvements écologistes ou anarchistes).

*

Les premiers écrits de Claude Henri de Rouvroy de Saint-Simon (1760-1825), sous l'Empire, sont fortement marqués par la science : comme l'écrit Jean Servier, « il veut démontrer que tout relève de la gravitation universelle[1] ». Dès son premier écrit (*Lettre d'un habitant de Genève à ses contemporains*, 1802), il enjoint ses concitoyens d'« ouvrir une souscription devant le tombeau de Newton ». Dans la « Lettre à Sa Majesté l'Empereur » ouvrant son *Travail sur la gravitation universelle* (1813), il déclare :

> J'ai donné à cette première ébauche de mon projet de réorganisation de la société européenne le nom de : TRAVAIL SUR LA GRAVITATION UNIVERSELLE, parce que c'est l'idée de la gravitation universelle qui doit servir de base à la nouvelle théorie philosophique [...]. Le seul moyen pour réorganiser le système de nos connaissances est de lui donner pour base l'idée de gravitation, qu'on l'envisage sous le rapport scientifique, religieux ou politique.

La science, à travers l'idée de gravitation, est très imbriquée chez Saint-Simon à la religion. Dans le plan de ses travaux, après avoir annoncé « une théorie scientifique générale basée sur l'idée de la gravitation universelle considérée comme loi générale[2] », il soumet sa future théorie à Dieu : cette loi générale de la gravitation, « unique et immuable », est celle « à laquelle Dieu a soumis l'Univers, et par laquelle il le gouverne ». On l'oublie souvent, la pensée de Saint-Simon, comme celle de Fourier d'ailleurs, n'est pas athée mais au contraire profondément religieuse. Cet oubli s'explique par le fait que ces pensées sont souvent invoquées par des courants d'idées laïques, qui ont totalement gommé cet aspect. Saint-Simon proposera même à la fin de sa vie un « nouveau christianisme », sur la base d'une pensée profondément

1. [1982], p. 235.
2. [MSH], p. 246.

théiste. On peut même se demander, avec plusieurs commentateurs, s'il a intégré la philosophie de la science moderne, qui depuis Galilée cherche à expliquer le monde par des causes naturelles. Comme le dit Beecher à propos de Fourier – et ceci s'applique à Saint-Simon –, il en est resté à une vision de la science plus scolastique et médiévale que moderne. Il n'est d'ailleurs pas sûr qu'ils aient réellement compris la théorie newtonienne, dont ils usent et abusent.

*

La science chez Saint-Simon est aussi très imbriquée à la politique. En 1808, l'Empereur est pour lui « le chef scientifique de l'humanité, comme il en est le chef politique[1] ». Non sans flagornerie, il veut « faire faire à la science un pas napoléonien[2] », et annonce à propos de sa future théorie :

> J'ai conçu un projet dont l'exécution couvrira de gloire la Nation française. Sa rivale [NB : la Grande-Bretagne] sera forcée de reconnaître que la France mérite le titre de grande nation, et qu'elle est digne de marcher sous les ordres du grand NAPOLÉON[3].

Cette théorie à venir s'inscrit dans une vision historico-politique. Saint-Simon promeut, après les Lumières, une refondation de la connaissance : selon lui, si l'on a mis au XVIIIe siècle « les questions les plus abstraites à la portée de tout le monde[4] », c'était une bonne chose, qui avait permis « aux savants » d'amener la Révolution, car l'éducation des peuples les amène à une prise en charge de leur destin. Mais, au sortir de cette Révolution, le temps est venu de « travailler à la réorganisation du système [...] des idées[5] ». Cette réorganisation de la connaissance se fait dans une certaine idée d'ordre, certes épistémologique mais aussi moral et politique. Auguste Comte, un temps secrétaire de Saint-Simon, poussera à l'extrême cette idée de la réorganisation des connaissances.

1. [ITS], avant-propos, p. 61.
2. [ITS], avant-propos, p. 61.
3. [ITS], avant-propos, p. 57.
4. [MSH], préface, p. 19.
5. [MSH], préface, p. 19.

Inversement, dans ses curieux allers-retours entre politique et « théorie scientifique générale », Saint-Simon met en correspondance chronologique la science avec l'histoire :

> Les révolutions scientifiques suivent de près les révolutions politiques. Newton a trouvé le fait de la gravitation universelle peu d'années après la mort de Charles Ier. Je prévois, je pressens, qu'il s'opérera incessamment une grande révolution scientifique[1].

Comme la révolution anglaise – et la décapitation de Charles Ier en 1649 – a donné naissance aux théories de Newton et de Locke, la Révolution française donnera elle aussi naissance à de grands penseurs, tels que lui. Les communistes soviétiques auront une lecture analogue de l'histoire dans les années 1920 : la révolution scientifique de la nouvelle physique (relativité générale, théorie des quanta) accompagne la révolution communiste. C'est l'heure des temps nouveaux, des lendemains qui chantent, en politique comme dans la science. À l'inverse, les créationnistes géocentristes, contre-révolutionnaires, voient dans la révolution copernicienne l'annonce des déplorables révolutions politiques et morales qui la suivent.

*

Après la religion et la politique, le troisième barreau du trépied saint-simonien est celui de la science elle-même. Saint-Simon ambitionne de bâtir cette « science de l'homme » annonciatrice des sciences humaines et des sciences de la vie. Louable ambition, mais accompagnée d'une forte opposition à la science existante (la science dure). Fallait-il, pour diffuser ses idées, marquer si violemment cette opposition, tout en flattant l'Empereur dont chacun savait l'attirance pour la science ? La référence permanente à Newton s'expliquerait alors pour « attirer le chaland », et en premier lieu Napoléon : si celui-ci était attiré par la science de Laplace ou de Volta, pourquoi ne le serait-il pas par celle de Saint-Simon ? Ceci expliquerait aussi comment, dans les mêmes écrits, Newton est critiqué pour n'avoir pas « cultivé la science générale[2] » – culture

1. [ITS], avant-propos, p. 57.
2. [ITS], chapitre 14, « Sur l'unité de cause », p. 217.

que Saint-Simon se propose d'entreprendre : une fois le chaland attiré avec l'harmonie newtonienne, on lui fait comprendre l'ampleur de la tâche encore à accomplir pour fonder « la science de l'homme » et aboutir à l'harmonie humaine.

La science exacte sert ainsi en permanence de référent aux philosophes utopistes. À un moment où sous l'Empire la science est une valeur forte, portée au pinacle, il devient naturel, voire intéressant, de l'utiliser dans des discours non scientifiques... la brèche s'ouvre, chez les philosophes notamment. Finalement le « newtonisme social », invoqué en France par Saint-Simon et Fourier, ne serait-il pas le premier avatar, l'ancêtre primitif d'une spécificité assez française, celle de l'utilisation abusive d'analogies scientifiques par certains philosophes, ce que Sokal et Bricmont ont appelé des *Impostures intellectuelles* ?

Saint-Simon est ainsi fortement ambivalent vis-à-vis de la science. Fasciné par ses résultats (ceux de la mécanique céleste avec Newton et Laplace notamment), il a besoin de cette légitimation par la science. Mais, considérant sa propre vision comme supérieure, il dénigre – déjà à l'époque, et déjà en termes virulents – une certaine prédominance sociétale de la science, qu'il voit dominée par la physique et les mathématiques.

*

Concernant ces dernières,

> il est important pour le bonheur de la société de diminuer le degré de considération dont la mathématique jouit en ce moment[1].

Car, selon lui, géomètres (c'est ainsi qu'on désignait les mathématiciens à l'époque) et physiciens ont pris trop de place dans le gouvernement des hommes. Monge et Laplace ne sont-ils pas très proches de Napoléon ? Laplace n'est-il pas influent membre du Sénat, après avoir été ministre pendant quelques semaines ? Quelle philosophie ces savants, pourtant proches du pouvoir, ont-ils à nous proposer ? Aucune. Si l'on doit bâtir l'harmonie humaine et sociale, ce sera certes en s'inspirant de ce qu'ils ont fait pour l'harmonie céleste, mais ce sera

1. [TGU], deuxième mémoire, deuxième partie, troisième section, p. 225.

sans eux, voire contre eux puisqu'ils détiennent des postes clefs sans rien proposer. L'harmonie humaine doit se construire comme l'harmonie céleste mais *contre* elle.

Saint-Simon s'élève contre les géomètres, « tristes calculateurs enfermés derrière un rempart d'*X* et de *Z*[1] », ainsi que contre les physiciens, qu'il désigne joliment sous le nom de « brutiers[2] » – ceux qui s'occupent de la science des corps bruts ou inorganiques (les planètes, la Terre, les machines, la matière, etc.), par opposition aux « physiologistes » qui s'occupent des corps vivants et de la « science de l'homme » :

> Brutiers, infinitésimaux, algébristes et arithméticiens, quels sont vos droits pour occuper dans ce moment le poste d'avant-garde scientifique ?

Saint-Simon avait prévenu : il allait procéder à une « attaque directe », « donner l'assaut ». Il va plus loin encore quand il rend ces savants, dont l'Empereur a truffé le Sénat (tel Laplace), responsables de la guerre napoléonienne qui embrase l'Europe en ces années 1810 :

> Toute l'Europe s'égorge. Que faites-vous pour arrêter cette boucherie ? – Rien. – Que dis-je ? C'est vous qui perfectionnez les moyens de destruction [...] dans toutes les armées, on vous voit à la tête de l'artillerie ; c'est vous qui conduisez les travaux pour l'attaque des places.

Déjà à cette époque, en tout cas aux yeux de Saint-Simon, la science a partie liée avec la guerre : embryon de la dénonciation d'un lobby militaro-scientifique qui sera amplifiée au XXe siècle ? Cette vision de la science intimement mêlée à la politique est si ancrée chez Saint-Simon qu'il souhaite remplacer les « brutiers » par les physiologistes ou savants de la « science de l'homme », dont il estime faire partie. Seuls ceux-là, qui ont « la connaissance de l'homme », peuvent « rétablir la paix », et il lance aux physiciens, dans une injonction mêlant indistinctement science et politique : « Quittez la direction de

1. [MSH], préface, p. 31. Les *X* et les *Z* font référence aux variables mathématiques dans une équation.
2. Saint-Simon [MSH], préface, p. 29. Saint-Simon commente ce néologisme par une note de bas de page : « La désinence naturelle aurait donné *brutaux*, mais cette expression aurait entraîné une équivoque qui aurait pu me faire soupçonner d'avoir l'intention de dire une grossièreté. »

l'atelier scientifique [...]. Quittez la présidence, nous allons la remplir à votre place[1]. »

*

Le philosophe prône une suprématie des sciences de la vie et des sciences de l'homme. L'harmonie sociale et humaine passe par la reconnaissance de ces sciences en tant que telles : que la méthode et l'organisation des sciences exactes leur soient apportées, et elles produiront les mêmes résultats. D'ailleurs, si les *brutiers* doivent céder la place aux *physiologistes*, c'est aussi parce que « depuis longtemps ils ne découvrent rien d'important[2] » – un peu comme si la science physique était terminée.

Et Saint-Simon d'échafauder une comparaison de ces deux tendances à travers les âges. Dès l'Antiquité, d'un côté la médecine ; de l'autre l'astronomie. D'un côté Locke ; de l'autre Newton. D'un côté la mathématique « transcendante », la logique, la « science des comparaisons[3] » ; de l'autre la « basse mathématique », le calcul infinitésimal, l'algèbre. Finalement, arrive son époque, avec la même dichotomie : d'un côté les physiologistes, de l'autre les *brutiers*.

Quant à Newton, son modèle avec lequel il avait déjà pris ses distances, Saint-Simon lui donne le coup de pied de l'âne, en l'accusant de plagiat, ou de quasi-plagiat :

> Nous prouverons que l'idée de la gravitation n'a été que le résumé des idées de ces cinq grands hommes [Copernic, Képler, Galilée, Huyghens et « le grand Descartes »], et que si Newton se présente à l'imagination comme d'une taille colossale, c'est qu'il se montre à nous monté sur les épaules de cinq géants chevauchés[4].

Newton, le plus brillant et le plus admiré des *brutiers* de tous les temps n'a pas lui-même « su généraliser ni coordonner ses pensées[5] » ; il n'a pas « cultivé la science générale ». Comment les *brutiers* actuels,

---

1. [MSH], préface, p. 31.
2. [MSH], préface, p. 29.
3. Ces trois termes sont ici connotés positivement, marquant à nouveau la fascination de Saint-Simon pour ce que ces termes scientifiques sous-tendent à ses yeux.
4. [TGU], deuxième mémoire, deuxième partie, première section, p. 221.
5. [ITS], Mon portefeuille, 1re division, n° 2, « Sur Newton », p. 161. On retrouve chez Fourier des allégations analogues, comme : « Newton, à ce qu'on assure, ne dut qu'à

les newtoniens, de loin plus médiocres que le maître, pourraient-ils alors le faire ? En tout état de cause, « l'influence exercée par les mânes de Newton est très nuisible aux progrès de la science ».

*

L'utopie saint-simonienne a rallié à elle des esprits scientifiques, ingénieurs polytechniciens notamment, dont le plus connu est Barthélemy Prosper Enfantin, dit le père Enfantin (1796-1864). Le saint-simonisme pèsera d'ailleurs plus par ses disciples que par son fondateur – ce sont les ingénieurs saint-simoniens qui développent la doctrine de Saint-Simon après la mort du maître. Imbibés par la science, à la différence de Saint-Simon, ils seront moins ambivalents vis-à-vis d'elle, mais l'utiliseront eux aussi de curieuse manière. Le document *Journal des saint-simoniens* (1832), recueil de manuscrits écrits lorsqu'ils sont reclus à Ménilmontant, fait la part belle à deux éléments jugés essentiels, formule et forme, « qui doivent servir à l'édification de la science générale, de la théologie nouvelle » :

> Se REPRÉSENTER la forme d'un OBJET par une formule RATIONNELLE, et réciproquement se rendre RAISON d'une forme MATÉRIELLE par la formule RATIONNELLE correspondante[1], telle doit être depuis Descartes la définition la plus élevée du véritable ESPRIT SCIENTIFIQUE. Notre œuvre aujourd'hui doit consister dans l'application de l'algèbre et de la géométrie à la MORALE : c'est-à-dire dans l'établissement de notre DOGME trinaire sous ses trois aspects formule, forme, et SENTIMENT.

Ces deux éléments, forme et formule, doivent « être élevés à une puissance morale qui leur manque » – l'expression *élevés à la puissance*, expression mathématique, n'est pas choisie au hasard. Ils poursuivent ainsi :

> Alors la science des formules et celle des formes, que je nomme généralement ici ALGÈBRE et GÉOMÉTRIE, mais qui renferme, d'une part, toutes

un coup fortuit, à la chute d'une pomme, le calcul de la gravitation, que Pythagore avait effleuré et manqué vingt-cinq siècles auparavant » ([TADA], t. 1, avant-propos, p. xxvii).

1. Autrement dit, de manière abusivement simplifiée : voir dans un cercle réel sa formule mathématique, et voir dans sa formule un cercle.

les connaissances métaphysiques, de l'autre, toutes les expériences physiques, c'est-à-dire toutes les sciences qui correspondent, les unes à ce que nous nommons le point de vue physiologique ou humain, ou du PETIT MONDE, les autres au point de vue astronomique, extrahumain, du GRAND MONDE, alors, dis-je, l'ALGÈBRE et la GÉOMÉTRIE auront revêtu un caractère VIVANT, POÉTIQUE, RELIGIEUX dont l'absence est, sous tous les rapports, sensible aujourd'hui, non seulement par l'ANARCHIE qui règne entre les RECHERCHES et les PRODUITS de la science, mais par celle qui divise les savants eux-mêmes.

Enfantin, comme Comte le fera de manière lancinante, déplore la désunion des sciences, « si anarchique, si athée », les « travaux spéciaux » de « la masse des savants », non rattachés les uns aux autres. Les mathématiciens ignorent qu'une *analogie* d'identité « existe entre leurs procédés de calcul ou de raisonnement, et la métaphysique ». L'argumentation – simplement esquissée ici – est plus approfondie que chez Saint-Simon : l'amour de la science chez ces ingénieurs et savants saint-simoniens, tous hommes de science, préfigure à leur corps défendant le scientisme, qui dans sa version forte érige la science en valeur suprême et veut en faire le principe de gouvernement des hommes.

*

J'ai dû cette étonnante découverte au calcul analytique et synthétique de l'attraction passionnée que nos savants n'avaient pas jugée digne d'attention, depuis deux mille cinq cents ans qu'ils l'étudient. Ils ont découvert les lois du mouvement matériel ; cela est beau, mais ne détruit pas l'indigence. Il fallait découvrir les lois du mouvement social. Leur intervention va conduire le genre humain à l'opulence, aux voluptés, à l'unité du globe[1].

Cette citation de Charles Fourier (1772-1837) résume bien l'ensemble de son œuvre foisonnante et permet de se la rappeler : outre la désignation de sa théorie (l'attraction passionnée), y figurent en filigrane sa fascination

1. Fourier, article « Harmonie universelle », *Bulletin de Lyon*, 3 décembre 1803, reproduit en appendice à Charles Fourier, *Théorie des quatre mouvements et des destinées générales*, suivi du *Nouveau monde amoureux*, Dijon, Les Presses du réel, 1998. Cité aussi dans Beecher [1993].

de la science (la beauté du calcul mathématique ou des lois de Newton du mouvement matériel), sa vision de l'oppression sociale (il déplore l'indigence), ses futures théories très ouvertes sur la sexualité (les « voluptés »), voire sa vision écologique avant l'heure (sa mention du « globe »).

La pensée de Fourier est fort complexe, et pour tout dire totalement délirante dans certains de ses écrits[1] : s'il a fortement influencé Marx par sa vision d'oppression de la classe ouvrière par la société industrielle, il a aussi largement inspiré André Breton et le surréalisme, et avec eux le mouvement de Mai 68[2]. Les polytechniciens fouriéristes du XIXe siècle, par exemple Victor Considerant ou Abel Transon, ont gommé cet aspect – qu'ils jugeaient trop choquant – dans leur présentation de l'œuvre du maître ; il n'a été exhumé que dans les années 1920, avec le surréalisme, justement. Comme eux, nous le laisserons de côté ; la cosmogonie fouriériste a peu d'intérêt dans notre propos – elle représente le pendant quasi ésotérique de sa théorie qu'il veut *scientifique*.

*

Comme Saint-Simon, mais de manière plus emphatique et obsessionnelle, Fourier est fasciné par le caractère harmonieux de la mécanique céleste de Galilée, de Kepler, de Newton – au point d'être qualifié le jour de son enterrement de « Newton de l'âme humaine[3] ». Dieu n'a pas créé l'harmonie uniquement au bénéfice des planètes : il l'a créée aussi dans la société, et il convient de l'y *découvrir*. C'est à lui, véritable prophète, que cette tâche appartient, car cette théorie de l'attraction universelle a été « effleurée mais manquée[4] » par Newton. L'enjeu est d'étendre le domaine d'application de la théorie de Newton de « la pure

1. Voir par exemple, tiré d'*Harmonie aromale des astres* (Charles Fourier, illustrations Pierre Alechinsky, Fontfroide-le-Haut, Fata Morgana, 2005) : « Une planète est un corps androgyne pourvu des deux sexes, et fonctionnant en masculin par les copulations aromales du pôle Nord, en féminin par les copulations aromales du pôle Sud. C'est par les jets d'arômes que s'exercent toutes leurs relations sexuelles. » Comme l'écrit Pierre Bénichou [1977], « [Fourier] a laissé loin derrière lui, dans ses spéculations, les bornes du plausible ».

2. On connaît le mot prêté au normalien Georges Pompidou à propos du mouvement de Mai 68 : « Au fond, tout ça, c'était Breton » (rapporté par Julien Gracq reçu par Pompidou, cité par L. Janover, *Cent ans de servitude ; Aragon et les siens*, Sulliver, 1998).

3. Cité par Mercklé [2001], qui mentionne le discours en vers lu par Auguste de Mesmay lors de l'enterrement de Fourier le 10 juillet 1837.

4. Nombreuses occurrences, par exemple [TUU], t. 1, t. 4.

curiosité » (le mouvement des astres) à « l'impérieuse nécessité » (l'harmonie et le bien-être humains). Et si la théorie de Newton est juste, celle de Fourier « qui est identique avec la sienne doit être présumée juste »...

L'ambivalence de Fourier vis-à-vis de Newton correspond à celle qu'il a vis-à-vis de la science : fascination et dénigrement. Encenser Newton légitime Fourier – s'inscrivant dans sa lignée, il s'encense ainsi lui-même : Newton est un « grand génie[1] » ; il a « soulevé un coin du voile[2] ». Mais critiquer les travaux de Newton permet de mettre en valeur, en creux, son propre apport ; et ses critiques de Newton sont permanentes – si celui-ci a levé un coin du voile, il l'a stupidement laissé retomber : « Il avait la main sur le plus grand mystère de la nature, mais l'a laissé échapper » ; il n'a traité que la « branche matérielle », la « moins utile et purement scientifique » ; il a expliqué « les effets et non les causes ». La postérité le nommera l'« Illustre aveugle[3] ». Il a commencé par la fin : « Il a pris *le roman par la queue*[4]. »

Sans souci réel de la méthode scientifique, Fourier se prend aussi les pieds dans le tapis : si la plupart du temps il considère que sa théorie poursuit et applique celle de Newton, il indique aussi « ma théorie s'applique à celle de Newton ». Sa théorie est donc plus englobante encore, et celle de Newton n'en est qu'un cas particulier. Comme la relativité restreinte d'Einstein est un cas d'application de la théorie synergétique de Vallée, et comme le théorème de Gödel est un simple cas particulier du « principe de Debray-Gödel[5] ».

*

Pierre Mercklé note à juste titre qu'il est paradoxalement difficile de trouver, dans l'ensemble de l'œuvre de Fourier, une quelconque application des principes newtoniens. Il y a une contradiction entre

---

1. [TUU], t. 1.
2. [TUU], t. 2. Il serait intéressant de tracer l'historique de cette expression appliquée à la science à travers les âges. Elle est parfois attribuée à Einstein évoquant Louis de Broglie et sa découverte de la mécanique ondulatoire ; elle existe donc bien avant chez Fourier.
3. [AIS], chapitre Ier, « De l'anarchie scientifique », p. 4.
4. [TUU], t. 1.
5. Souligné ironiquement par Bouveresse [1999].

l'omniprésence de la référence à Newton et la pauvreté des emprunts à son modèle : « C'est d'abord le nom de Newton que Fourier entend importer, et non le modèle[1]. » Nous ne suivrons toutefois pas entièrement Mercklé quand il indique qu'« opposer science et analogie [chez Fourier], c'est juger de la définition de la science que se donne le siècle précédent, à l'aune de celle que nous nous sommes donnée en ce siècle ». D'abord parce que la science, même à un instant donné, ne nous paraît pas forcément définie. Ensuite parce que le mot *analogie* (dans sa conception actuelle) nous paraît réducteur concernant Fourier – d'ailleurs Mercklé précise bien que l'analogie a un caractère essentiellement scientifique et non poétique chez Fourier, qui a une véritable « ambition scientifique » et pour qui « l'analogie n'est pas le contraire de la science mais son fondement ».

Fourier a une véritable prétention à la légitimité scientifique, tout en contestant de manière virulente la science de son époque. C'est pourquoi, compte tenu de l'influence qu'il a eue et a encore dans la pensée socialiste et marxiste, ainsi que dans la pensée écologiste, il est intéressant, voire nécessaire, de relire son apport à la lumière des contestations actuelles de la science. Car si une lecture purement positiviste de Fourier amène à rejeter ses « analogies » dans le domaine de la poésie, à l'inverse, les avatars connus par le positivisme depuis quelque temps déjà nous invitent à une autre lecture, et à voir en Fourier une des racines historiques de la remise en question actuelle de la science.

*

Donnons-en quelques exemples. Comparant les progrès de la mécanique céleste et la stagnation de la condition humaine – notamment celle des plus pauvres –, Fourier dénonce la vanité de la science. Les « scribes » n'ont pas pu avancer plus loin que ne l'avait fait Newton, et d'ailleurs :

> Que nous servent ces trophées scientifiques tant que la multitude privée du nécessaire est en dessous du sort des animaux sauvages, qui vivent heureux dans la liberté et l'insouciance. [...] la science donne toujours

1. Mercklé [2001].

des résultats contraires à ses promesses, et conduit notre peuple à être plus malheureux que les sauvages[1].

La vanité de la science est à prendre au double sens du terme – à la fois l'arrogance des scribes pharisiens, les « newtoniens » –, comme l'inutilité voire l'impuissance de cette connaissance-là : demandez par exemple à un de ces scribes « pourquoi Dieu a donné 7 satellites à Saturne et 4 à Jupiter [...], ils ne pourront donner aucune réponse[2] ».

Une science vaine, qui ne sert de rien pour améliorer le sort du peuple – à deux cents ans de distance, le même argument revient dans un documentaire contemporain, avec comme chez Fourier la référence à l'astronomie, science vaine par excellence :

> [à propos de la découverte par Penzias et Wilson du rayonnement fossile du Big Bang en 1965, ce qui leur valut le prix Nobel de physique en 1978] La science était parvenue à entendre les rumeurs de cet événement vieux de 18 [*sic*] milliards d'années. Cependant elle restait sourde aux cris des miséreux[3].

La connaissance, et notamment la science astronomique, est ainsi jugée futile, lorsqu'on la compare avec l'objectif d'amélioration de la condition de tous. Elle peut même être nuisible : dans un raisonnement à ressources financières constantes, l'argent utilisé pour la science l'est au détriment de l'amélioration des conditions sociales.

*

Fourier n'est certes pas un *homme de science* ; il manifeste cependant une attraction pour les sciences dès son plus jeune âge. Son biographe Beecher note chez lui « un intérêt pour les mathématiques et la physique, au point qu'il espéra un temps pouvoir se faire admettre au sein de cette institution très fermée qu'était l'École du génie militaire de

1. [NMIS], p. 190 ; [AIS], chapitre 2, p. 20.
2. [NMIS], p. 184.
3. Druon, film [2001] – voir chapitre XVII. Gilles Dowek [2009] dénonce à ce même propos les ambivalences d'un certain humanisme, en évoquant « l'idée antiscientifique, qui peut être qualifiée d'*humaniste*, qu'au lieu de nous intéresser aux espaces vectoriels et aux galaxies, nous ferions mieux de nous intéresser à ce qui en vaut vraiment la peine : les êtres humains ».

Mézières » – école d'armes savantes dont le modèle inspira la création de l'École polytechnique en 1794. Il quitte aussi Lyon pour Paris pour y reprendre une année d'études scientifiques en 1799-1800.

Cette fascination pour les mathématiques, qu'il voit comme la connaissance la plus certaine, se retrouve tout au long de son œuvre. Sa théorie des quatre mouvements « sera géométrique et appliquée aux sciences physiques » :

> Le calcul de l'harmonie est une théorie mathématique des destinées de tous les globes et de leurs habitants [*Harmonie universelle, Bulletin de Lyon,* 1803].
> On sait déjà que les mouvements matériels et organiques sont en accord avec la géométrie. Il restait à savoir que les deux autres mouvements, l'animal et le social, qui sont des jeux de passion, suivent la même règle [*Théorie des quatre mouvements,* 1808].
> J'en donnerai la preuve bien mathématique, bien rigoureuse : tout doit être étayé de démonstrations géométriques dans [ma] théorie [AIS, p. 50].

La fascination de la mathématique chez Fourier est telle que Dieu lui-même est un « Éternel Géomètre[1] ». Il arrive même que Dieu doive « se soumet[tre] aux règles mathématiques qu'il ne peut pas changer » – il trouve alors dans cette soumission « sa gloire et son intérêt ».

*

Cependant, comme souvent chez Fourier, on peine à voir le contenu précis de la théorie ; il annonce en permanence sa découverte de « l'attraction passionnée » sans jamais vraiment la détailler – on est surtout dans le futur et le virtuel, mais après tout n'est-ce pas là la caractéristique extrême de la notion d'utopie, celle d'une virtualité quasi totale ? Et, de la même manière que ses emprunts effectifs à Newton sont très peu nombreux, les mathématiques invoquées en permanence font *pschitt*… l'invocation devient simple allégorie, certes amusante mais fort peu compréhensible. Ainsi, dans cette transposition des mathématiques à l'harmonie humaine, « les propriétés de l'amitié sont calquées

1. [FI], p. 4.

sur celles du cercle », l'amour sur l'ellipse, la paternité sur la parabole, l'ambition sur l'hyperbole, et enfin « les propriétés collectives de ces quatre formes sur celles de la cycloïde[1] ».

Se référant à certains problèmes mathématiques assez avancés, il ne fait qu'annoncer d'hypothétiques résultats : à une époque où les mathématiciens butent sur la résolution des équations algébriques au-delà du 4e degré, Fourier ne doute pas qu'ils déduiront de sa théorie « des formules fixes pour résoudre les équations des degrés supérieurs, 5e, 6e, 7e et 8e ». Il leur envie une telle découverte qu'il ne leur aurait pas laissée s'il avait eu « une année pleine à consacrer à cette étude ».

De fait, l'invocation du corps savant est présente chez Fourier comme chez Comte ou Saint-Simon, mais de manière plus mégalomane et plus virulente que chez ce dernier. Toujours dans la même ambivalence vis-à-vis de la science, ou de Newton, il en appelle au corps savant par nécessité, par souci de légitimation, tout en le dénigrant. Il demande aux savants traditionnels de développer ses idées ; lui-même se contente d'un rôle de prédicateur sans que l'on sache grand-chose de sa théorie – aux autres l'intendance !

> Ils ont à se louer de ce que la proie échoit à un homme qui ne peut la dévorer, et qui est obligé de leur en laisser la majeure partie, en se réservant seulement l'honneur d'inventer. Un homme plus instruit que moi aurait pu tout accaparer pour lui seul [...]. C'est un beau fleuron que je leur abandonne ; je leur jalouse une découverte dont ils trouveront le germe dans la théorie des passions[2].

Nous avons vu la quintessence de la notion d'utopie (une pure virtualité jamais énoncée) – c'est ici à la quintessence de la notion d'invention : à Fourier l'honneur et la gloire de l'invention, aux autres de dire en quoi elle consiste !

*

Sa théorie rencontrant plus d'indifférence et d'incompréhension que d'écho, Fourier, dans un discours très analogue à celui de Marat, s'aigrit

---

1. Fourier, *Théorie des quatre mouvements et des destinées générales*, 1808.
2. [NMIS].

contre les savants, fermés à sa découverte, et contre les institutions scientifiques, au premier rang desquelles l'Académie des sciences :

> Ils excitent à ne pas lire le livre qui apporte la théorie complète du calcul d'attraction, dont Newton n'a donné qu'un lambeau[1].

Les inventions sont étouffées au berceau, car « l'on s'est de toutes parts soumis aux formes académiques », et l'on fait mal la distinction entre le réel génie, celui des vrais inventeurs, et le simple talent, celui des académiciens. Pourtant, c'est bien connu, c'est en s'écartant de la route tracée qu'on fait les véritables inventions – Fourier ajoute à l'appui une comparaison personnelle, liée à sa brève expérience professionnelle de commerçant vers 1800 (son père était marchand de draps à Besançon) : « En science et en commerce il faut s'attacher aux articles inconnus. »

Dans ses rapports avec l'institution scientifique, Fourier met en scène sa non-appartenance au corps des savants. Il se revendique comme « un intrus, un homme étranger aux sciences[2] » : si cette fantastique théorie lui échoit, c'est bien la preuve que les savants classiques sont incompétents. L'argument est circulaire, il se nourrit de lui-même, ce qui permet à Fourier de titrer son chapitre « Défection des corps savants ».

Il prend aussi la posture de l'incompris, avec un orgueil particulièrement marqué en son cas. Il mentionne à son actif une citation d'Arago, ce qui ne manque pas de sel puisque celui-ci est à partir de 1830 secrétaire perpétuel de l'Académie des sciences (toujours la même ambivalence...) : « L'homme de génie est toujours méconnu quand il devance son siècle[3]. » L'homme de génie, c'est bien sûr lui, Fourier, et cette phrase figure même en exergue de la page de garde de certains de ses ouvrages !

Le XIXe siècle est pour Fourier le digne héritier du XVIe siècle qui persécuta Colomb et Galilée. Christophe Colomb aurait été dénigré pour avoir annoncé un nouveau monde, et nombreux ne l'auraient pas cru : il en est de même pour lui, Fourier, qui annonce un « nouveau monde social ». Galilée, quant à lui, a été persécuté par les puissances obscurantistes,

1. [NMIS], p. 56.
2. [TADA], avant-propos, p. xxvii.
3. Nombreuses références, par exemple [NMIS], postface, p. 555.

celles de la superstition scolastique ; et lui Fourier, inventeur d'une nouvelle science comme Galilée, en vient à être proscrit par ceux-là mêmes qui se disent ennemis de la superstition, qui n'attaquèrent jadis la superstition que pour prendre sa place, pour opprimer autant et plus qu'elle :

> Vous déclamez contre les générations qui ont persécuté de vrais savants, et vous êtes plus iniques encore[1].

Le renversement est ici double : Galilée se réincarne en Fourier, et les persécuteurs de Galilée se réincarnent en disciples de ce dernier et persécuteurs de Fourier.

*

L'incapacité du corps savant traditionnel est d'ailleurs illustrée par les erreurs de l'Académie – Fourier prend la suite immédiate de Marat dans la tradition naissante des diatribes antiacadémiciennes : celles qui suivront ne feront qu'accumuler ces exemples. Selon Fourier, l'Académie a éconduit Papin, Fulton, Lebon ainsi que Briot l'inventeur du laminoir. Dans une phrase qu'on croirait écrite par Marat, il souligne à propos des académiciens :

> Pensionnés pour chercher la vérité, ils ne craignent rien tant que la découverte de la vérité[2].

Et quand bien même une invention attirerait leur attention, ils sont prêts à tout pour la récupérer à leur profit : « Une fois l'invention constatée, ils se trouveront le lendemain cent arrangeurs qui sauront la farder de style académique. » Fourier en vient à souhaiter une « opposition scientifique », intervenant pour signaler les torts de la science, pour rappeler les lacunes qu'elle laisse et enfin pour protéger celui qui apporte de réelles découvertes. Tant qu'il n'existera aucune « opposition scientifique, contrepoids à l'obscurantisme des sophistes[3] », les inventeurs seront persécutés « par les zoïles et les plagiaires spéculatifs ».

---

1. [NMIS].
2. [FI].
3. [TADA], p. 1356-1357. Dans la curieuse numérotation chez Fourier, la p. 1329 succède à la p. 16.

C'est une véritable « police des découvertes » que préconise Fourier : elle doit provoquer des nouvelles recherches en assignant des prix aux « études négligées » ; elle doit réduire le traitement des savants « en cas de retard excessif » à l'examen de ces inventions ; elle doit s'assurer qu'ils examinent bien le fond et non la forme ; elle doit forcer à la publication des inventions jugées positivement (« garantie d'épreuve pour les théories exactement démontrées[1] ») ; elle doit réprimer « les détracteurs anticipés », c'est-à-dire ceux qui se permettraient de critiquer l'invention avant examen par les savants, voire les savants qui riraient de l'invention avant d'en prendre connaissance ; enfin, si l'invention est jugée négativement, la police des découvertes doit se retourner contre l'inventeur, avec des « peines afflictives contre la charlatanerie constatée ».

*

De manière bien oubliée – la lecture marxiste ou surréaliste de Fourier en a totalement gommé le christianisme –, Fourier étaye son opposition à l'Académie par des métaphores issues de l'Évangile, détournant à sa façon, tel un nouveau prophète, les paraboles du Christ :

> Malheur à vous, scribes et pharisiens, qui vous êtes saisis de la clef de la science, et qui n'y étant point entrés vous-mêmes, l'avez encore [NB : par surcroît] fermée à ceux qui voulaient y entrer (Saint Luc XI)[2].

Fourier compare ici les savants officiels aux pharisiens ; ces infâmes « newtoniens » auraient volé à Newton la clef du temple de la science, et l'auraient gardée à leur profit, sans en faire usage :

> Je vous bénis, ô mon Père, de ce que vous avez caché ces choses aux savants, et que vous les avez révélées aux simples (Saint Matthieu XI).

Comme le Christ dans la célèbre parabole « Heureux les simples d'esprit, car le royaume des cieux est à eux », Fourier explique que la vraie lumière est destinée aux esprits droits « qui délaisseront les

1. [TADA], p. 1357.
2. La référence à l'Évangile est telle qu'elle figure dans Fourier – [NMIS], p. 190.

sophismes et étudieront l'attraction », et non aux savants – scientifiques, philosophes ou même théologiens. Car l'Église elle-même se dérobe à sa tâche de la découverte scientifique de la fameuse *attraction sociale* : « Ils disent ce qu'il faut faire et ils ne le font pas » (Matthieu XII). D'ailleurs Matthieu, à nouveau cité par Fourier, en donne la raison : « Comment, étant méchants comme vous êtes, pourriez-vous dire quelque chose de bon ? »

Fourier donne une interprétation personnelle – une exégèse – de la parabole christique du simple d'esprit. Selon lui, elle est généralement mal comprise : Jésus n'encense pas l'ignorance, mais ceux qui ont l'esprit droit, à l'opposé de ces soi-disant savants à l'esprit fermé, refusant de s'intéresser aux nouvelles sciences. D'ailleurs, certaines des paraboles de l'Évangile auraient spécialement été écrites en prévision de l'époque actuelle. La théorie newtonienne, « dont notre siècle s'enorgueillit », a révélé, par le truchement de la « découverte » de Fourier, la vérité au monde, et celui-ci persiste à méconnaître cette vérité :

> C'est donc pour notre siècle que l'évangéliste a dit : « Et la lumière est venue dans les ténèbres, et les ténèbres ne l'ont point comprise » (Saint Jean I).

Dans sa mégalomanie de quasi-prophète, se comparant à Jésus, Fourier n'est pas loin de penser que c'est sa découverte qui révèle la véritable signification des Écritures – ce n'est pas sans rappeler ce qu'il disait de la théorie de Newton. Sa doctrine est, selon lui, le complément de celle du Christ ; car Jésus a renvoyé ce complément « à l'interprète social qui viendra après lui », à savoir Fourier, le « Messie de la raison[1] ».

*

L'outrance et la mégalomanie fouriéristes dépassent de loin celles de Saint-Simon. Fourier sera d'ailleurs très critique, voire paranoïaque, envers « les sectes d'Owen et de Saint-Simon ». Mais les deux prophètes se rejoignent, notamment, dans une *vision* écologique avant l'heure, et même une vision catastrophiste qui pourra inspirer celle de l'« écologie profonde » actuelle.

1. [MCF], p. 51.

Saint-Simon estime que « notre planète a tendance à la dessiccation[1] » – l'Afrique est déjà presque totalement desséchée. Il prédit la fin de l'espèce humaine avec une planète entièrement desséchée. Habité par cette vision, il imagine « la sensation du dernier homme buvant la dernière goutte d'eau du monde » : mort insupportable s'il en est, mort « bien plus pénible pour lui » puisqu'elle signe la fin de l'espèce humaine – une double mort ou une mort au carré, en quelque sorte.

Fourier, quant à lui, en reste à la crainte de l'accentuation du « refroidissement climatique » : on en est encore à la fin du petit âge glaciaire, qui s'étend environ de 1500 à 1850 – il déplore qu'il ait gelé à Nice pendant l'hiver 1820 ou que « la culture de l'olivier rétrograde d'un degré par an » (vers le Sud). Confondant l'effet et la cause (en l'occurrence le courant froid du Labrador), il attribue à l'homme une influence positive sur le climat en constatant que la Touraine, pourtant située à la même latitude que le Québec, jouit d'une température plus élevée de 12 degrés. Un tel réchauffement climatique d'origine anthropique défraierait de nos jours la chronique !

Dans ce même écrit *Détérioration matérielle de la planète*, Fourier projette sa vision écologique, comme Saint-Simon. Toujours fasciné par la science, il indique avec condescendance que, malgré le « caractère un peu scientifique » du sujet, il tâchera de « le mettre à la portée de tout le monde ». Il dénonce deux fléaux, « l'excès de population qui est l'un des écueils du monde civilisé » d'une part et les « ravages de l'industrie civilisée » sur « la superficie de la planète » d'autre part. Concernant la population mondiale, il convient d'en assurer le bonheur et non d'en accroître le nombre à 6, 8, 10 milliards : le chiffre idéal se situerait selon Fourier à 5 milliards d'habitants « riches et heureux », à condition d'une augmentation de température « qui dégagerait le pôle arctique de sa glace » – sinon la population idéale se limitera à 3 milliards.

Le deuxième fléau est représenté par l'industrie – « les peuples civilisés voient leur misère s'accroître en raison des progrès de l'Industrie ». Chez Fourier le terme *civilisation* représente la société contemporaine, qui est un état non souhaitable, à peine préférable à l'état barbare, opposé à l'état d'harmonie et d'attraction humaines qu'il prône. Il convient en effet de

1. [MSH].

> sortir promptement de l'état Civilisé, Barbare, Sauvage, et remédier aux souffrances de la planète[1].

La personnification de notre planète apparaît à travers « ses souffrances ». Le discours, habituel chez Fourier qui attribue des propriétés humaines aux astres en général (telles la capacité de copuler dans *Harmonie aromale des astres*), tient à la fois du fétichisme antique dénoncé par Comte et des doctrines actuelles de l'écologie radicale, comme *l'hypothèse Gaïa* de James Lovelock, qui parle de la « fièvre » (température trop élevée) de notre planète, élément vivant comme le sont ses occupants, végétaux, animaux ou humains. Et Fourier de dénoncer « une duplicité non moins choquante en industrie, celle des nations civilisées et barbares, en collusion pour dégrader la superficie de la planète ». Dans la route vers la *Fausse industrie* (titre d'un de ses ouvrages) prise par les nations civilisées, les nations barbares n'auront de cesse de les imiter : doit-on là aussi y voir une vision prophétique que de nos jours un représentant d'organisation non gouvernementale à un sommet environnemental pourrait reprendre à son compte ?

*

Fascination et dénigrement de la science, détestation de l'industrie, prophéties catastrophistes, la voie est tracée pour une forme de dérive idéologique chez Fourier. Cette industrie, responsable de la misère des peuples et des souffrances de la planète, nous vient de Londres, patrie du commerce, de l'industrie et de la finance. L'antibritannisme viscéral de Fourier est associé à une vision très négative du commerce, assuré par les Anglais qui ont un « monopole maritime » – réminiscences familiales de Fourier dans le commerce.

Comme son rapport à la science, le rapport aux Anglais est assez ambivalent chez Fourier – un orgueil nationaliste, presque xénophobe, se mêlant à une fascination pour la patrie de Newton. Le corps scientifique français, en négligeant sa découverte, perd l'occasion de montrer aux « savants d'Albion » que la France peut produire « un économiste plus clairvoyant que les Smith, les Stewart, les Malthus, les Ricardo » :

1. [NMIS].

> Les Français devraient être flattés qu'un des leurs jette le gant au monde savant, prétend que les Newton, les Kepler, qui croient avoir découvert les lois du Mouvement, n'en ont mis au jour que la 5e branche, et qu'un Français va dévoiler les quatre autres[1].

Mais, comme souvent, l'antisémitisme pointe derrière l'antibritannisme. À Londres, le développement de l'industrie a créé « 230 000 indigents », mais aussi « 3 000 receleurs, 3 000 juifs qui excitent les domestiques à voler leurs maîtres, les enfants leurs pères », tous « patriarcaux improductifs », « parasites, marchands, usuriers » que notre « siècle philosophe » admet trop largement, alors qu'il n'en faudrait qu'à proportion du centième. Car c'est bien « le vice le plus honteux de la Civilisation » – de la présente civilisation honnie, usurpatrice de l'état d'harmonie – qu'a été « l'admission des Juifs au droit de cité » par la Révolution.

*

Nées dans le même creuset des idées révolutionnaires, prétendant s'appuyer sur le même fondement scientifique de l'attraction universelle, ralliant les mêmes disciples qui passent de l'une à l'autre, les deux utopies de Saint-Simon et de Fourier s'entrechoquent entre 1820 et 1870, à la fois très proches par leurs origines et très différentes par la direction qu'elles prennent. Aussi bien « apôtre du capitalisme [que] protecteur de la classe ouvrière, prophète de la technocratie [qu']annonciateur du socialisme[2] », Saint-Simon a fondé une utopie sociale, sans doute plus *effective* que celle de Fourier. Il interpelle l'Empereur et, finalement, ce n'est pas sous Napoléon Ier mais cinquante ans plus tard, sous Napoléon III, que ses idées d'industrialisation sociale prendront corps : le saint-simonisme conduira à – et conduira – la seconde révolution industrielle, celle du chemin de fer, dans les années 1850. Il catalyse de manière positive une certaine vision de la science et de l'industrie – cette même vision qu'une France d'ingénieurs a poursuivie jusqu'assez tard au XXe siècle.

L'utopie fouriériste est plus sombre, plus conceptuelle, moins efficace. Elle se développe plus dans le domaine des idées (celles des phi-

1. *Nouvelle introduction à la théorie des quatre mouvements*, 1818.
2. Servier [1982], p. 234.

losophes qu'il inspirera) que dans celui de l'action, à la différence du saint-simonisme. Fourier, on l'a vu, ne fait pas appel au pouvoir politique – ce qui lui évite tout soupçon de collusion mais l'empêche de voir ses idées mises en pratique. Au contraire, il dénonce, autre différence importante avec Saint-Simon, les « puissances financières » : selon Servier[1], c'est parce qu'il jalouse l'appui apporté par certains banquiers juifs au saint-simonisme. Rivale de l'utopie saint-simonienne, puisant aux mêmes sources, l'utopie fouriériste pourrait en être la face cachée, comme la vision de la science qu'avaient Marat et Rousseau était la face cachée de celle qu'en avaient Condorcet et Lavoisier. Profondément révolutionnaire, inspiratrice du marxisme, elle accompagnera, dans la seconde partie du XIXe siècle, le développement industriel saint-simonien par un développement *dual*, celui de la prise de conscience des dérives du capitalisme et de l'industrie. La similarité des origines et des combats initiaux de ces deux utopies atteste de cette profonde dualité – qui n'est pas démarcation : elle est un guide dans l'analyse des idéologies radicales autour de la science contemporaine.

1. *Ibid.*, p. 251.

XIII

Auguste Comte et le régime *dispersif* des sciences *spéciales*

L'œuvre du philosophe Auguste Comte (1798-1857) est protéiforme et couvre des domaines très divers, de l'astronomie à la religion. Les lectures qui en ont été faites ont été d'ailleurs très différentes. Comte a été l'inspirateur d'une vision de la science triomphante tout au long de la IIIe République et d'un « progressisme » positiviste, associé au radical-socialisme politique de cette période. D'un autre côté, le conservateur royaliste Charles Maurras admire Comte et sa vision de « l'ordre » dans les sciences. Comme on entend parfois le dire, « chacun a son Kant » : on pourrait dire aussi, sans jeu de mots, que « chacun a son Comte ».

Ses idées ont été largement diffusées et étudiées. Il a créé une doctrine philosophique – la philosophie positive. Il est l'un des fondateurs de la sociologie. Il a inspiré sous la IIIe République un courant politique toujours vivace de nos jours. Pourtant, c'est dans la science exacte, celle de ses études, celle des relations liées à ses activités professionnelles, qu'il cherchera compulsivement la reconnaissance. Pendant toute sa vie, il mène un combat personnel pour être reconnu par la communauté scientifique, notamment l'Académie des sciences et l'École polytechnique – dont il était ancien élève.

*

Pendant longtemps, Comte exerce des fonctions liées aux mathématiques. Congédié de l'École polytechnique en 1816, juste après la Restauration, il est pendant quelques années, de 1817 à 1824, secrétaire de

Saint-Simon, qui lui assure une initiation philosophique, mais avec qui il se brouille. Il est ensuite répétiteur de mathématiques à l'institution Laville (qui assurait la préparation au concours de Polytechnique), puis répétiteur d'analyse à l'École polytechnique (de 1832 à 1852), ainsi qu'un de ses examinateurs d'admission (de 1838 à 1844) : ce sont ces fonctions à caractère scientifique qui assureront pendant une vingtaine d'années les moyens de sa subsistance. Mais il les jugeait indignes de lui[1] : il se battra pour être professeur d'analyse mathématique en titre à l'École polytechnique. De manière si virulente et si inappropriée qu'il finira par y perdre toutes ses fonctions.

Son rapport avec la science exacte permet d'esquisser un portrait inhabituel d'Auguste Comte, à la lumière des attributs de l'alterscience. Comte est *homme de science*, se revendiquant comme tel en permanence. Il a une certaine idée de la science, assez restrictive : il refuse certaines de ses évolutions, comme les probabilités, l'astrophysique ou le transformisme lamarckien. Il s'oppose à ces résultats de la science de son temps, mais aussi à ses institutions. Il refuse la spécialisation de la science, avec comme *leitmotiv* la dénonciation de « l'esprit de détail ». Il distingue les bons des mauvais savants suivant des critères qui lui sont propres – en fait suivant qu'ils soutiennent ou non ses idées philosophiques, ou plus prosaïquement sa carrière. Il a une tendance presque paranoïaque à la vitupération. Les vicissitudes qu'il rencontre dans sa vie professionnelle, voire personnelle, sont systématiquement analysées à l'aune de sa théorie philosophique.

Son esprit de système le fait dériver vers une pensée totalitaire – John Stuart Mill (1806-1873), son correspondant et longtemps disciple, estime qu'il a produit « le système le plus complet de despotisme spirituel et temporel qui ait jamais émané d'un esprit humain, sauf peut-être de celui d'Ignace de Loyola[2] ». Le despotisme spirituel auquel Mill fait allusion est la religion scientiste que Comte crée à la fin de sa vie, après son second mariage – comme Saint-Simon avait écrit le *Nouveau christianisme* : mais Comte va plus loin que Saint-Simon en publiant

1. « Il y a seulement dix ans que je fus introduit enfin à l'École polytechnique, dans le grade le plus subalterne... » [CPP 1842, p. XIII]. Il fait référence ici à sa nomination comme répétiteur adjoint du cours d'analyse de Navier, en 1832.
2. « *The completest system of spiritual and temporal despotism which ever yet emanated from a human brain, unless possibly that of Ignatius Loyola* » (J. S. Mill, *Autobiography*, 1873, p. 213).

en 1851-1852 son *Système de politique positive* [...] *instituant la religion de l'Humanité*. Il aura fait de son système une religion dont il s'érigeait en prophète.

*

Comte est homme de science, à la fois par sa formation et sa pratique de répétiteur de mathématiques, mais aussi par nombre de ses autres activités : il donne des conférences de vulgarisation scientifique – à l'époque où ces conférences en direction des « ouvriers » se développent, dans la droite ligne du saint-simonisme. Il écrit aussi des ouvrages en grande partie scientifiques, comme le *Traité élémentaire de géométrie analytique à deux et à trois dimensions* (1843) ou le *Traité philosophique d'astronomie populaire* (1844). Il inscrit son œuvre philosophique dans la science, et lui-même se voit comme un scientifique sa vie durant ; dès 1822, à 25 ans, il écrit :

> Nous comprenons ici au nombre des savants, conformément à l'usage ordinaire, les hommes qui, sans consacrer leur vie à la culture spéciale d'aucune science d'observation, possèdent la capacité scientifique, et ont fait de l'ensemble des connaissances positives une étude assez approfondie pour s'être pénétrés de leur esprit et s'être familiarisés avec les principales lois des phénomènes naturels[1].

Comte se décrit ici de manière transparente, avec son style habituel utilisant le général pour décrire le particulier : lui-même. Apparaît aussi dans cette phrase la distinction qui revient à satiété au long de son œuvre : d'un côté l'esprit d'ensemble (le sien), de l'autre l'esprit de détail, celui des recherches *spéciales*[2]. En 1825, Comte cherche à entrer à l'Académie des sciences – il n'a pourtant aucun résultat mathématique à son actif. Renonçant rapidement à cette chimère, il vise une place d'enseignement à l'École polytechnique. Il se heurte néanmoins à l'Académie, puisque celle-ci donnait son avis au ministre pour toute nomination de professeur à Polytechnique. Sa candidature aux vacances de poste de

1. [1822].
2. L'adjectif est employé dans un sens qui ne l'est plus guère aujourd'hui. Comte fait allusion à la pratique d'une discipline scientifique donnée : on utiliserait de nos jours le terme *spécialisées*.

professeur de mathématiques à Polytechnique échoue à trois reprises, en 1830, en 1836 et en 1840.

*

Son *leitmotiv* sur « la vicieuse prépondérance continue de l'esprit de détail sur l'esprit d'ensemble », organisée par les institutions scientifiques, s'amplifie à la suite de ces échecs répétés, avec une gamme fournie de termes pour dénoncer la science de son temps, comme les recherches *spéciales* ou « le régime *dispersif* propre aux académies scientifiques actuelles, caractérisé par leur *morcellement* empirique » ou, ailleurs, « le *morcellement* caractéristique de ces corporations, image fidèle et suite nécessaire de leur *dispersion* mentale ». Dans un bel agrégat de ses deux termes favoris, il parle d'une « spécialité dispersive » conduisant forcément à un « rétrécissement intellectuel ».

L'acrimonie de Comte grandit de 1830 à 1842 jusqu'à éclater, sous forme de « délire de la persécution[1] », dans la « Préface personnelle » du tome VI et dernier de son *Cours de philosophie positive* (1842), le plus volumineux et le plus différent des autres – sans doute aussi le plus abouti quant à sa philosophie. Cette préface est un modèle du mélange des genres entre un discours qui expose une doctrine philosophico-scientifique (celle de la philosophie positive, dans le corps de l'ouvrage, précédé par les cinq tomes précédents) et un discours centré sur des idées propres à l'auteur. Mais, à la différence d'autres préfaces, ces idées ne se rattachent pas à un courant politique (la « physique allemande » et le nazisme chez Lenard, l'opposition au « lobby militaro-industriel » chez Godement[2]), mais aux propres vicissitudes de Comte mises en scène et analysées à l'aune de sa théorie philosophique, qui en premier lieu s'applique à sa propre vie[3] !

---

1. Boudot [1985]. Sur « l'affaire Comte » en 1842 à l'École polytechnique, voir aussi Bruno Belhoste, *La Formation d'une technocratie. L'École polytechnique et ses élèves, de la Révolution au Second Empire*, Paris, Belin, 2003.

2. Roger Godement, « Science, technologie et armement », postface à *Analyse mathématique II, Calcul différentiel et intégral, séries de Fourier, fonctions holomorphes*, Springer-Verlag, 1998 ; 2e éd. 2003, p. 393-482.

3. Maurice Boudot (1931-2003), professeur de philosophie et de logique à la Sorbonne, a résumé ironiquement cette propension : « Mais, dans l'univers comtien, il n'y a aucun événement qui ne soit significatif. Tout est explicable par des causes générales, jusqu'aux infidélités de sa femme qui est restée à l'état métaphysique. Il n'y a pas le moindre événement d'une vie individuelle qui ne puisse prendre sens pour qui sait comprendre,

Les avanies qu'il rencontre dans ses ambitions professorales ou dans « [s]a laborieuse existence personnelle », ses démêlés avec la *gentry* scientifique qui s'oppose « à [s]on légitime essor » sont en « intime connexité avec l'état général de la raison humaine au dix-neuvième siècle[1] » : propension déjà rencontrée à décrire le particulier (lui-même) comme représentatif du général – faisant de Comte un cas *exemplaire*, à plusieurs titres : *exemplaire*, comme exemple d'application de sa théorie philosophique ; *exemplaire*, comme on dit d'une victime expiatoire (faire un « exemple ») ; *exemplaire* comme position rédemptrice (« son comportement a été exemplaire »). Et Comte d'interpréter l'histoire du siècle à la lumière de cette exemplarité – ne peut-on d'ailleurs pas émettre l'idée que la forme suprême du positivisme, doctrine fondée sur la primauté des faits et de l'expérience, consisterait à ne s'appuyer que sur ses propres expériences personnelles ?

Ainsi, en 1816, c'est l'« école théologique[2] » qui est responsable de son éviction de l'École polytechnique – c'est-à-dire les forces de la Restauration conservatrice d'une monarchie absolue. Sans l'action malveillante de « ce parti incorrigible depuis cinq siècles », Comte aurait bien évidemment « obtenu seize ans plus tôt [...] la modeste position[3] » de répétiteur à Polytechnique obtenue en 1832. Depuis 1830, c'est le « parti métaphysique » qui a chassé le parti théologique – à savoir Louis-Philippe et l'orléanisme qui ont mis fin à l'exercice absolu du pouvoir par Charles X. C'est donc le deuxième état de son système de philosophie, même s'il est « plus souple et plus éclairé que le précédent[4] », qui va s'opposer au « légitime essor » de Comte et à celui du troisième état, l'état positiviste. Ce parti métaphysique se compose de deux redoutables tendances : il est « soit gouvernant, soit

---

surtout lorsque celui qui est en cause est destiné à devenir le premier grand-prêtre de l'humanité » (Boudot [1985]).

1. [CPP 1842], p. VI. On dénombre trois occurrences de la locution « mon légitime essor » dans les trente-quatre pages de cette préface.

2. Donnons brièvement – ce n'est pas notre propos – un résumé des « trois états » de la philosophie comtienne. Le premier état est l'état théologique (qu'il identifie à la scolastique du Moyen Âge dans l'histoire des sciences), le deuxième état, plus avancé, est l'état métaphysique (qu'il attribue aux Lumières). Ils sont tous deux couronnés par le troisième état, le plus avancé, l'état positiviste lié à sa philosophie.

3. [CPP 1842], p. XVIII.

4. [CPP 1842], p. XIX.

aspirant[1] » (c'est-à-dire le pouvoir royal orléaniste ou l'opposition républicaine et libérale). Le parti métaphysique « gouvernant » est représenté chez Comte par Guizot, le ministre de Louis-Philippe, qui refuse en 1832 la création d'une chaire au Collège de France que Comte lui avait proposée à son bénéfice :

> Or, après diverses tergiversations, M. Guizot, qui a fondé, là et ailleurs, pour ses adhérents ou ses flatteurs, tant de chaires inutiles ou même nuisibles, fut bientôt entraîné, par ses rancunes métaphysiques, à écarter définitivement une innovation qui pouvait honorer sa mémoire[2] [...].

Le parti métaphysique « aspirant », c'est-à-dire l'opposition républicaine, est représenté chez Comte par Arago, le secrétaire perpétuel de l'Académie des sciences, son « ennemi reconnu », qui l'empêche d'être nommé professeur à Polytechnique, et contre lequel Comte mène une forme de combat personnel :

> Toute personne bien informée sait même maintenant que les dispositions irrationnelles et oppressives adoptées depuis dix ans à l'École polytechnique émanent surtout de la désastreuse influence exercée par M. Arago, fidèle organe spontané des passions et des aberrations propres à la classe qu'il domine si déplorablement aujourd'hui[3].

Car les métaphysiciens, qui par ailleurs dominent la presse, voient avec crainte « surgir une philosophie supérieure à leur influence, et qui tend à faire cesser leur prépondérance » : c'est la philosophie comtienne. Aussi, quel que soit l'antagonisme des classes « entre lesquelles est aujourd'hui partagé l'empire intellectuel », toutes convergeront contre lui. Comte, comme Marat, met en scène son isolement, celui du martyr

1. [CPP 1842], p. XIX.
2. Sur la vision par Guizot de cet épisode, voir ses *Mémoires*, tome III (cité par Émile Littré, *Auguste Comte et la philosophie positive*, Paris, Hachette, 1863). Le ministre se rappelle « un homme modeste en apparence, quoique au fond prodigieusement orgueilleux, et qui, sincèrement, se croyait appelé à ouvrir, pour l'esprit humain et les sociétés humaines, une ère nouvelle ». À propos de la chaire proposée par Comte, Guizot assène : « Quand j'aurais jugé à propos de faire créer cette chaire, je n'aurais certes pas songé un moment à la lui donner. »
3. [CPP 1842], p. XVI, note. La « classe qu'[Arago] domine » est celle du parti métaphysique « aspirant », c'est-à-dire l'opposition.

exemplaire, face à ce front uni du parti métaphysique dominant et du parti métaphysique aspirant :

> Presque seul alors je compris que, quelque opposition mutuelle qui dût, en effet, exister entre ces diverses tendances spéculatives, leur commune nature métaphysique les réunirait toujours contre moi[1].

*

Comte manifeste aussi un rejet de nouvelles branches scientifiques naissantes à son époque. Sa vision se fonde d'abord et avant tout sur la science qu'il a apprise pendant ses études polytechniciennes, le reste n'est qu'élucubration. Il apprécie très mal l'évolution rapide des mathématiques qui s'est faite depuis ses études : il s'oppose à l'analyse théorique, telle qu'elle commence à être enseignée à Polytechnique dans les années 1830, sous l'impulsion de Cauchy puis de Liouville. Avec son sens de la formule, il déplore que Polytechnique soit devenue « une école monotechnique », centrée sur l'analyse et ses « stériles intégrales », une algèbre théorique et formaliste : une sorte de « séminaire algébrique[2] » réservé aux initiés. Chez Liouville, responsable de cette évolution, il dénigre « l'art spécial des transformations analytiques » : trop de formules, trop de chiffres. Il faut régénérer l'enseignement mathématique à Polytechnique, en remettant l'analyse à une place moins importante, en « cessant d'y faire prédominer la forme sur le fond », « les signes sur les idées » : il convient d'instituer « une plus juste harmonie entre le point de vue concret et le point de vue abstrait ».

Il s'oppose aussi à la statistique naissante, qui commence à être utilisée dans les sciences organiques pourtant chères à Comte, comme la médecine (en hygiène publique notamment). Cette science statistique, propagée avec la « caution » des mathématiciens, est « une aberration radicale de l'esprit mathématique », une application « puérile et déplacée », signe d'une « anarchie mathématique[3] ». On ne peut fonder une prétendue

---

1. [CPP 1842], p. XXVIII.
2. Le terme de *séminaire* n'est pas à prendre ici au sens moderne d'un colloque scientifique, mais au sens religieux, renvoyant à l'âge théologique décrit par la philosophie comtienne.
3. Toutes citations données par Coumet [2003]. Cet auteur souligne que les attaques de Comte contre les probabilités sont à chaque fois brèves mais précises, et constantes à travers son œuvre.

science sur la notion d'opinion, telle qu'exploitée par les statistiques : seuls les faits suffisent. Quant à la théorie générale des probabilités, Comte « n'avai[t] à porter [sur elle] qu'un jugement négatif[1] ».

En physique aussi, il s'oppose à un certain nombre d'avancées. En astronomie, malgré le rapport de 1803 de J.-B. Biot sur la météorite de L'Aigle (Orne), qui avait fait accepter par le corps savant le fait que les météorites venaient du système solaire et non d'éruptions volcaniques terrestres, il se rallie à l'ancienne opinion de Lagrange, contre celle de Laplace[2]. Il considère Le Verrier, qui avait découvert la planète Neptune « au bout de sa plume[3] » (c'est-à-dire par le calcul et non l'observation), comme un « marchand de planètes subjectives[4] ». À propos de l'alors récente théorie ondulatoire de la lumière, il parle des « prétendues interférences optiques[5] », pourtant attestées par Young en 1803 et expliquées par Fresnel en 1818. Il renvoie dos à dos cette théorie et la théorie concurrente de l'émission de Newton, en évoquant pour toutes deux « la nullité radicale de ces conceptions antiscientifiques[6] » : pour Comte, l'idée même d'une science hypothético-déductive, ou d'une *théorie scientifique*, est un non-sens. Se dessine dans ces phrases la conception ultra-positiviste qui imprégnera la physique française de la seconde partie du XIXe siècle et l'empêchera de participer à la révolution de la physique théorique au début du XXe siècle.

*

Comte distingue en permanence les bons savants des mauvais savants. Les premiers sont ceux dont il estime la méthode conforme à l'approche positiviste. Ce sont aussi, plus prosaïquement, ceux qui l'ont

1. [CPP 1835], 27e leçon.
2. « L'idée de Laplace, qui envisage [les météorites] comme des astres essentiellement étrangers à notre monde, me semble peu rationnelle et radicalement contraire au principe si bien établi de l'entière indépendance des phénomènes intérieurs de notre système envers les phénomènes vraiment sidéraux » ([CPP 1835], 27e leçon).
3. Arago, Note aux *Comptes rendus de l'Académie des sciences*, 1846, vol. 23, p. 659-662. Le calcul de Le Verrier (à qui est attribuée la découverte de Neptune) est confirmé par l'observation par l'astronome allemand Galle de la planète, un mois plus tard (voir James Lequeux, « La découverte de Neptune par Le Verrier (1846) », *BibNum*, juin 2010).
4. [SPP], préface du tome 2, p. VI-VII.
5. [SPP], p. 531.
6. [CPP 1835], 33e leçon.

aidé dans sa carrière, comme les mathématiciens Poinsot et Navier. Malgré le fier service que ce dernier lui avait rendu en lui offrant une place de répétiteur de son cours à Polytechnique en 1832, il est égratigné de manière fielleuse et immodeste :

> un géomètre fort recommandable (feu M. Navier), dont la rare élévation morale honorait notre monde scientifique, et dont l'esprit, quoique trop exclusivement mathématique, avait pourtant su discerner, à un certain degré, ma valeur caractéristique[1].

Parmi les mauvais savants, on trouve tous les ennemis de Comte : Laplace, Poisson, Arago, Liouville... En mai 1840, deux semaines après la mort de Poisson, il stigmatise « les nombreuses places qu'[il] avait si scandaleusement absorbées[2] ». La *Mécanique céleste* de Laplace est critiquée : c'est un ouvrage trop *spécial*, qui dénote une marche peu philosophique, sans « sentiment profond de la vraie filiation nécessaire des diverses conceptions astronomiques » – sentiment que Comte estime posséder et développer dans son *Traité philosophique d'astronomie populaire*. Le corps docte reste malheureusement « à l'extase envers Laplace, Poisson ». Quant à Cauchy, ç'a été « un détestable professeur ». Duhamel, mathématicien de second rang, de la même promotion que Comte, plutôt neutre à son égard, est caricaturé comme « le seul qui ait ajouté à la théorie de Fourier quelque perfectionnement réel quoique secondaire » : pour Comte, les remarquables travaux de Poisson sur la théorie de Fourier sont sans valeur, à supposer qu'il en ait eu connaissance – puisque Comte « [s']interdi[t] toute lecture quelconque de journaux politiques ou philosophiques[3] ».

Finalement, l'époque est devenue bien morose, et le niveau de la science a baissé, car elle se fourvoie dans des branches spéciales ou nouvelles sans intérêt, et les mauvais savants ont pris la place des bons :

> nous avons la monnaie des Lagrange, des Monge, des Fourier, etc., dans les Poisson, les Cauchy, etc.[4].

---

1. [CPP 1842], p. XIII.
2. Lettre de Comte à Valat, 10 mai 1840.
3. [CPP 1842], p. XXXVI. Il ajoute : « Depuis plus de quatre ans, n'ai-je pas lu réellement un seul journal. »
4. Lettre de Comte à Valat, 1er mai 1841.

*

L'acrimonie que Comte développe à l'égard des savants de son temps s'explique par une double déception : ils ne l'ont pas soutenu dans sa carrière et n'ont pas adhéré à son système de philosophie positive. Cette déception, tournant à la frustration, est d'autant plus grande que, dans sa fascination de la science, il comptait bien

> sur l'appui, au moins moral, de la classe scientifique, qui semblait devoir prendre un vif intérêt direct à l'extension décisive de la positivité rationnelle[1].

Même si les membres de cette classe scientifique étaient encore trop absorbés par leurs occupations *spéciales*, voire affectés de « certaines habitudes intellectuelles vicieuses », ils auraient dû être juges naturels des travaux de sa nouvelle philosophie. Comte cherche la reconnaissance du corps scientifique dont il est issu et auquel il se mesure. Il a besoin, afin de valider et diffuser sa théorie, de l'approbation de ceux qui pratiquent effectivement la science exacte :

> Les résultats obtenus par les hommes qui suivront la nouvelle direction philosophique, n'auront de valeur et d'influence qu'autant qu'ils seront adoptés par les savants spéciaux, comme ayant le même caractère que leurs travaux habituels.

Et cette approbation n'est pas au rendez-vous :

> Le milieu social cherche des généralités nouvelles, pendant ce temps il est profondément déplorable que la science réelle, seule destinée à fournir le principe de cette grande solution, soit à tel point dégradée par l'impuissance de ses interprètes.

Le milieu social, c'est lui Auguste Comte, inventeur de la philosophie sociale et des sciences sociales, chercheur des « généralités » (le terme est connoté très positivement chez Comte), c'est-à-dire des concepts englobant les différentes sciences en une philosophie positive. Il atten-

1. [CPP 1842], p. XXVIII.

dait de la science quelque chose que finalement le corps savant ne lui donne pas. Fascination et besoin de la science d'une part, rejet des savants d'autre part – l'opposition apparaît à travers cette phrase amère de Comte :

> La science est une bien grande chose ; mais les savants, surtout actuels, sont en général de pauvres personnages[1].

*

Prise de position quasi unique dans le monde scientifique cinquante ans après les faits, Comte n'est pas loin de défendre la suppression de l'Académie par la Révolution. Prenant la précaution de mentionner les « vrais reproches de vandalisme adressés à tel acte », il estime que l'institution avait alors déjà « rendu tous les principaux services intellectuels » – elle avait accompli sa tâche. Son influence ultérieure, après sa refondation, a été « bien plus contraire que favorable à la marche des conceptions modernes[2] ».

Comte a son avis sur la façon de réformer cette Académie. Déjà Saint-Simon (mais peut-être étaient-ce les idées de son secrétaire Comte) estimait que l'organisation « de la 1re Classe de l'Institut entrave la marche de l'esprit humain ». Il fallait diviser cette 1re Classe (l'Académie des sciences) en deux classes distinctes, dotées chacune de leurs fonds et de leurs secrétaires : d'une part la classe des physiciens des corps inorganiques, les fameux « brutiers », d'autre part la classe, à créer, des physiciens des corps organiques. Enfin, une nouvelle classe de philosophie devait coiffer « ces deux classes secondaires ». Comte reprend cette dernière idée, celle d'une classe nouvelle et prépondérante, la section de « physique sociale et philosophie positive », dont la « suprématie

1. Lettre de Comte à Valat, 10 mai 1840.
2. Une réécriture en termes très voisins se trouve chez Comte dans [TPAP] [1844], p. 85, note 1 : « L'instinct de progrès qui caractérisait, il y a un demi-siècle, le génie révolutionnaire, avait confusément senti ces dangers essentiels, de manière à déterminer la suppression directe de ces compagnies arriérées [...]. Quoique cette audacieuse mesure, si mal jugée d'ordinaire, fût alors prématurée [...] il reste néanmoins certain que ces corporations scientifiques avaient déjà accompli le principal office que comportait leur nature : depuis leur restauration, leur influence réelle a été, au fond, beaucoup plus nuisible qu'utile à la marche actuelle de la grande évolution mentale. »

rationnelle » sur les autres sections est à marquer par le « privilège exclusif de fournir systématiquement le président annuel et le secrétaire perpétuel », et la participation systématique « aux délibérations de chacune des autres sections ».

*

Approfondissant l'idée de J. S. Mill, Friedrich Hayek (1899-1992), prix Nobel d'économie (1978), voit en Comte un des précurseurs des pensées totalitaristes du XIXe siècle. Il rapproche à cet effet le philosophe positiviste français et le philosophe idéaliste allemand Hegel, *a priori* assez dissemblables. Une des citations de Comte sur lesquelles il s'appuie est la suivante :

> Car la vraie liberté ne peut consister, sans doute, qu'en une soumission rationnelle à la seule prépondérance, convenablement constatée, des lois fondamentales de la nature, à l'abri de l'arbitraire de tout commandement personnel[1].

Lorsque Comte promeut « une unité intellectuelle définitive et permanente », Hayek estime qu'il n'y a pas de liberté de pensée dans ce système de direction de conscience, comme il n'y a pas de liberté d'action dans une société qui se met à l'abri de tout commandement personnel. Il étend le domaine d'acception du positivisme hors de la connaissance : la pensée de Comte amène selon lui à « un complet positivisme légal et moral ». L'interprétation de Hayek est extensive – le « positivisme moral » est une extension du domaine du positivisme, comme le « darwinisme social » et le « newtonisme social » le sont de leurs domaines d'origine.

Hayek estime aussi que Comte a tellement erré dans son domaine supposé, celui de la science (en proférant des inepties sur l'utilisation du microscope ou des statistiques), que ses propos dans des domaines plus éloignés encore de son champ initial doivent être pris avec extrême précaution. Le rationalisme de Comte serait selon Hayek un rationalisme égaré, plutôt un intellectualisme – en tout cas un rationalisme qui perd son but principal, à savoir la connaissance de ses propres

1. [CPP 1835], p. 196-197.

limites, qui paradoxalement oublierait le dicton selon lequel « il faut savoir *raison* garder ».

L'interprétation de Hayek, même si elle est extensive, est à prendre en considération. Mais la pensée de Comte a aussi bien sûr des aspects éminemment positifs. Comme Rousseau, il s'intéressait aux principes d'éducation – tous deux voulaient changer l'homme dès son plus jeune âge ; il a fondé, aussi, une science de l'homme, la sociologie. La philosophie positiviste éclairée de ses disciples, d'Émile Littré à Jules Ferry, a ouvert la voie d'une démocratisation de l'accès au savoir sous la IIIe République. C'est cependant dans sa relation particulière avec les sciences exactes qu'apparaît la fêlure de l'alterscience chez Comte. Même si ici nous mettons un coup de projecteur inhabituel sur cette relation-là, elle est loin d'être négligeable, à commencer pour Comte lui-même. C'est justement cette relation de Comte à la science exacte de son temps, ainsi que sa philosophie elle-même, qui ouvrent, après sa mort et compte tenu de l'influence qu'a eue sa pensée, un certain nombre de fronts de conflit dans la science en France et dans les rapports entre science et société, dont certains sont encore ardents de nos jours.

*

Le premier d'entre eux est une conséquence directe du positivisme en sciences : son influence néfaste dans la science en France à partir des années 1850, qui se traduit par un décrochage de la France, en physique notamment. Si le saint-simonisme apporte des ingénieurs de valeur à la France qui lui permettent de bien mener la seconde révolution industrielle, le positivisme empêche les physiciens français de prendre le tournant de la physique théorique : l'électromagnétisme de Maxwell dans les années 1860, la théorie cinétique des gaz de Boltzmann dans les années 1870, ou la théorie des quanta de Planck à partir de 1900. Cette physique théorique, souvent mathématique, fondée sur des hypothèses vérifiées par l'expérience (méthode hypothético-déductive), s'opposait frontalement à l'empirisme inductif auquel étaient formés les physiciens français. Ils resteront attachés à une physique classique – par exemple celle de l'optique, où l'école française de la fin du XIXe siècle reste une des meilleures.

C'est d'ailleurs à l'aune de cette tradition positiviste qu'il faut comprendre un des reproches qui sera adressé plus tard à Einstein, dont la relativité est elle aussi une science hypothético-déductive : celui de *faire de la métaphysique*. Ce reproche doit être compris à la lumière de la loi des trois états de Comte – l'état théologique, auquel succède l'état métaphysique, puis l'état positiviste : avec la relativité et ses prétendues *spéculations métaphysiques* non vérifiables, la science et sa méthode revenaient en arrière par rapport à la science positive de Comte.

Ce poids du positivisme et cette dictature des faits ont eu une conséquence sur la recherche française du tournant du siècle, mais aussi sur l'enseignement de la physique des années 1850 aux années 1930 : donnée par ces physiciens traditionnels, à l'université ou en grande école, la formation scientifique jusqu'avant la Seconde Guerre mondiale n'aborde que peu la nouvelle physique théorique[1]. Les ingénieurs français du Cercle de physique antirelativiste Alexandre Dufour (chapitre V) sont un exemple de ces générations auxquelles elle n'a pas été enseignée.

*

Le second front ouvert par la pensée de Comte est celui du rapport entre la science et ses vulgarisateurs. C'est justement la spécialisation en cours de la science, que Comte dénonçait tant, qui conduit à la nécessité de sa vulgarisation. Ce débat s'ouvre à son corps défendant, puisque lui-même refusait ce *distinguo* : la vraie science, pour lui, c'était celle des généralités et non celle des recherches spéciales. Comte était plutôt un vulgarisateur qu'un chercheur, mais il aurait refusé cette étiquette : dans son sillage, Gustave Le Bon (chapitre suivant), polymathe positiviste, prétendra lui aussi à la découverte en physique alors qu'il était vulgarisateur, ainsi que visionnaire de la science, et en aucun cas chercheur susceptible de faire des découvertes.

Mais, même dans la pratique comtienne de la vulgarisation, s'introduit un biais. La science a besoin de vulgarisateurs, et le public a besoin de science. Mais il a aussi besoin de percevoir la démarche scientifique elle-même, y compris dans ses interrogations, y compris sur le front d'élaboration de la connaissance. Le vulgarisateur peut en faire abstrac-

1. Voir par exemple D. Pestre, *Physique et physiciens en France, 1918-1940*, Éditions des Archives contemporaines, 1985.

tion – c'est-à-dire vulgariser une science qu'il considère comme établie –, mais il ne doit pas dénigrer les nouveaux champs d'exploration de la science ; s'il le fait, comme Comte, il risque de méprendre le public sur la nature même de la démarche scientifique, avec ses tâtonnements. Encore de nos jours il est des hommes de science qui contribuent à un certain dénigrement de la science en marche et de ses institutions, par exemple à propos de la théorie du réchauffement climatique. Dénigrement simplificateur, rapide et opposé à la démarche scientifique qui nécessite longues explications et non effets de manche télévisuels – dénigrement dont le public n'est pas toujours dupe, mais qui donne une image erronée de la science.

*

Ceci amène au troisième front de conflits potentiels, induit par la perception qu'avait Comte de la science qui lui était contemporaine. Tout est jugé chez lui à l'aune de critères visant à conforter sa théorie philosophique, voire parfois sa position personnelle. Quand il dénigre la théorie ondulatoire parce que selon lui rien n'y est vérifiable, ou les statistiques naissantes parce que les faits priment sur les opinions, il refuse *a priori* des idées qui n'entrent pas dans son cadre philosophique.

Avoir de tels *a priori* est à l'opposé de la démarche scientifique. Une forme d'humilité, une ouverture à la discussion ou la possibilité de se remettre en question sont, théoriquement, les vertus du scientifique, même s'il peut lui arriver de ne pas s'y tenir. Mais un comportement qui, comme celui de Comte, nie *systématiquement* ces vertus sera un marqueur de l'alterscience au XXe siècle, par exemple chez les ingénieurs qui refusent la théorie de la relativité ou le darwinisme. La vitupération intervient naturellement dans un tel cadre : la fermeture à toute discussion et l'illusion d'une pensée toute-puissante sont à l'opposé elles aussi d'une démarche scientifique – alors que justement l'on prétend *faire de la science* : c'est ce type de décalage qui marque l'alterscience.

XIV

Pourfendeurs positivistes de la *science officielle* : Gustave Le Bon, Auguste Lumière

Ces aspects négatifs de l'approche comtienne – pensée fermée sur elle-même mais aussi démarche scientifique excluant la théorie – se retrouvent chez des hommes de science assez profondément réactionnaires de la première moitié du XXe siècle. Le positivisme n'a pas inspiré qu'un progressisme de gauche, il a imprégné des scientifiques plutôt à droite, et en a fait des réactionnaires modernes : en réaction contre leur temps, tout en étant imbibés de l'idée de progrès.

Ce caractère de modernisme réactionnaire a été évoqué à propos d'Alexis Carrel, brillant médecin, prix Nobel, par la suite engagé dans le régime de Vichy. La proximité d'un autre médecin avec le positivisme, Louis-Ferdinand Destouches (*alias* Céline), a été exhumée avec par Marc Crapez :

> Je suis très de l'avis de Poincaré : « Tout phénomène de la nature que vous pouvez pas mesurer existe pas. » [...] je suis le médecin du total scrupule !... je ne supporte pas l'anormal !... un fait est un fait !... ou c'est ! ou c'est pas !... *vide latus* ! [...] je suis le positiviste en personne !... un fait est un fait[1] !

1. Céline, *D'un château l'autre* [1957], p. 241-242, 260, et *Romans*, 2, « Bibliothèque de la Pléiade » [1974], p. 71, cité par Marc Crapez, *La Gauche réactionnaire*, Paris, Berg Éditeurs, 1997. « Vide Latus » est la parole du Christ à saint Thomas (dans l'hymne pascal *O Filii et Filiae*) : « Vois mon flanc », dit-il à Thomas qui a besoin, après la Résurrection, de vérifier l'identité de Jésus, avec les marques au flanc laissées par les piques des légionnaires romains.

Poursuivons avec deux autres hommes de science imprégnés de positivisme, Gustave Le Bon (1841-1931) et Auguste Lumière (1862-1954). Comme Carrel ou Céline, ils ont un lien avec la médecine : Le Bon est polymathe, mais a fait des études de médecine ; Lumière est ingénieur, brillant inventeur du cinématographe, mais se pique de médecine pendant la seconde partie de sa carrière. Tous deux manifestent ce même caractère de modernisme réactionnaire, et tous deux ont un comportement alterscientifique marqué.

*

Gustave Le Bon est médecin de formation mais n'exerce pas ; il est surtout polymathe, s'intéressant à tous types de sciences – un multitâche de la connaissance, Maître Jacques de la science. Il a une vision unitaire et holiste de la science. Il est aussi, logiquement, polygraphe[1] – écrivant beaucoup dans les champs les plus variés : médecine, sociologie, anthropologie, zoologie, équitation, etc. Il reste connu pour son ouvrage de sociologie, *Psychologie des foules* (1895) : il y analyse négativement le comportement irrationnel des foules et leur manipulation possible par quelques individus – à l'inverse de la psychologie freudienne principalement centrée sur l'individu, ou du marxisme pour lequel la masse est supérieure à la somme des individus. Selon Taguieff, Le Bon s'intéresse à l'inégalité entre les individus, contre les théories égalitaires qui lui sont contemporaines, le socialisme, le communisme ou le féminisme – c'est, aussi, un des ressorts de ses théories raciales[2].

Ce n'est que tardivement, à partir de la cinquantaine, et sur une période de temps limitée (une décennie, entre 1895 et 1905), que Le Bon s'intéresse à la physique. Il travaille de manière solitaire et prétendra avoir découvert la radioactivité avant Becquerel et l'équivalence masse-énergie avant Einstein. En juillet 1914, il transmet une note à l'Académie des sciences intitulée « Le principe de relativité et l'énergie intra-atomique », visant à montrer en une page, sans aucune formule, qu'Einstein est arrivé avec sa formule $E = mc^2$ aux mêmes résultats auxquels lui serait arrivé neuf ans auparavant dans son livre *L'Évolution de la matière* (1905). Ce livre avait été étrillé par le physicien Jean Perrin

1. Voire même « pathographe ? », se demande Bosc [2010].
2. P.-A. Taguieff [1998].

(1870-1942, futur prix Nobel de physique 1926), qui évoquait « un orgueil sans limites » chez l'auteur :

> La même vanité qui amène M. Le Bon à fausser la perspective historique lui suggère des réclamations de priorité, toujours vagues et pour cause [...]. Dire que la matière se « désintègre », était-ce trouver le radium ? [...] Son raisonnement est inexistant et son énoncé n'est *qu'une forme sans contenu* [...] c'est du galimatias [...]. Des prétentions injustifiées, un langage confus, des énoncés à grand effet que n'appuie pas l'ombre d'une preuve, enfin des ignorances déconcertantes, sans qu'aucune découverte de premier rang puisse faire oublier ces défauts, voilà donc ce qu'on trouve aux livres de M. Le Bon[1].

Mais lorsque paraît cette recension, Le Bon était déjà passé à autre chose. Il prend en 1902, à 61 ans, la position influente de directeur d'une nouvelle collection chez Flammarion, la « Bibliothèque de philosophie scientifique ». Il ne revient à la physique que pour faire valoir ses prétendues antériorités. Après sa courte note de 1914 (faisant suite à l'article de 1905 d'Einstein), c'est à nouveau huit ans après qu'il se manifeste sur le sujet, lorsque la théorie d'Einstein et ce dernier acquièrent une renommée mondiale. Alors que le voyage d'Einstein à Paris en avril 1922 occupe la *une* des journaux, il indique à ce dernier (lettre du 5 avril 1922) :

> Je vous envoie une note (n'ayant qu'une page) publiée par moi dans les Comptes rendus de l'Académie des sciences (en 1914) où je montre que j'étais arrivé il y a plus de vingt ans à des conclusions identiques sur certains points aux vôtres. Vous serez certainement heureux de le rappeler à l'occasion.

*

Concernant ses travaux de physique, nous avons eu l'occasion d'analyser la faiblesse des résultats de Le Bon et son absence totale de méthode[2]. Tout en ayant certaines intuitions, comme celle d'une « énergie intra-

1. J. Perrin [1907].
2. Pour une discussion sur la notion de « lumière noire » et celle d'« énergie intra-atomique » chez Le Bon, voir Moatti [2007], p. 135-141.

atomique », il ne procède absolument pas à leur caractérisation scientifique : il n'a ni la formation, ni la méthode, ni l'intérêt, ni la persévérance nécessaire pour ce faire. Il travaille seul, en ayant équipé lui-même un laboratoire de recherches dans sa maison de Marnes-la-Coquette, en région parisienne ; il se plaint d'ailleurs « d'avoir dû supporter seul le coût de cet équipement[1] ». Il ne fait pas partie des milieux académiques qui ne le reconnaissent pas, et n'a pas d'activité d'enseignement. Il n'entretient aucune correspondance ou relation scientifiques avec les savants français ou européens de l'époque, ni ne participe à des colloques où ses éventuels résultats intermédiaires pourraient être discutés. Comme l'indique Benoît Marpeau [2000], il ne s'inscrit pas dans une élaboration cumulative des savoirs, ignore, voire dénigre les travaux universitaires antérieurs et a tendance à présenter comme nouveaux sous sa plume des faits bien connus et déjà étudiés. Vivant dans l'obsession de la reconnaissance et de l'antériorité, Le Bon n'est intéressé que par la publication, soit dans des périodiques généralistes comme la *Revue scientifique*, soit dans les ouvrages qu'il signe dans sa propre collection chez Flammarion.

*

En sus de ces comportements qui relèvent de l'alterscience, Le Bon entre, à la fin de sa vie, dans une vitupération contre l'Académie. Cette vitupération n'est pas celle des 50 ans, mais celle des 80 ans : jusque vers 1920, il vit en bonne intelligence avec la communauté scientifique, particulièrement en tant que directeur de collection chez Flammarion[2] – la communauté savante et lui avaient des intérêts liés. Arrivé au soir de sa vie, Le Bon envisage, ou fait en sorte qu'on envisage pour lui, un prix de l'Académie des sciences pour sa carrière. Mais c'est un prix scientifique pour ses travaux de physique – ou pour l'ensemble de ses travaux – qu'il attendait : or l'Académie lui propose un prix pour ses travaux de vulgarisation.

---

1. Bosc [2010], p. 112.
2. Pour une étude intéressante sur le nombre d'ouvrages de cette collection et leur diffusion sous la direction de Le Bon (dont ses propres ouvrages), voir Benoît Marpeau, « Les stratégies de Gustave Le Bon », *Mil Neuf Cent*, 1991, n° 9, *Les pensées réactionnaires*. La collection fondée par Le Bon existe encore chez Flammarion, fait assez rare dans l'édition après cent ans, sous l'intitulé « Nouvelle Bibliothèque scientifique ».

Dans un article d'avril 1921 de la *Revue scientifique*, Le Bon perd alors toute la retenue inhérente à ce réseau professionnel qu'il avait bâti et se livre à une violente charge contre l'Académie des sciences. Il avait en fait largement surestimé l'importance des relations mondaines dans l'évaluation de travaux scientifiques. Donnant des déjeuners mensuels très courus par ses auteurs, et par le monde scientifique en général, sans doute pensait-il que l'ascenseur pouvait lui être renvoyé… Comme Marat s'en prenait à Lavoisier, Comte à Arago, Le Bon s'en prend au secrétaire perpétuel, le mathématicien Émile Picard, qui avait dû lui laisser quelque espérance quant à son prix de l'Académie avant de devoir battre en retraite :

> Picard écrivait dans ma collection chez Flammarion, nous nous donnions du « Cher Monsieur ».

Mais l'attaque *ad personam* se fait plus violente, en même temps que l'attaque contre l'institution. Les « mandarins » de l'Académie, qualifiés de *professeurs*, sont opposés aux chercheurs : Le Bon fait ici référence au « chercheur isolé » qu'il est, seul contre les corporatismes. Ces derniers sont source d'immobilisme pour la science, alors que les chercheurs isolés sont source de progrès. Picard est le type accompli du professeur, doté d'« une âme personnelle un peu incertaine, et surtout une âme corporative », n'acceptant que la « science officielle », exerçant une « influence néfaste sur l'avenir du pays ».

La vision positiviste et le refus de l'abstraction chez Le Bon apparaissent quand il décrit une France où « l'on contemple des équations au lieu d'observer des phénomènes ». À l'inverse, les États-Unis ou l'Allemagne ont su « susciter des chercheurs indépendants » :

> En Allemagne on donne le goût de la recherche, en France le dégoût d'une science livresque.

On remarque la figure de style de type chiasme, avec le balancement (goût-dégoût) en support de l'argumentation. Le Bon accompagne cela d'une réelle vision – un peu comme dans ses travaux de physique à propos desquels Perrin lui concédait « un esprit réellement philosophique ». Lui qui, né sous Louis-Philippe, meurt deux ans avant l'arrivée du nazisme au pouvoir, avertit en 1921 que « le capital matériel de l'Allemagne est en partie détruit, mais [que] son capital mental est entier ».

*

La dérive vitupératrice de Le Bon s'amplifie rapidement. Elle devient xénophobe et antisémite dans ses échanges avec Einstein. Déjà ses articles d'anthropologie et d'ethnologie dans la *Revue scientifique*, à partir de 1888, relevaient des théories raciales en cours à son époque, auxquelles Le Bon adhère sans réserve : on trouve pêle-mêle dans ces articles divers clichés comme le caractère obscène de la Bible, les accusations de parasitisme, de meurtres rituels et de peuple déicide à propos des Juifs, etc. À la suite de la visite d'Einstein à Paris en 1922, il reprend contact avec celui-ci, dans l'objectif de le publier chez Flammarion, mais surtout de rappeler sa soi-disant antériorité. Fâché que celui-ci lui demande, pourtant courtoisement, les références de ses travaux sur l'équivalence masse-énergie, il répond :

> Je crois bien que vous ne lisez que vos propres travaux [...]. J'ai le regret de constater une fois de plus que les Germains ont conservé l'habitude d'ignorer totalement les travaux des étrangers. [Lettre de Le Bon à Einstein, 7 juin 1922.]
> J'admets volontiers que comme tant de vos compatriotes vous refusez de lire les livres français. Mais vous lisez au moins ceux consacrés à vanter vos doctrines, surtout quand ils sont écrits par un coreligionnaire. Donc vous ne pouvez ignorer le livre de M. Moch sur la relativité. Vous y trouverez, je vous le répète encore, tout l'historique que vous persistez à vouloir ignorer [...]. Vous avez lu je suppose la Bible. Vous y avez donc lu qu'il n'est de pire sourd que celui qui ne veut pas entendre. [Lettre de Le Bon à Einstein, 19 juillet 1922.]

*

Le Bon est finalement un personnage politiquement complexe, difficile à classer à gauche ou à droite. L'historien Zeev Sternhell le voit comme « précurseur du fascisme en France », faisant la synthèse de « la droite nationaliste, antilibérale et antibourgeoise, d'une part, et de la gauche sociale et socialisante, d'autre part ». Son œuvre dans le domaine de la « psychologie sociale » se rattache clairement à un courant de gauche intellectuel, plutôt antisémite, celui de Proudhon, Fourier ou Taine, en rupture politique par rapport à la gauche radicale-socialiste de la IIIe République.

La droite conservatrice, voire l'extrême droite, se reconnaîtra dans les idées de Le Bon : l'écrivain Jacques Benoist-Méchin, ancien ministre de Vichy, sera après la Seconde Guerre mondiale le premier président de l'Association des Amis de Gustave Le Bon. Alain de Benoist, penseur de la Nouvelle Droite, mentionne avec emphase[1] les travaux de physique de Le Bon, qui découvre la radioactivité « peu après 1878 » et $E = mc^2$ « bien avant Einstein » ; il en fait, dans *Le Figaro Magazine*, à l'occasion du cinquantenaire de sa mort, « un prophète de l'antisocialisme[2] ». Taguieff confirme que « la pensée de Le Bon sur la décadence des peuples se prête à la lepénisation », et rappelle que Jean-Marie Le Pen, président du Front national, a évoqué devant le conseil scientifique de ce parti « les remarquables travaux de Gustave Le Bon et d'Alexis Carrel[3] ».

Olivier Bosc, s'intéressant au certain oubli dans lequel est tombé Le Bon, a essayé de comprendre comment celui-ci est passé de « promoteur de la science atomique » (sur la plaque commémorative apposée juste après sa mort sur la façade de la mairie de Marnes-la-Coquette) à « scientifique amateur » (sa notice Wikipédia actuelle). Les deux mentions ne sont pas forcément contradictoires : Le Bon, bien qu'il prétende être physicien, est avant tout un vulgarisateur, un « promoteur » de la science. Bosc voit en Le Bon, qui s'accroche à sa lecture généraliste de la science et du monde, le symbole d'une période où la spécialisation n'est pas encore de mise. Il donne une lecture intéressante du mot *alterscience*, celle d'une science tournée vers *autrui* : Le Bon « bascule du côté de l'autre science, celle faite de généralisations, d'approximations, de vérités alternatives : une science non plus tournée vers la vérité, mais vers la foule[4] ».

*

1. Alain de Benoist, *Vu de droite. Anthologie critique des idées contemporaines*, Copernic, 1977. Bosc [2010] rappelle que Le Bon avait publié chez Flammarion plusieurs ouvrages du philosophe Louis Rougier, considéré par Benoist comme son maître à penser – c'est aussi un des maîtres à penser de Maurice Allais (voir Allais [1990]).
2. Alain de Benoist, « Un prophète de l'antisocialisme. Cinquantenaire de la mort de Gustave Le Bon », *Le Figaro Magazine*, 12 décembre 1981. Cité par P.-A. Taguieff [1998].
3. Taguieff, *ibid.*
4. Bosc [2010], p. 120.

Auguste Lumière (1862-1954), de vingt ans le cadet de Le Bon, d'une grande longévité comme lui, peut être analysé suivant les mêmes ressorts de l'alterscience et dans cette même qualification de modernisme réactionnaire. À la différence de Le Bon, il a été peu étudié, comme les frères Lumière en général – nous verrons que l'aîné Auguste est la part d'ombre du duo des inventeurs du cinématographe. De fait, les deux frères ont à partir de la cinquantaine une vie fort différente : c'est sans doute là qu'il faut chercher la cause des dérives de l'aîné. Ils mettent au point tous deux l'image animée dans la petite entreprise lyonnaise de photographie (daguerréotypie) de leur père. Mais le cadet, Louis (1864-1948), mènera une carrière officielle, à Paris, couvert d'honneurs, membre de l'Académie des sciences à partir de 1919. Auguste, restant à Lyon, mène une carrière plus fantasque et moins en vue, sans doute liée à son caractère – il cherchera d'autres moyens de se faire reconnaître.

Jusqu'aux années 1910, les deux frères mènent une carrière commune, au service de leurs inventions. L'entreprise familiale est proche de la communauté scientifique, puisque les plaques photographiques Lumière sont utilisées à la fois dans le domaine des rayons X (dès leur découverte en 1895) et dans celui de la radioactivité (à partir de la découverte des « rayons uraniques » par Becquerel en 1896). Avant que l'on connût la nature de l'émission radioactive (qui induirait la construction des compteurs radioactifs de type Geiger), l'impression de plaques photographiques par des matériaux émetteurs était le seul moyen de détecter la radioactivité. Déjà les frères Lumière avaient été appelés comme experts par l'Académie pour contrer la supposée « lumière noire » de… Gustave Le Bon, qui transmettait régulièrement des communications sur le sujet. Producteurs de 15 millions de plaques photographiques par an, ils sont sans appel à propos de la « lumière noire » :

> En nous mettant à l'abri de toutes causes d'erreur, croyons-nous, il ne nous a été possible, dans aucun cas, de reproduire les effets que cet auteur a obtenus [...]. La mauvaise fermeture des châssis photographiques, leur défaut d'étanchéité, sont encore des causes d'erreurs fréquentes, dans les expériences du genre de celles qui nous préoccupent [...]. Nous croyons pouvoir conclure que la lumière noire, dont il a été plusieurs fois question dans les *Comptes rendus*, ne serait que de la

lumière blanche, à l'abri de laquelle on ne se serait pas placé d'une façon suffisamment rigoureuse[1].

*

À partir de la Première Guerre mondiale, les parcours des deux frères divergent. La radiologie, nouvelle technique médicale utilisant les rayons X, passionne Auguste. Lorsque la guerre éclate, dégagé des obligations militaires à cause de son âge, il finance sur ses deniers personnels l'équipement de radiologie de l'Hôtel-Dieu de Lyon et met ses compétences techniques à disposition des médecins, notamment de son ami lyonnais le professeur de médecine Léon Bérard (1870-1955)[2]. Fidèle auxiliaire de la médecine qu'était cet ingénieur grâce aux plaques radiographiques Lumière, il veut, à partir de la cinquantaine, en devenir un acteur : il publie une centaine d'articles ou de livres sur des sujets médicaux, et cela correspond à la quasi-exclusivité de sa carrière après 1920. La mort de sa fille unique Andrée[3] en 1918 joue sans doute un rôle dans cette seconde phase de sa vie.

Il met au point pendant la guerre le pansement de tulle gras, qui ne colle pas à la plaie et soulage la souffrance des blessés. Mais hors cet apport pratique, c'est sur le terrain de la *théorie* qu'il se battra sa vie durant. Il conteste le caractère contagieux de la tuberculose (caractère progressivement établi au cours du XIXe siècle – les malades seront isolés dans des sanatoriums), avec des considérations morales à l'appui. Il imagine d'autre part une théorie très vague, à caractère holiste, sur l'importance des colloïdes dans l'organisme. Lumière ne voit que colloïdes partout et, comme Le Bon, énonce son sujet de manière très globale, sans jamais le caractériser :

> La vie n'existe pas en dehors de l'état colloïdal, et le premier principe figurant en tête de tous les traités de biologie devrait être énoncé de la façon suivante « L'état colloïdal conditionne la vie [...] ». Or, fait

---

1. Séance du 24 février 1896, *Comptes rendus de l'Académie des sciences,* t. 122, p. 463-465 ; cité par Jean-Louis Basdevant, « Henri Becquerel : découverte de la radioactivité », *BibNum,* octobre 2008.
2. Voir Patrice Pinell, *Naissance d'un fléau : histoire de la lutte contre le cancer en France,* Paris, Métailié, 1992.
3. Chardère [1997].

> incroyable, inouï, les traités de médecine ignorent les colloïdes ! [...] Dans ce siècle où la science a fait tant d'immenses progrès, comment se peut-il que des armées de chercheurs ne se soient guère intéressés qu'à un nombre considérable de questions sans importance et même vétilleuses, en négligeant les plus graves énigmes de la nature et d'abord celle qui concerne les colloïdes, supports de la vie[1] ?

Ces discours s'accompagnent chez Lumière d'un dénigrement de la médecine allopathique, présentée comme faite de « drogues » auxquelles on attribue « des propriétés curatives alors qu'elles n'en possèdent aucune[2] ». Cette vulgate est de nos jours récupérée par des sites Internet de médecines alternatives qui mettent en avant le nom réputé des Lumière. Même si les progrès de la biologie amènent à considérer de manière plus détaillée cette notion de colloïdes, c'est sur des bases expérimentales et théoriques beaucoup plus solides que les généralités émises par Lumière – et c'est aussi grâce aux progrès postérieurs faits dans d'autres domaines de la biologie et de la médecine. Aussi, dans le meilleur des cas pour Le Bon (l'énergie intra-atomique) et pour Lumière (les colloïdes), peut-on leur accorder un caractère visionnaire, prescient (préscientifique ?), mais sûrement pas la paternité d'un résultat scientifique.

*

Auguste Lumière s'aigrit de voir ses théories non prises en considération par le corps médical et savant. Tout en reconnaissant qu'il « n'a pas élucidé complètement l'étude des colloïdes, qui restent encore mystérieux de certains points de vue », il se plaint que ses « laborieuses recherches sur le sujet ont été étouffées par les conformistes[3] ». C'est en 1941, atteignant 80 ans comme Le Bon vingt ans plus tôt, que Lumière publie un pamphlet contre l'Académie des sciences, *Les Fossoyeurs du progrès, les mandarins contre les pionniers de la science*, où il théorise son dénigrement de la science officielle.

Souvent cité dans des ouvrages de physique alternative, ou sur Internet, c'est, cent cinquante ans après *Les Charlatans modernes* (1791) de

1. Lumière [1953].
2. *Ibid.*
3. *Ibid.*

Marat, lui aussi écrit en période trouble, une curieuse convergence d'idées entre le révolutionnaire montagnard, Marat, et le contre-révolutionnaire décoré de la Francisque de Vichy, Auguste Lumière. L'un est médecin et enrage de ne pas voir ses théories physiques reconnues ; l'autre est ingénieur et s'aigrit de voir ses travaux de médecine délaissés.

Comme Le Bon, Lumière construit une opposition entre professeurs et chercheurs. Les longues études que font les professeurs leur donnent l'exercice de la mémoire, mais pas d'imagination. Pis, elles intoxiquent les esprits par des formules dogmatiques : « Les professeurs de médecine ressassent les formules toutes faites qui s'inscrivent dans leur mémoire. » Ceux qui ont su se créer de hautes situations, qui ont fondé des entreprises, « qui ont réussi à émerger de la masse des humains », ne sont pas, en général, ceux qui ont « reçu les enseignements de l'École ».

Comme Marat, Lumière décrit l'Académie comme une institution n'encourageant pas la recherche, mais distribuant des prébendes – dans le même temps, les vrais chercheurs « meurent de faim ». Selon Lumière, les *Comptes rendus* de l'Académie étalent des « problèmes théoriques d'une spécialisation extrême » – c'était aussi l'avis d'Auguste Comte. En séance plénière, les différentes sections de l'Académie ne se comprennent pas entre elles : « Quand un auteur présente à l'Académie un travail de botanique, les autres sections sont incompétentes. » Marat écrivait, à sa façon plus caustique et amusante, que « les chimistes bâillent et ricanent lors de la présentation d'un mémoire par un géomètre, etc. ». Les différences politiques entre les deux auteurs réapparaissent néanmoins quand Lumière associe à l'obscurantisme des académiciens celui des foules : les chercheurs et inventeurs indépendants ont aussi à craindre la populace – Jacquard (1752-1834), l'inventeur du métier à tisser, ne faillit-il pas être jeté dans la Saône lors de la révolte des Canuts à Lyon en 1831 ?

*

Un fil d'alterscience peut être tiré avec les « inventeurs indépendants » contemporains – souvent des ingénieurs, souvent à la retraite. Quiconque a travaillé dans le domaine de l'innovation sait comment ils peuvent être difficiles à manier, convaincus qu'ils sont du caractère extraordinaire de leur invention, souvent basée sur une théorie scientifique fumeuse, se répandant en courriers comminatoires et virulents et invoquant parfois le complot des puissances dominantes et des grandes entreprises qui étouffent leurs inventions. Voici une version édulcorée de leur discours :

> Des milliers d'inventions dorment chez les inventeurs, souvent délaissées volontairement par des groupes cotés en bourse, attendant que les précieuses inventions tombent dans le domaine public, pour récupérer le fruit de l'inventeur qui est, lui, démoralisé[1] [...].

Les banques et les entreprises reçoivent énormément d'argent de l'État et de l'Agence de valorisation de la recherche (ANVAR), mais bien évidemment « rien pour les inventeurs indépendants », qui pourtant sont « le fonds de tiroir [*sic*] des valeurs créatives oubliées » et « règlent tous les ans la redevance à l'INPI [Institut national de la propriété industrielle] pour le maintien de leurs brevets ».

Le terme même d'« inventeur indépendant » rappelle celui de « chercheur indépendant » souvent utilisé par les alterscientifiques, soit pour se qualifier eux-mêmes, soit pour se comparer à d'illustres scientifiques qu'ils qualifient – souvent à tort – d'« indépendants » (les frères de Broglie, Louis Pasteur).

*

Revenons à Lumière et à ses *Fossoyeurs du progrès*. Comme Comte ou Saint-Simon, il propose une modification du fonctionnement de l'Académie pour remédier à son impéritie. Chez Lumière, cette proposition s'inscrit dans une période propice au changement : il pouvait espérer que ses idées fussent considérées – celles de Marat avaient conduit à la suppression des Académies... Caressant la même solution de suppression de l'Académie (alors « vous verrez la science progresser »), Lumière se rabat vers l'idée de création d'une autre entité. Ce nouvel organisme aurait pour rôle de « soutenir les artisans du progrès et de les protéger contre l'incompréhension et les bassesses de leurs conci-

1. Cette citation et celles du paragraphe suivant sont extraites de « L'appel national des inventeurs indépendants. Avec les inventeurs, vous n'avez rien à perdre, mais tout à gagner ! » (novembre 2009) ; en ligne sur http://www.fivespirit.eu/newcreatorstv/APPEL-NATIONAL-DES-INVENTEURS-INDEPENDANTS_a4.html (consulté le 30 mars 2011).

toyens ». À l'appui de cet organisme, le gouvernement créerait une revue spécialement affectée aux inventeurs, avec un double objectif – on retrouve ici l'idée de Fourier. Cette revue publierait les résultats des inventeurs, levant ainsi la chape de plomb du silence ; elle ferait par surcroît connaître le « mauvais vouloir » qu'ils ont eu à affronter. Mais attention, prévient Lumière : dans cette nouvelle Académie, il ne faudrait pas mélanger torchons et serviettes. Les « petits bricoleurs d'appareils domestiques[1] », principalement attirés par le profit, n'y auront pas leur place : seuls les novateurs, inventeurs de « nouvelles théories biologiques », tels que lui, devront y être honorés – leur moteur n'est pas le profit, ni même leur propre gloire, mais « la gloire de la science ».

Comme Marat, Lumière écrit pendant une période révolutionnaire qui est pour lui l'occasion d'une reconnaissance. Celle que l'Académie d'avant 1940 ne lui a pas accordée, la révolution nationale de Vichy la lui apportera-t-elle ? En ce sens, les dérives idéologiques d'hommes ayant cherché vainement la reconnaissance de leurs travaux scientifiques ne peut-elle s'expliquer par un transfert vers le domaine de l'idéologie politique de leur envahissant besoin de reconnaissance – par exemple à la faveur d'une révolution qui peut favoriser un tel transfert, chez ces esprits déjà échauffés ? Johannes Stark, qui cherche vainement à réintégrer l'université après ses expériences industrielles désastreuses, s'aigrit au début des années 1920 contre la république de Weimar et commence à chercher la reconnaissance dans les rangs nationaux-socialistes.

*

Les deux frères Lumière sont sympathisants du régime de Vichy. En 1995, la Banque de France avait prévu de mettre les deux frères inventeurs du cinématographe en effigie du nouveau billet de 200 francs : plusieurs voix, dont celles de résistants, s'étaient élevées contre ce projet, et le billet avait finalement été mis à l'effigie d'un autre inventeur, Gustave Eiffel (1832-1923), qui ne risquait pas de s'être compromis sous Vichy.

Les deux frères sont décorés de la Francisque. Louis, le frère cadet, bénéficie d'une reconnaissance plus importante que son frère aîné

1. Lumière [1941] (comme toutes les citations du paragraphe).

Auguste, sous Vichy comme auparavant. Il est membre du Conseil national de Vichy, sorte de Conseil économique et social qui fonctionne entre 1941 et 1943 ; il est décoré de la grand-croix de la Légion d'honneur par Philippe Pétain le 2 janvier 1942[1].

Même s'il n'a pas eu d'autre responsabilité officielle, Auguste Lumière, comme son frère, adhère aux idées de la révolution nationale. C'est pour lui une véritable bouffée d'oxygène : la remise en cause des pouvoirs traditionnels qu'elle implique le séduit. Depuis vingt ans, lui aussi se bat contre le pouvoir établi, celui des académiciens – il a déjà publié *Les Fossoyeurs du progrès* en 1941. À la fin de cette même année, il donne une interview aux *Cahiers de la jeune France*[2] (en référence à la « nouvelle France » née de l'armistice du 17 juin 1940), publication des Chantiers de jeunesse. Le rédacteur Armand Megglé le présente en soulignant « le magnifique exemple de foi et de courage [que] ce grand vieillard donne aux jeunes générations ». Auguste Lumière, alors âgé de 79 ans, reprend son antienne sur le « martyrologe des novateurs » qui pave l'histoire des grandes découvertes, et qu'il énumère en annexe à son ouvrage. Ce qui donne, selon lui, « une bien piètre idée de la mentalité humaine » – d'où le titre de son interview, « L'homme, cet être égoïste et féroce », qui s'accorde bien à la mentalité globale de l'époque d'autoflagellation et de recherche de boucs émissaires. Ici c'est la nature humaine même qui est fustigée : seul le Redressement national permettra – peut-être – de l'améliorer, par exemple grâce aux Chantiers de jeunesse.

*

La persistance de son discours après guerre est pathétique chez Auguste Lumière. Son frère puîné meurt en 1948, à 84 ans, lui-même vit jusqu'à 1954, où il meurt à 91 ans. L'époque n'est plus aux mêmes idées – mais celles d'Auguste Lumière restent les mêmes. Il les répète dans trois ouvrages pendant cette période.

En 1950, il publie au compte des laboratoires Lumière à Lyon un bref opuscule, dont le titre est emprunté aux Psaumes, *Aures habent et*

1. Voir vidéo d'informations INA sur cette remise de décoration (2 janvier 1942) : http://www.ina.fr/art-et-culture/cinema/video/AFE85000625/petain-remet-la-grand-croix-de-la-legion-d-honneur-a-louis-lumiere.fr.html.

2. *Cahiers de la jeune France*, novembre 1941, n° 15 : « L'Homme, cet être égoïste et féroce », Auguste Lumière.

non audient. Comme chez Fourier, la métaphore est évangélique et s'applique non aux pharisiens mais aux académiciens - ce sont eux les tenants de la science officielle qui ont des oreilles mais qui n'entendent pas. Lumière y reprend ses thèses médicales, « étouffées par un mutisme concerté ». Il s'insurge contre l'article d'un universitaire dans *Le Monde*, selon lequel l'infection tuberculeuse n'est jamais héréditaire : comment peut-on laisser « un officiel écrire une telle absurdité ? ». Car Lumière pense, lui, que la tuberculose est transmissible par voie placentaire - ce qu'il appelle héréditaire ; de nos jours, ont lieu certaines recherches sur la prédisposition génétique à la tuberculose, mais il est acquis qu'elle ne se transmet pas de la mère à l'enfant. Lumière conteste aussi l'idée, prouvée dès son époque, de la primo-infection tuberculinique - prémisse attestée de la maladie : il s'agit pour lui d'une « théorie satanique ».

Mais le plus dangereux dans l'approche médicale de Lumière est sa négation du caractère contagieux de la tuberculose - elle a pourtant été prouvée par Villemin en 1865, et le bacille a été isolé par Koch en 1882. Déjà au cours du XIXe siècle, les médecins hygiénistes français avaient été fort négligents vis-à-vis de la plus meurtrière maladie du siècle, qui n'est inscrite qu'en 1888 comme maladie contagieuse[1] : la théorie du docteur Bénédict Morel (1809-1873) imprégnait les esprits, selon laquelle certains groupes humains étaient en « dégénérescence », et partant plus soumis à des maux comme la folie, mais aussi l'alcoolisme, le suicide, et... la tuberculose, vue plus comme un fléau social que comme une maladie. Est-ce un reste de cette théorie de la dégénérescence, forme de darwinisme social, que soutient Lumière quand, de 1910 jusqu'à la fin de sa vie, il conteste la politique de confinement des malades en sanatorium ? Il utilise aussi des arguments moraux dans son argumentation : la femme tuberculeuse étant séparée de son mari, celui-ci « se laisse entraîner par d'autres affections, prend une maîtresse qui ne risque pas de l'empoisonner[2] », ce qui conduit à l'éclatement des

1. L'Angleterre avait un taux de décès par tuberculose trois fois inférieur à la France. « Alors qu'en Angleterre on assainissait les logements, au besoin par la contrainte, et que l'on isolait les phtisiques, qu'en Allemagne l'interdiction de cracher était effective et que des sanatoriums étaient ouverts depuis 1862, en France, on ne faisait rien [...]. L'enquête de la Commission de la tuberculose, instituée par le président du Conseil en 1899, aurait pu être menée un demi-siècle plus tôt, et ses mesures prophylactiques appliquées aussitôt » (Jorland [2010]).
2. Lumière [1941].

familles. En 1950 encore, près d'un siècle après les expériences décisives de Jean-Antoine Villemin, Lumière soutient le caractère non contagieux et conclut ainsi son plaidoyer :

> Avec un tel ostracisme, les erreurs, les préjugés dogmatiques et les énigmes actuels concernant le fléau tuberculeux laisseront le problème croupir au sein de la mare stagnante d'où la science officielle l'empêche de sortir.

*

Dans *La Recherche scientifique* (1948), il étend le champ de ses attaques contre l'institution scientifique au Centre national de la recherche scientifique, le CNRS. Cet organisme avait été créé en 1939, sur les bases de la Caisse nationale de la recherche scientifique fondée en 1935 à l'instigation de Jean Perrin et d'Irène Joliot-Curie, secrétaire d'État à la recherche scientifique du gouvernement de Front populaire. Il avait été menacé par le gouvernement de Vichy[1], mais finalement maintenu. Un décret de 1945 l'avait conforté, plaçant Frédéric Joliot à sa tête – c'est à ce moment-là que le CNRS commence à être connu, la guerre l'ayant maintenu inconnu du grand public.

Lumière recopie sur vingt pages les divers décrets constitutifs du CNRS, de 1939 à 1945 : procédé assez fastidieux, assez courant chez les alterscientifiques. Façon très positiviste de convaincre le lecteur en lui donnant accès aux documents fondateurs, mais qui donne l'impression d'un livre non construit et en rend la lecture pénible et décousue. Le CNRS est, comme l'Académie des sciences, un organisme inutile aux yeux de Lumière :

> Pour nous, ce n'est point un Conseil scientifique de 80 pontifes, ni des Commissions de spécialistes conformistes, ni des Comités ordonnant des recherches sur commande, ni des fonctionnaires avec les chefs de bureau, leurs rédacteurs, leurs dactylographes, qui sont en mesure d'apporter aux novateurs l'aide qui leur serait nécessaire.

Comme Camille Flammarion écrivant en toutes lettres la distance de Pluton à la Terre pour mieux en montrer le caractère faramineux,

1. Voir Frédéric Joliot-Curie, chapitre XVIII.

il dénonce le budget annuel du CNRS, « cinq cent quatre-vingt-quatre millions deux cent soixante-dix-neuf mille six cent vingt-trois francs ». Et, avec ses « 48 000 mémoires annuels répertoriés en 1946 », le CNRS ne conforte-t-il pas « l'évolution de la recherche scientifique vers la spécialisation et la résolution de petits problèmes » ? Il en est de ces petits problèmes comme de ceux traités par les articles des *Comptes rendus de l'Académie des sciences* : comment ne pas être frappé par leurs titres si spécialisés, quand on les compare aux « grandes options de la médecine » ? Et Lumière d'égrener alors une liste de deux cents questions pour lui fondamentales et sans réponse. Elles sont fort hétérogènes et générales, à preuve la première d'entre elles : « Quelles sont les origines de la vie ? L'impossibilité de la génération spontanée n'est pas rigoureusement prouvée. » On y apprend que le problème du cancer est « intimement lié à celui de la syphilis » : nouvelle considération morale ? Il faut donc, selon lui, vacciner contre la syphilis.

*

Dans son dernier ouvrage, datant de 1953, Auguste Lumière égrène la liste de ses découvertes, elles aussi au nombre de deux cents. À côté de découvertes tout à fait incontestables, notamment dans le domaine du cinématographe, on trouve des préceptes d'ordre général, présentés comme des découvertes – ainsi la deux centième :

> N° 200. Un autre défaut tout aussi grave des méthodes pédagogiques est d'étouffer la curiosité des étudiants.

Mais l'intérêt de ce dernier ouvrage est surtout de lever un coin du voile sur les ressorts d'Auguste Lumière contre l'Académie. On y comprend qu'en fait le frère aîné Auguste a été jaloux de son cadet Louis, seul à être sollicité pour entrer à l'Académie des sciences en 1919. Louis est mort depuis 1948, Auguste a 90 ans lorsqu'il écrit son ouvrage en 1953, sa plume se délie – il est amer contre son frère qui « prend à son seul compte l'invention du cinématographe » dans la présentation de ses travaux jointe à sa candidature. Louis Lumière était sans doute un être plus rompu aux méandres académiques, sans doute plus sociable aussi. Ce qu'Auguste avait accepté en 1919, fier que Louis entre à l'Académie (il était sans doute difficile d'y faire entrer deux frères), il le regrette en 1953 : rétrospectivement, cet événement signe pour lui « la fin de l'harmonie fraternelle ».

Cette jalousie à peine dissimulée au crépuscule de sa vie, où finalement l'on s'aperçoit que la destinée des deux frères Lumière – pourtant toujours associés, y compris dans leur page Wikipédia –, a été fort différente, ainsi que cette frustration sont sans doute à la racine de la forte volonté de reconnaissance qu'a eue Auguste toute sa vie. Associées à un caractère difficile, elles peuvent expliquer les dérives alterscientifiques du frère aîné dans la deuxième partie de sa vie.

La science
au service de l'idéologie

XV

Avatars d'une *science allemande*, de Paris en 1914 à Berlin en 1936

« La physique est aux côtés de la patrie dans ces heures difficiles » : voici ce que la revue *Physikalische Zeitschrift,* éditée par Max Born (1882-1970), indique en 1914 au-dessus des notices nécrologiques de physiciens allemands morts au début de la Première Guerre mondiale[1]. La science est ainsi mobilisée au service de la patrie et du nationalisme, dans chacun des camps en lice, en France et en Grande-Bretagne d'une part, en Allemagne de l'autre.

On assiste, à l'orée de la Première Guerre mondiale, à une véritable *théorisation scientifique* du nationalisme, par des hommes de lettres et des hommes de science. Certes, la tendance à opposer une pratique française à une pratique allemande de la science, ou à écrire le palmarès scientifique au profit de telle nation, le cas échéant en tordant la réalité, existe de longue date. Mais elle sort alors de l'arène académique pour se développer en 1914 dans la sphère publique (journaux notamment) et de manière collective : c'est l'entrée des savants en tant qu'*intellectuels* dans le débat public. Une part significative des scientifiques de chaque pays met son prestige voire sa compétence scientifique au service du nationalisme. Des définitions théoriques d'une *science allemande,* aux caractéristiques négatives, sont ainsi données en France.

Par un curieux retournement, dix ans plus tard, le national-socialisme allemand utilise les mêmes caractéristiques négatives qui, appliquées en 1914 par les savants français à leurs collègues allemands, le sont

1. Becker [1987].

cette fois-ci à la science prétendue *juive* par certains de ces mêmes savants allemands. Une science allemande (la *Deutsche Physik* ou la *Deutsche Mathematik*), celle de 1936, chasse l'autre... Ce retournement a parfois lieu sous la plume du même savant : le prix Nobel de physique (1905) Philip Lenard, fort belliqueux dès 1905 avec ses collègues anglais, critique la science anglaise en 1914[1] avec les arguments qui lui serviront à théoriser la physique juive en 1936. Pour paraphraser un célèbre aphorisme, *on est toujours le savant allemand* (ou anglais, ou juif) *de quelqu'un* – dans ce cas d'un autre savant.

*

L'ouverture de ce « front scientifique » n'allait pourtant pas de soi – elle connaît une semaine de flottement, comme d'ailleurs l'histoire elle-même semble hésiter lors de la dernière semaine de juillet 1914. Le 1er août 1914, le *Times* de Londres publie un appel de plusieurs scientifiques et hommes de lettres anglais – dont les prix Nobel Thomson et Ramsay – dissuadant le gouvernement anglais de s'engager dans une guerre contre les Allemands aux côtés de la Russie[2] : l'Allemagne a tant influencé la culture et la science européennes, que lui déclarer la guerre serait un « péché contre la civilisation » ; il est à cet égard nécessaire de distinguer le militarisme prussien de la culture allemande... Ce profond respect de la culture allemande montre l'influence intellectuelle majeure de l'Allemagne en Europe tout au long du XIXe siècle.

Le 5 août néanmoins, après l'invasion de son alliée la Belgique, la Grande-Bretagne déclare la guerre à l'Allemagne. Le 20 août, des universitaires allemands renoncent à leurs distinctions britanniques – parmi eux, le biologiste Ernst Haeckel (1834-1919), qui avait promu les idées de Darwin en Allemagne, abandonne son diplôme de Cambridge et sa médaille Darwin de la Royal Society. Le 4 octobre est publié le « manifeste des 93 », *An die Kulturwelt*, dans lequel 93 scientifiques et hommes de lettres allemands s'engagent aux côtés de leur gouvernement pour défendre « la juste et bonne cause de l'Allemagne ». Ils affirment notamment, comme une réponse à l'appel britannique du 1er août, que la culture et le combat allemands ne font qu'un : « Sans notre militarisme,

1. Lenard [1914], cité par Wolff [2003].
2. La Russie avait déclaré la mobilisation générale contre l'Allemagne le 30 juillet 1914.

notre civilisation serait anéantie depuis longtemps. L'armée allemande et le peuple allemand ne font qu'un[1]. »

La réponse vient dans un manifeste du 21 octobre 1914 (dans le *Times*) de 117 personnalités britanniques – dont les romanciers Kipling et H. G. Wells, et les physiciens Thomson, Ramsay, W. H. Bragg, Crookes, lord Rayleigh. Ils évoquent « les penseurs allemands de la guerre », comme le théoricien politique Treitschke (1834-1896), et déplorent que « les Allemands cherchent à imposer par la force brute leur culture aux autres nations ».

*

William Ramsay (1852-1916), découvreur de l'argon, prix Nobel de chimie 1904, développe cette argumentation dans la revue scientifique *Nature*. Sortant de son magistère – la chimie –, il théorise une idéologie nationaliste. Bâti en anaphore à la manière du « J'accuse » de Zola, son article comporte un *leitmotiv* lancinant à propos des Allemands : « *And their remedy is war.* » Britanniques et Américains regardent l'État comme émanant d'eux-mêmes : « *We are the State.* » Mais pour les Allemands, l'État est une entité externe, autoproclamée, ayant le pouvoir absolu sur la vie de ses sujets :

> L'idéal anglo-saxon est la liberté de l'individu ; l'idéal teuton est la contrainte de l'individu par une oligarchie omnipotente.

C'est d'ailleurs pour cette raison que, dans le monde entier – règne à ce moment un fort esprit colonialiste, non sans rapport avec le déclenchement de la guerre –, doit se répandre la culture britannique et non la culture allemande. Toujours selon Ramsay, les travaux des savants allemands sont certes brillants ; mais, à part quelques exceptions, ils correspondent plutôt à l'exploitation de découvertes et inventions faites ailleurs qu'en Allemagne. Celles qui ont été faites en Allemagne sont

---

1. L'appel complet est reproduit en annexe 1 de Moatti [2007], d'après la *Revue scientifique* du 14 novembre 1914, p. 170-172. À propos des différentes traductions françaises de l'appel allemand d'origine, l'Académie des sciences française notait en 1914 que « loin d'aggraver le caractère de l'original, [elles] en auraient plutôt atténué la violence » (Archives de l'Académie des sciences, fonds Émile Picard, carton n° 1733, cité par Rasmussen [2004]).

d'ailleurs l'œuvre « d'Hébreux résidant parmi les Allemands », plus souvent que de scientifiques de « race allemande ».

Ramsay balaye tous les aspects de la vie sociale – pas seulement la vie intellectuelle et scientifique de la nation allemande. En matière de commerce international – il précise sa source, « *according to common report* » (« suivant l'opinion commune »), source pour le moins non scientifique –, les Allemands « manquent de moralité commerciale et ne sont pas appréciés en tant qu'hommes d'affaires ». En conclusion, c'est « une guerre de l'humanité contre l'inhumanité », une guerre de ceux qui ont raison contre ceux qui ont tort (« *a war of right against wrong* »).

*

Le front des intellectuels n'est pas en reste en France. Bergson déclare à la tribune de l'Académie des sciences morales et politiques, le 8 août 1914, juste après le début de la guerre :

> Vouée à l'étude des questions psychologiques, morales et sociales, notre compagnie accomplit un simple devoir *scientifique*[1] en signalant, dans la brutalité et le cynisme de l'Allemagne, dans son mépris de toute justice et de toute vérité, une régression à l'état sauvage.

L'Académie des sciences réagit elle aussi, lors de sa séance du 3 novembre 1914, au « manifeste des 93 ». Comme Ramsay, elle estime que « les civilisations latine et anglo-saxonne[2] sont celles qui ont produit depuis trois siècles la plupart des grandes découvertes en mathématiques, physiques et naturelles ».

Dans le domaine des sciences humaines et sociales, une collection « Études et documents sur la guerre » est créée en 1915 chez Armand Colin. Son objectif est de « dépeindre l'Allemagne telle que la guerre nous l'a révélée » ; on relève dans son comité de publication de prestigieux noms, souvent liés à la gauche dreyfusarde : Ernest Lavisse, directeur de l'École normale supérieure (président du comité), Émile Durkheim (secré-

1. C'est nous qui soulignons (citation *in Déclarations de l'Institut et des universités de France : à propos du manifeste des intellectuels d'Allemagne*, Paris, Imprimerie nationale, 1915).
2. Comme la suite du texte le montre sans ambiguïté, la civilisation anglo-saxonne ne comprend pas la civilisation allemande. Pour ce texte, voir *Revue scientifique*, 8 novembre 1914, p. 172.

taire), Lucien Herr, bibliothécaire de l'École normale (archiviste du comité), Charles Andler, Henri Bergson, Jacques Hadamard, Charles Seignobos. Dans un des ouvrages de cette collection, *L'Allemagne au-dessus de tout* (traduction du fameux *Deutschland über Alles*), le sociologue Émile Durkheim (1859-1917) reprend les mêmes arguments que Ramsay, étayés par les écrits de Treitschke : en France, la souveraineté qu'on prête à l'État n'est jamais que relative – celui-ci dépend de l'opinion de ses sujets, de l'opinion des peuples étrangers ; l'État allemand est, lui, un « *autarcos* », un absolu qui se suffit complètement à lui-même.

Dans un autre ouvrage de la collection, le germaniste Andler et l'historien Lavisse estiment que l'Allemagne s'attribue la mission de régir le monde : après la période grecque et la période romaine adviendrait la période germanique. Les intellectuels allemands ont eu le tort de faire pénétrer au sein du peuple allemand l'idée de sa supériorité et celle d'une lutte pour le *Lebensraum* (espace vital). C'est, selon Andler et Lavisse, un abus allemand de l'hypothèse darwinienne que de prétendre que cette lutte – la guerre – régit l'humanité comme elle régit la Nature.

*

Une autre salve est tirée de France à partir d'avril 1915. Dans *Le Figaro*, vingt-trois contributions successives de personnalités de premier plan sont placées sous l'égide de l'Institut de France. Elles sont regroupées par son secrétaire perpétuel, Étienne Lamy, en un opuscule intitulé *Pour la vérité*. Car c'est bien celle-ci que prétend détenir Lamy : si pour les Allemands c'est « l'Allemagne au-dessus de tout », pour les Français c'est « la vérité au-dessus de tout ». En 1916 paraît un autre opuscule, *Les Allemands et la Science* ; selon ses auteurs, il vient compléter celui de l'Institut en donnant « des exemples concrets des perversions de la science allemande ». Albert Dastre (1844-1917), normalien, membre de l'Académie des sciences, titulaire de la chaire de physiologie générale à la Sorbonne, écrit ès qualités, en physiologiste rédigeant un article scientifique et citant les autres articles de ses collègues publiés dans le même ouvrage :

> En ce qui concerne l'esprit scientifique, les récentes études de Boutroux, Picard, Duhem ne laissent pas d'incertitude sur les principales caractéristiques du mécanisme cérébral des Allemands en comparaison avec le nôtre.

Dastre déplore la tendance des scientifiques allemands à « la réclame commerciale » : outre-Rhin, la recherche scientifique se serait corrompue au contact des intérêts matériels, perdant son affectation désintéressée.

Comme Ramsay en Angleterre, en France deux éminents scientifiques poussent le raisonnement plus loin encore : le physicien et chimiste Pierre Duhem (1861-1916) et le mathématicien Émile Picard (1856-1941), tous deux par ailleurs assez conservateurs sur le plan politique. Picard[1] dénie à l'Allemagne toute prédominance dans l'avancée des sciences sur les trois derniers siècles, soulignant que l'augmentation du rendement scientifique ne doit pas être confondue avec le progrès réel de la science. Il s'en prend aux travaux allemands de « géométries bizarres » – dont celle de Riemann qui sert de base à la relativité générale – et aux « symbolismes mathématiques étranges », qualifiés d'exercices de logique formelle peu utiles.

Quant à Duhem, il tient des propos virulents dans son livre *La Science allemande*, écrit un an avant sa mort en 1915. Il existe bel et bien pour lui une science allemande, qui « se distingue, par un certain nombre de caractères, de celle des autres nations » : et c'est bien la caractérisation quasi scientifique de cette science allemande qu'il entreprend. Le savant allemand a besoin de partir de principes bien nets, à partir desquels il avance pas à pas, à « une allure que les règles de la logique déductive disciplinent avec une extrême sévérité ». Les idées « se déduisent les unes des autres, fières de contredire au sens commun », dont il heurte de front les exigences. Le savant allemand est guidé par un esprit de géométrie – c'est-à-dire un esprit purement mathématique :

> Ce principe de relativité est si pleinement une création de l'esprit géométrique qu'on ne saurait en langage ordinaire et sans recours aux formules algébriques, en donner un énoncé correct.

Et finalement, la science n'habite pas la vie et la conduite du savant ou de l'ingénieur allemand – elle est étrangère à leur vie quotidienne et personnelle : Duhem se demande qui n'a pas été déçu, en faisant sa connaissance, de la personnalité de tel ou tel savant allemand, aussi brillant soit-il.

*

1. Picard [1916].

Il aura suffi d'une dizaine d'années pour que les mêmes arguments soient utilisés, cette fois-ci contre une physique prétendument *juive*, par des savants allemands engagés avec le parti national-socialiste, les prix Nobel Philipp Lenard et Johannes Stark. Ceux-ci avaient fait dès 1924 une déclaration d'allégeance à Hitler :

> Nous reconnaissons en Hitler et en ses compagnons l'esprit qui nous a toujours guidés, un esprit de clarté [...]. C'est le même esprit que nous avons déjà reconnu et révéré tôt chez les grands scientifiques du passé, Galilée, Kepler, Newton, Faraday [...] et cet esprit-là ne peut être incarné que par du sang germano-aryen, identique à celui des grands scientifiques mentionnés ci-dessus [...]. Depuis plus de deux mille ans le sang d'une race étrangère s'y est mêlé[1].

En 1936, Lenard formule, dans la préface de son manuel universitaire de physique, opportunément titré *Deutsche Physik*, une véritable théorisation de l'antisémitisme en physique. Le fait que ceci figure dans un manuel de physique à l'usage des étudiants – et non dans un opuscule indépendant – montre à quel point cette idéologie était intégrée chez Lenard à sa vision de la science. Par ailleurs, ce manuel n'aborde, en quatre tomes, ni la physique théorique ni la relativité.

Selon Lenard, ce n'est pas parce qu'il y a une nature universelle, la même pour tous, que la façon de l'étudier, c'est-à-dire la manière de faire de la science, est identique chez tous les peuples. La physique de ceux qui ont pénétré la réalité de la nature est celle des Aryens, peuples allemands ou nordiques : le savant aryen a un dialogue privilégié, quasi mystique, avec la nature. La physique juive s'est développée quant à elle sur les acquis aryens du peuple nourricier allemand, notamment après la Première Guerre mondiale, lorsque, avec la défaite et la république de Weimar, « les Juifs devinrent dominants en Allemagne et donnèrent le ton ».

La physique juive est abstraite et mathématique – d'ailleurs la relativité correspond à une géométrisation de la physique. La physique allemande peut très bien se passer des mathématiques, qui sont un outil accessoire à la compréhension de la nature, avec laquelle le savant allemand a un

1. « L'esprit de Hitler et la science » (*Hitlergeist und Wissenschaft*), *Großdeutsche Zeitung*, 8 mai 1924. Pour un développement plus conséquent sur la physique allemande et la physique juive, voir Beyerchen [1977], Moatti [2007].

contact direct. Le savant juif part d'hypothèses et déroule un raisonnement déductif ; le savant allemand part de l'expérience et y confronte en permanence, de manière inductive, ses idées successives. Le savant juif cherche la publicité même et surtout si ses idées ne sont pas confirmées expérimentalement ; le savant allemand travaille d'abord pour la science et pour lui, indépendamment de toute course à la célébrité.

La physique juive est internationale, mondialisée dirait-on de nos jours, elle est sans racines ; d'ailleurs quiconque parle de *science internationale* parle en fait de science juive. À l'opposé, la physique allemande signe la manière caractéristique de faire de la science qu'a chaque peuple. Le savant juif n'est pas à la recherche de la vérité, il se contente d'un semblant de concordance avec la réalité – sa physique invoque les probabilités, un principe d'incertitude (Lenard fait ici référence à la physique quantique) ; le savant allemand cherche à décrire la réalité en s'attachant au principe de causalité et au déterminisme.

La distinction entre physique classique et physique moderne est un tour de passe-passe des Juifs, qui aiment à créer des oppositions. Ils mettent en avant des connaissances vagues et inachevées, sans rapport avec la réalité ni avec la base des connaissances existantes ; le *distinguo* artificiel ainsi créé entre physique moderne et physique classique (apparentée à la physique allemande) est destiné à discréditer cette dernière en la présentant à dessein comme un savoir dépassé et obsolète.

La physique juive est une science destinée à l'industrie, exploitée par les entreprises industrielles aux mains des Juifs ; la physique allemande se rattache avant tout à la science pure, à la création de connaissances – la *Wissenschaft*, voire la *Naturwissenschaft*, la connaissance de la nature. La physique juive, avec ses formules mathématiques, ses approximations probabilistes, ses hypothèses heuristiques et détachées de la réalité n'est plus compréhensible que par des spécialistes – c'est une science dégénérée, comme certains pans de l'art, de la musique ou de la littérature ; tandis que la physique allemande reste compréhensible par tous, y compris le grand public. Les dignitaires nazis ajouteront que la science doit être au service du peuple et compréhensible par lui[1].

*

1. Wilhelm Frick, ministre de l'Intérieur du Reich, « Aufgabe der Wissenschaft ist Dienst am Volke » [le devoir de la science est le service du peuple], *Völkischer*

À la différence de Lenard, homme d'influence, idéologue antimoderne, l'autre prix Nobel nazi, Johannes Stark, plus jeune, est un homme de pouvoir qui construit sa carrière sur son engagement national-socialiste. De caractère difficile, déjà en conflit avec ses collègues, il démissionne de ses postes universitaires après son prix Nobel de 1919 ; il investit l'argent du prix dans diverses industries bavaroises. Il cherche néanmoins à retrouver un poste de professeur d'université – sans succès. Il s'aigrit et s'engage en 1924 en faveur de Hitler. En 1930, paraît son ouvrage destiné au grand public, *Les Buts et la personnalité d'Adolf Hitler* : il s'y présente en couverture comme « titulaire du prix Nobel ». Il se vantera du succès de cette hagiographie dans ses mémoires de 1947. À l'arrivée de Hitler à la chancellerie, Stark devient président du PTR (Physikalische-Technische Reichsanstalt) à Berlin, institut de recherche technique, de 1933 à sa retraite en 1939, et surtout président du DFG (Deutsche Forschungsgemeinschaft), poste auquel il ne sera pas renouvelé en novembre 1936.

Stark complète par divers écrits le tableau de l'alterphysique antisémite de Lenard – notamment par un article de 1938, en anglais, dans la revue *Nature*, intitulé « L'esprit pragmatique et l'esprit dogmatique en physique[1] ». Il bâtit une véritable construction théorique dans cet article qu'il veut scientifique. Il n'attribue pas de but en blanc l'esprit pragmatique aux Aryens et l'esprit dogmatique aux Juifs (suivant les mêmes caractérisations que ci-dessus) : pour arriver à cette conclusion, il raisonne, en physicien expérimental, « sur la base de ses observations », c'est-à-dire ses investigations dans l'histoire des sciences et son expérience au contact de ses collègues. On peut ainsi *établir* que l'esprit dogmatique apparaît avec une *fréquence* particulière chez les Juifs, précise-t-il : ce n'est pas une règle, mais une observation empirique (« *a statement on the frequency of occurrence* »). D'ailleurs il ne s'engage pas contre un concept (le dogmatisme des savants juifs), mais contre son *effet* néfaste – c'est toujours le chercheur pragmatique, en harmonie avec les faits et effets, qui parle.

*

Beobachter, quotidien du parti national-socialiste, 25 mai 1933 (cité par Beyerchen [1977], p. 54).

1. *Nature*, 30 avril 1938, vol. 141 ; trad. fr. *in* Moatti [2007], annexe 4, p. 275 et suiv.

Le scientifique qui pousse le plus loin l'idéologie antisémite dans la science est l'astronome Bruno Thüring (1905-1989), physicien de second rang à la différence de Lenard et Stark. Entré au parti nazi en 1930, il est directeur de l'Université de Vienne de 1940 à 1945. Mis à la retraite d'office à cette date, il poursuit alors une carrière de scientifique privé.

Il prend pour modèles Kepler ou Newton, savants nordiques qui essayaient de comprendre la nature non seulement avec leur intellect, mais aussi avec leur cœur, leur âme et leur imagination – à la différence du savant juif qui utilise l'intellect comme seul principe cognitif et aboutit à une représentation purement symbolique, mathématique, formaliste et abstraite de la nature. La puissance, la force, l'énergie, sont des notions claires et innées pour l'homme nordique ; il possède par lui-même de l'énergie, comme tous ses ancêtres depuis la nuit des temps. Elles sont en revanche « totalement étrangères aux sensations du Juif » – c'est pour cette raison que les notions physiques de force ou de puissance disparaissent dans la relativité générale d'Einstein. Le fait que tous les repères sont équivalents dans la théorie de la relativité, qui supprime la notion d'espace absolu newtonien, fait dire à Thüring que « les exigences judéo-marxistes de liberté et d'égalité font maintenant irruption dans le domaine des sciences ». Justifiant sa qualité de chercheur de l'Institut de recherches en questions juives, il qualifie la relativité de pensée talmudique : comme le religieux juif produit exégèses et commentaires (Midrash) pour rattacher les règles de vie et la tradition orale (Halacha) au texte sacré (Torah), le savant juif produit une méthode et des expériences de pensée (assimilables aux Midrash) permettant de rattacher ses principes et postulats (assimilables à la Halacha) aux lois de la nature (assimilables à la Torah).

On retrouve Thüring une quinzaine d'années plus tard, lors de la fondation en novembre 1958 d'une association antirelativiste, « Gesellschaft für rationale Physik und Naturphilosophie », à Burg Greifenstein a.d. Donau (près de Vienne). Thüring en est membre, et continue jusqu'à sa mort à publier des écrits antirelativistes, l'antisémitisme en moins. Ses écrits antisémites sont néanmoins réédités, en italien, aux Edizioni di Ar à Salerne (Campanie), fondées par l'activiste italien d'extrême droite Franco Freda (né en 1941), impliqué dans l'attentat terroriste de la Piazza Fontana en 1969 à Milan. Sa maison d'édition republie en les traduisant en italien des œuvres à caractère fasciste et antisémite : œuvres de Hitler, de Goebbels, de Léon Degrelle, mais aussi de Drieu la Rochelle (ses écrits de guerre, 1943-1944) ou de Céline (*Bagatelles pour un massacre*, 1938), œuvres de philosophes ayant inspiré le fascisme, comme Julius Evola en Italie ou Oswald Spengler en Allemagne. Une collection « scientifique » comporte des œuvres d'Abel Bonnard (ministre de l'Éducation de Vichy) sur les races et donc l'ouvrage de Thüring, dont le titre a été modifié en un intitulé plus commercial : *Einstein et le Talmud.* Le catalogue des Edizioni di Ar comporte aussi une collection « Vision et révision historique » : l'auteur Carlo Mattogno y écrit plusieurs ouvrages de négation de l'Holocauste.

*

La construction d'un asile d'aliénés a coûté 6 millions de reichsmarks. Combien de pavillons à 15 000 reichsmarks aurait-on pu construire pour cette somme[1] *?*

Parallèlement à la *Deutsche Physik* s'est développée une *Deutsche Mathematik*. Comme la première qui s'était constituée en opposition à la nouvelle physique, la *Deutsche Mathematik* se constitue contre la « nouvelle mathématique », celle de l'école formaliste. Un fructueux débat avait en effet opposé au début du XXe siècle en Europe deux écoles mathématiques, l'école formaliste – celle du transfini de Cantor (1873), de l'axiomatisation de l'arithmétique par Peano (1889), de la théorie des ensembles, de l'axiome du choix de Zermelo (1904) –, et l'école intuitionniste, celle des Allemands Kronecker et Felix Klein.

La *Deutsche Mathematik* récupère et déforme ce débat à son profit en se lovant dans le sillage de l'école intuitionniste. À l'instar de la *Deutsche Physik*, une théorisation se met en place : le mathématicien allemand est paré des qualités d'intuition, d'esprit de synthèse et d'invention. Tandis qu'au mathématicien formaliste sont attribués les défauts

1. Extrait d'un manuel d'exercices de l'Association mathématique du Reich, cité par Mehrtens.

duaux : à l'intuition s'oppose le raisonnement discursif, à l'esprit de synthèse celui d'analyse, à l'esprit d'invention l'abus du recours à la preuve logico-algébrique. L'intuitionnisme correspondrait aussi à la part d'*humain* dans la pratique des mathématiques[1].

L'amalgame suit rapidement la théorisation – ou même la précède puisqu'il en est le but –, d'une part entre intuitionnisme et nationalisme, d'autre part entre formalisme et internationalisme (ou judaïsme) ; le formalisme étant stigmatisé comme étranger au peuple allemand, et ce bien que de nombreux mathématiciens allemands aient contribué à l'école formaliste.

*

Ludwig Bieberbach (1886-1982) est le théoricien et l'idéologue de la *Deutsche Mathematik*, comme Lenard est celui de la *Deutsche Physik*. Brillant mathématicien, il avait résolu en 1910 un des vingt-trois problèmes de Hilbert, posés par ce mathématicien au congrès de Paris en 1900. Professeur à l'Université de Berlin en 1921, il s'inscrit au parti national-socialiste et à la SA, et participe plus tard à l'exclusion de ses collègues juifs comme Edmund Landau (1877-1938) à Göttingen[2].

L'autre promoteur du mouvement est le mathématicien de second rang Theodor Vahlen (1869-1945). Professeur d'université, il a des responsabilités politiques importantes dans le parti puis dans le régime : *Gauleiter*[3] de Poméranie en 1924, à la tête de l'important bureau en charge des sciences au ministère nazi de l'Éducation (REM, *Reichserziehungsministerium*) de 1934 à 1937, membre de la SA puis de la SS en 1936, où il atteint le grade de SS-Oberführer (équivalent de général). Comme Stark qui est forcé de prendre sa retraite en 1939, Vahlen doit quitter, début 1937, ses fonctions au REM : lui est offerte la prestigieuse présidence de l'Académie des sciences de Prusse. L'un et l'autre sont victimes de luttes d'influence au sein du pouvoir nazi – on trouve tou-

1. Mehrtens [1987].
2. Pour une étude détaillée de Bieberbach dans la *Deutsche Mathematik*, voir Segal [2003].
3. Grade du parti national-socialiste. Il coordonnait les activités du parti (puis du régime, en tant qu'équivalent de superpréfet) dans une région donnée. Il avait plusieurs *Kreisleiter* géographiques sous son autorité.

jours plus nazi que soi. Ils se heurteront tous deux au chimiste Rudolf Mentzel (1900-1987), *Kreisleiter* de Göttingen[1] pour le parti dès 1922, Oberführer-SS, qui prendra la place de Vahlen au ministère et celle de Stark à la tête du DFG.

*

Bieberbach théorise l'assimilation entre intuitionnisme et caractère germanique en utilisant la classification des types psychologiques d'Erich Jaensch (1883-1940). Jaensch était un psychologue de renom, docteur de l'Université de Strasbourg (alors en Allemagne) en 1910, ensuite professeur aux Universités de Halle et de Marburg. Il s'engage dans la SS en 1932 ; lors des dernières années de sa vie, avant d'être nommé recteur de l'Université de Marburg par le gouvernement national-socialiste, il devient un ardent défenseur de la parapsychologie.

Dans les années 1920, Jaensch fait paraître sa typologie des caractères. Le type J1 forge ses conceptions à partir de représentations du monde extérieur ; le type J2 à partir de ses propres représentations ; le type J3 est un mélange des deux premiers. Les types J étant marqués positivement, le type S l'est négativement : aucune représentation ne le guide, il est sans direction. Bieberbach, dans sa communication à l'Académie des sciences de Heidelberg en 1940, voit dans le type J2 celui du parfait Aryen : il approche le réel « avec des idéaux et des critères de valeurs très fermes » – le but de son travail est d'« obtenir un édifice harmonieux et achevé ». Le type S manifeste un « caractère d'infériorité biologique », une faiblesse certaine, une vie psychique instable – sur lesquels vient se greffer, chez les intellectuels de type S, une « superstructure rationnelle ».

Le mathématicien juif Edmund Landau est, selon Bieberbach, caractéristique du type S. La définition qu'il donne de π dans son cours de calcul différentiel et intégral (le double de la plus petite racine positive de la fonction cosinus) est jugée purement mentale, « étrangère à la

1. Bernhard Rust, l'inamovible ministre de la Science et de l'Éducation et de la Formation du peuple de 1934 à 1945, qui était de 1925 à 1930 *Gauleiter* du NSDAP à Hanovre, connaissait bien Mentzel puisque celui-ci était, au rang inférieur de *Kreisleiter*, sous ses ordres (source Kristie Macrakis, *Surviving the Swastika : Scientific research in Nazi Germany*, Oxford University Press, 1993).

réalité » et « ennemie de la vie[1] » par Bieberbach. Celui-ci associe aussi le type S à une école française de mathématiques jugée abstraite : la définition par Cauchy des nombres complexes en est un exemple, à l'opposé de la définition simple et proche de la réalité qu'en fait Gauss, « *princeps mathematicorum* » (le prince des mathématiques[2]), esprit caractéristique du type J2. Les mathématiques françaises sont déshumanisées par une forme d'« angoisse cartésienne devant l'erreur ».

*

Une revue, *Deutsche Mathematik*, paraît de 1936 à 1945, avec la devise : « Servir et fortifier l'esprit allemand dans les mathématiques[3]. » Il s'agissait de montrer au parti nazi que les mathématiques pouvaient être dignes d'intérêt et contribuer à une idéologie de guerre. Dans le même objectif, l'accent est mis sur les *mathématiques appliquées*, ce qui ne manque pas d'être contradictoire avec le caractère particulièrement théorique des travaux de Bieberbach ou du brillant Oswald Teichmüller (1913-1943), lui aussi engagé dans ce mouvement, avant de mourir sur le front de l'Est. C'est aussi contradictoire avec la *Deutsche Physik*, qui parallèlement déplorait, par la voix de Lenard, les applications de la physique par une industrie « enjuivée » et prônait le retour à une « science pure ».

Dans un article de *Deutsche Mathematik*, Vahlen, qui vénère les géométries non-euclidiennes créées par des savants « aryens » (les Allemands Gauss puis Riemann, le Russe Lobatchevsky, le Hongrois Boliay), considère qu'elles ont été dévoyées par la relativité d'Einstein : une théorie juive ne saurait utiliser ces découvertes aryennes[4]. C'est d'ailleurs pour cette raison que la relativité générale est une théorie erronée... Un autre mathématicien de second rang, Klaus H. Tietjen, publie en 1936 un ouvrage à caractère pédagogique, *Raum oder Zahl ?* (« Espace ou Nombre ? »), préfacé par le *Ministerialdirektor Pr.-Dr.* Vahlen – la

1. L. Bieberbach, « Structure de la personnalité et créativité mathématique », *Sitzungsberichte der Preußischen Akademie der Wissenschaften*, 1934, p. 351-360, cité par Segal [2003].
2. Bieberbach [1940] ; aussi cité dans Mehrtens [1989].
3. Mentionné par Mehrtens [1989].
4. Vahlen, discours à l'Académie de sciences de Prusse, cité par Toth [2000], p. 200. La relativité générale s'appuie sur la géométrie de Riemann.

préface étant titrée « L'École fondée sur la réalité populaire ». Dans cet ouvrage, la notion d'espace, celle de la géométrie, y est associée à l'esprit allemand ou aryen, tandis que la notion de nombre est associée à l'esprit juif...

*

Après la « physique allemande » et les « mathématiques allemandes », l'histoire des sciences constitue un troisième volet d'altération de la science par certains scientifiques engagés avec les nazis. La révolution de l'héliocentrisme, avec Copernic, Galilée et Kepler est leur cible de choix.

Ludwig Bieberbach est à nouveau à la manœuvre, avec son *Galilée* publié en 1938, et réédité en 1942 à 25 000 exemplaires. Cet ouvrage narre la vie et les travaux de Galilée : seules préface et postface sont à caractère idéologique. Bieberbach mène, à propos de Copernic, une violente charge contre l'Église du début du XVIIe siècle, qui aurait été imprégnée « d'un esprit scolastique d'inspiration orientale ». Il compare le procès de Galilée en 1633 aux procès staliniens de 1937 : les « comédies d'abjuration », identiques dans les deux cas, révèlent plutôt un souci de propagande que la recherche de la vérité. Pour Bieberbach, l'Église fait montre d'un pouvoir séculier, tel que celui de l'Inquisition, dès qu'elle se sent menacée par la science. Elle a eu peur de Copernic, de Galilée, de Darwin, et maintenant elle craint la vision... de l'idéologue nazi Alfred Rosenberg. Voilà pourquoi le pape Pie XI (1857-1939) a cru bon de publier en 1937 ses encycliques *Mit Brennender Sorge* condamnant la vision raciste du régime nazi : les attaques du pape Pie XI contre Hitler sont comparables à celles de l'Église contre Copernic.

La nationalité de ce dernier est aussi un sujet de controverses. En 1937, le pavillon polonais de l'exposition universelle exhibe Copernic comme polonais. Le mathématicien et astronome Fritz Kubach[1], membre du parti et de la SA, s'était élevé contre cette « annexion » : non seulement Copernic est allemand, mais en plus c'est le fondateur

1. La réédition complète des œuvres de Copernic en allemand avait été faite en 1937, sous la direction de Kubach et avec le soutien financier du Deutsche Forschungs-Gemeinschaft. Fritz Kubach est né en 1912 et semble avoir disparu sans laisser de traces en 1945.

de la nouvelle science telle que la pratiquent les Allemands depuis le XVIe siècle – la vraie science, celle des peuples nordiques. L'astronome Ernst Zinner[1] (1886-1970) développe la même idée en 1943, lors du quatrième centenaire de la mort de Copernic, fêté par le régime : Copernic est forcément allemand, le système copernicien n'ayant pu être inventé ailleurs qu'en Allemagne, caractéristique qu'il est de la puissance teutonne, puissance à nouveau à l'œuvre avec les nazis, dont l'objectif est de révolutionner et conquérir la Terre. Il est allemand car la révolution copernicienne n'a d'égale que la révolution nazie par son ampleur et sa valeur.

L'utilisation de l'image de Galilée, savant latin – donc non nordique – est, elle, à géométrie variable pendant la période 1933-1945. Zinner, dans un écrit de 1934, indique que l'Allemand Kepler a plus fait que l'Italien Galilée pour concrétiser l'idée copernicienne[2]. Un peu plus tard, le vent semble avoir tourné en faveur de Galilée, lorsque Hitler offre à Mussolini, lors d'une visite officielle à Rome en mai 1938, un télescope et du matériel d'observation de la firme Zeiss d'Iéna :

> Je demande à Benito Mussolini, le *Duce* de ce peuple qui a donné au monde le grand inventeur et savant Galileo Galilei, de bien vouloir accepter, comme gage de notre reconnaissance et de notre amitié [...].

L'alliance Galilée-Kepler est alors présentée comme fondatrice de la nouvelle science induite par la révolution copernicienne, à l'instar de l'Axe italo-allemand, fondateur du nouveau monde en marche...

*

La destinée des savants allemands pendant la Seconde Guerre mondiale peut être analysée de manière très différenciée : entre ceux qui ont été démis pour raisons raciales jusqu'à ceux qui se sont engagés dans la SS et ont eu des responsabilités au sommet de l'État existe un large éventail de positions. Deux personnalités se détachent toutefois des mouvements de « science aryenne » : celles de Lenard (pour la physique) et Bieberbach (pour les mathématiques). Ce sont des idéologues

1. Cité par Remmert [2001].
2. Cité par Remmert [2001].

illuminés, plus que des ambitieux opportunistes. Ils voient la science telle qu'ils la décrivent, et appellent de leurs vœux une science qui soit effectivement telle. Ils utilisent tous deux l'histoire des sciences et revisitent la vie des grands scientifiques au profit de leur idéologie. Comme le dit le mathématicien anglais Hardy à propos de Bieberbach :

> La peur de risquer sa situation, la crainte de rester en dehors du torrent de la folie sont des excuses naturelles, bien que peu héroïques. La réputation de M. le professeur Bieberbach exclut la possibilité d'une telle motivation. Et, pour ma part, je me sens plutôt disposé à tirer la conclusion peu charitable qu'il est même persuadé de la vérité de ses propos[1].

Il se jouait en Allemagne un mouvement plus global de « luddites culturels » menant une « révolte profonde et radicale contre la tradition centrale de la pensée occidentale[2] » et perpétuant un rejet romantique du rationalisme, de la théorie et de l'abstraction. Lenard et Bieberbach apportaient leur pierre théorique contributive et jouaient leur partition dans ce mouvement : en tant qu'hommes de science, chacun dans leur domaine scientifique respectif (la physique pour l'un et les mathématiques pour l'autre), ils donnaient leur vision d'une autre science.

*

La dialectique marxiste est la science de toutes les sciences[3].

L'autre totalitarisme du XXe siècle, le communisme, se réclamait d'une *science marxiste,* qui assurait « l'unité encyclopédique de toutes les sciences[4] ». Certaines de ses manifestations, comme le lyssenkisme[5],

1. Cité par Toth [2000]. Cette même opinion de Hardy est rapportée par Mehrtens.
2. Holton [1998], citant I. Berlin.
3. I. Gloutchenko, cité par Lecourt [1976, ci-dessous].
4. Boia [1993].
5. Beaucoup a déjà été écrit sur ces sujets. Sur la science marxiste, voir notamment L. Boia [1993] ; sur Lyssenko, voir J. et D. Kotek, *L'Affaire Lyssenko*, 1986, D. Buican, *L'Éternel Retour de Lyssenko*, Copernic, 1978, D. Lecourt, *Lyssenko, histoire réelle d'une science prolétarienne*, Laïa, 1976. On trouvera une analyse factuelle et chronologique intéressante dans Kroh [2009].

peuvent être analysées à la lumière de l'alterscience. Trophim Lyssenko (1898-1976) rejetait la théorie de la génétique de Gregor Mendel (1822-1884) : pourtant unanimement reconnue, celle-ci s'était agrégée au début du XXe siècle à la théorie de Darwin pour former la théorie néodarwinienne de l'évolution. Pour Lyssenko, le gène était une entité théorique et imaginaire, à caractère métaphysique. Avec le soutien de Staline, Lyssenko et ses partisans, en URSS ou dans d'autres pays, qualifiaient la génétique de *science bourgeoise*. Une inversion s'était produite, qu'il convenait de dénoncer : les biologistes réactionnaires du monde occidental (le moine autrichien Mendel, le biologiste allemand August Weismann [1834-1914], le généticien américain Thomas Morgan [1866-1945]) avaient « vidé le darwinisme de ses éléments matérialistes[1] ». Il fallait défendre Darwin contre ces prétendus darwiniens, qui en fait étaient antidarwiniens et avaient fondé une biologie de classe.

La France d'après guerre, fortement marquée par le communisme, fut un terreau fertile pour la diffusion de ces idées. Des idéologues français théorisent en 1950 l'opposition entre *science bourgeoise* et *science prolétarienne* : notamment Francis Cohen (1914-2000), qui avait fait des études supérieures de biologie avant d'être journaliste à *L'Humanité* et rédacteur de *La Nouvelle Critique* (revue des intellectuels communistes), ou le philosophe des mathématiques Jean-Toussaint Desanti (1914-2002). Ils mettent sur un même pied l'État nazi, qui « impose aux savants les mythes d'un âge révolu », et l'État bourgeois, « dit *démocratique*, qui force les savants à travailler pour la guerre ». Seule la science prolétarienne est la vraie science ; le parti de la classe ouvrière montre à la science la bonne direction, d'ailleurs

> le parti bolchevik a appris aux savants, et seul il pouvait le leur apprendre, le sens de classe du néodarwinisme (rameau mort de la science bourgeoise)[2].

Qu'il y ait une science bourgeoise et une science prolétarienne fondamentalement contradictoires signifie que la science est avant tout

---

1. Lyssenko, 1948, cité par Lecourt, *Lyssenko, histoire réelle d'une science prolétarienne*, *op. cit.*, p. 183.
2. Francis Cohen, Jean Desanti, Raymond Guyot, Gérard Vassails, *Science bourgeoise et science prolétarienne*, préface de Laurent Casanova, Paris, 1950 (2e conférence de *La Nouvelle Critique*, Paris, 20 février 1950).

affaire de parti, affaire de lutte de classes. Comme le disait Lénine, la science est forcément relative à l'état de développement de la conscience politique humaine à un instant donné. Il n'est plus possible de croire que les sciences de la nature ont leur vérité en elles-mêmes. Elles sont désormais conditionnées par les développements de la lutte prolétarienne, par les progrès de la science socialiste. Quinze ans auparavant, Hermann Rauschning, confident de Hitler, théorisait de la même manière que

> la science est un phénomène social [...]. Avec le slogan de la science objective, le corps professoral ne cherche qu'à s'affranchir du contrôle très nécessaire de l'État[1].

Selon Desanti, la science socialiste du matérialisme dialectique est la reine des sciences, c'est le « beffroi » dominant toutes les autres sciences. Il critique de Broglie pour qui la matière au niveau microscopique procède du pur hasard : cet abandon délibéré du rationalisme scientifique par la physique quantique est contraire aux lois du matérialisme.

La science des pays bourgeois accuse-t-elle Staline de se comporter vis-à-vis de la théorie mendélienne et des rares savants soviétiques qui osent la soutenir comme se comportait l'Inquisition vis-à-vis de Galilée ? Bien au contraire, « les nouveaux Galilée sont ceux qui vont de l'avant dans l'histoire [...] les nouveaux Galilée s'appellent Marx, Engels, Lénine et Staline ».

*

La mise en perspective de la « science allemande » et de la « science prolétarienne » instruit sur l'histoire des idées au XXe siècle. Les acteurs d'origine en sont certes différents : Lenard est un savant de haut niveau, convaincu de longue date par cette idée d'une science allemande, tandis que Lyssenko est un modeste technicien agricole, sans doute opportuniste, imposteur plein d'aplomb[2]. Mais, dans leurs développements, science allemande et science prolétarienne partagent de nombreuses caractéristiques. Elles se définissent toutes deux en opposition à une théorie scientifique majeure, considérée comme abstraite et éloignée de la réalité : la

1. Rauschning, cité par Holton [1998], p. 51. Voir aussi W. Frick, ministre de l'Intérieur du Reich en 1933 (*cf.* note ci-avant).
2. Un peu comme Bonassoli le modeste technicien de télévision, « inventeur » des avions renifleurs (chapitre VI).

théorie de la relativité dans un cas, la génétique mendélienne dans l'autre. Lenard comme Lyssenko en viennent à proposer une science différente, une *autre science*, excluant ces théories et niant leurs résultats. Persuadés de la validité de leurs positions, ils sortent de leur domaine de compétences en théorisant l'idée d'une science de race (Lenard et ses partisans) ou de classe (les lyssenkistes). Leur construction théorique entre en résonance avec le milieu politique environnant et se nourrit de cette résonance. Avec l'aide de leur nouveau « Galilée » (qu'il ait pour nom Hitler ou Staline), vainqueur des divers conservatismes grâce à la révolution politique en cours, leur combat est enfin couronné de succès. Ils sont en harmonie avec tout un peuple, et *leur* science, dont ils ont caractérisé, au sens scientifique du terme, les propriétés, correspond aux caractéristiques de ce peuple et est même à son service. C'est bien dans ce *processus* de l'alterscience que se sont inscrits Lenard ou Lyssenko ainsi que leurs partisans.

XVI

Lyndon LaRouche et le technofascisme

En février 2010, il fait froid sur le boulevard Saint-Michel, au coin de la rue des Écoles, à Paris. Des jeunes ont monté un stand de fortune exposant revues et formulaires d'adhésion ; ils interpellent les passants : « Alors, ma bonne dame, il fait froid, hein ? Vous voyez, c'est n'importe quoi, le réchauffement climatique, tout ça ! » Ces jeunes font partie du mouvement Solidarité & Progrès, émanation française du mouvement de l'Américain Lyndon LaRouche (né en 1922). Ce mouvement, d'un prosélytisme ardent, recrute dans de nombreux pays occidentaux et séduit un certain nombre de jeunes, attirés par son côté non conformiste, totalement hors des partis politiques traditionnels, et par son côté en apparence altruiste et tiers-mondiste.

Un des représentants du mouvement Solidarité & Progrès en France est Jacques Cheminade : cet ancien élève d'HEC, énarque, ayant fait la quasi-totalité de sa carrière dans la diplomatie, a été candidat aux élections présidentielles en 1995 et 2012. Intitulé de 1974 à 1989 Parti ouvrier européen, le mouvement est mentionné dans le rapport au Premier ministre (année 2005) de la Miviludes[1] (Mission interministérielle de vigilance et de lutte contre les dérives sectaires). Selon l'Unadfi

1. Le rapport consacre un paragraphe à ce mouvement (entre les Témoins de Jéhovah et l'Ancien et Mystique Ordre de la Rose-Croix, Amorc). Il constate une recrue d'activité depuis début 2004, en indiquant : « Les étudiants constituent une cible privilégiée pour ce parti qui, sous l'apparence d'une idéologie politique "anti-Bush" et avec une image alternative aux mouvements politiques constitués, joue sur la fibre engagée et idéaliste des étudiants. » Il existe plusieurs sites américains de vigilance anti-LaRouche, comme http://larouche-danger.com/ ou le blog francophone d'André Abrial.

(Union nationale de défense des familles et de l'individu victimes de sectes), ce mouvement, malgré l'enthousiasme et l'engagement de ses militants, est à distinguer d'un parti politique traditionnel : culte accordé à la personnalité de LaRouche et à ses idées, élitisme (les militants sont ceux qui ont compris le monde), diabolisation des ennemis (notamment de tous ceux qui attaquent LaRouche), thèmes complotistes (« le complot juif mondial est le fonds de commerce de LaRouche[1] ») en sont les caractéristiques.

Les idées de LaRouche sont complexes à analyser, compte tenu de la grande variété des opinions, parfois contradictoires, qu'il défend ; par ailleurs, son discours, attrape-tout, n'est pas le même suivant le public auquel il s'adresse. Il se développe aussi sur plusieurs supports : économie et politique sont traitées dans la revue *Solidarité et progrès*, science, histoire des sciences et technologie sont plutôt traitées dans la revue *Fusion*. Mais l'intrication entre tous ces sujets est forte : l'économie politique chez LaRouche mêle constamment la physique et l'histoire des sciences, comme le montre par exemple le titre d'un de ses ouvrages de 2008, *The Truth of Bretton Woods Lies Within Physical Science*[2], ou certains titres de chapitres, « La thermodynamique de l'économie politique ».

On pourrait résumer sa vision comme l'obsession d'une humanité omnipotente, au développement de laquelle aucun obstacle ne doit être mis. L'esprit humain a une valeur créatrice intrinsèque, et rien ne saurait lui résister. Une croissance sans entraves est permise par la technologie et par les grands programmes d'investissement : toute forme d'immixtion de l'écologie dans la politique et bien évidemment toute idée de décroissance sont à proscrire.

LaRouche s'oppose fermement au « dénigrement systématique de l'action transformatrice de l'Univers », qu'il impute au « pessimisme culturel de la génération issue de Mai 68[3] ». En plus d'une véritable vénération de la technologie, la vigueur avec laquelle il défend ces idées,

1. Unadfi [2005].

2. Traduction : « La vérité de Bretton Woods se trouve dans les sciences physiques. » Les accords de Bretton Woods, signés dans cette ville du New Hampshire en octobre 1944, visaient à mettre en place un système économique et monétaire mondial ; ils ont vu la création de la Banque mondiale et du Fonds monétaire international (FMI).

3. « Qu'est-ce que *Fusion* ? », cartouche de présentation figurant dans chaque numéro de la revue *Fusion*, septembre-octobre 2006, ex. hors série n° 3, p. 2.

l'agressivité manifestée à l'égard de ses adversaires, la façon dont le mouvement est rassemblé autour de son charismatique gourou, enfin les à-côtés historiques et géopolitiques de la vision principale peuvent amener à qualifier la doctrine de LaRouche de « technofascisme ».

*

LaRouche s'engage de manière vigoureuse en faveur de la recherche et de l'énergie nucléaire, notamment la future – mais potentielle – énergie de fusion : c'est le titre de la revue scientifique du mouvement, *Fusion*. Le mouvement tire certaines de ses racines d'une forte volonté activiste contre les Grünen (Verts) allemands dans les années 1970 : c'est principalement en Allemagne, en réaction au nucléaire, et dans les pays du Nord qu'est née l'écologie politique. Il promeut aussi la conquête spatiale, car elle permettra l'expansion de l'humanité : une conquête spatiale utilitaire qui permettra la colonisation d'autres planètes, notamment Mars.

Sur le plan de l'histoire des sciences, il développe une vision obsessionnelle de la découverte scientifique, autour des grandes figures allemandes de la science, telles Leibniz ou Gauss, et dénigre l'œuvre des savants britanniques, comme Newton ou Maxwell. Seuls certains savants auraient eu une pensée créatrice, la *noèse*, faculté de penser qui permet d'aller chercher la réalité cachée derrière les concepts, de découvrir (presque au sens propre du terme) une réalité physique derrière l'abstraction mathématique. Les autres savants, comme Newton, Euler, Lagrange, n'auraient fait que céder au « réductionnisme scientifique ».

Mais il est difficile de parler des idées larouchistes sans mentionner certains aspects occultes, ou occultés – soit par une régulation propre au mouvement (une sorte d'autocensure, notamment à l'écrit), soit par la mise progressive en conformité à un discours plus politiquement correct, à partir des années 1990. L'antibritannisme est puissant chez l'Américain LaRouche : Newton fait partie des « mauvais savants », Russel est honni comme figure de proue du mouvement contre la prolifération nucléaire... Cet antibritannisme est depuis le XIXe siècle une posture classique du nationalisme américain, celui d'une droite radicale. Il s'appuie souvent sur les racines germaniques et saxonnes des États-Unis : le mouvement larouchiste aussi a, de fait, deux bases historiques qui sont les États-Unis et l'Allemagne. Mais cet antibritannisme et ce progermanisme vont loin, s'inscrivant dans le cadre de la théorie du complot juif mondial[1] : par exemple, c'est la City, avec la complicité de l'Allemand Hjalmar Schacht[2] et de banquiers américains tels que Rockefeller, Warburg, ou Prescott Bush (1895-1972, le père de George Bush Sr) chez Brown Brothers, qui a mis Hitler au pouvoir en Allemagne en 1933.

*

LaRouche promeut ainsi une autre histoire des sciences, une histoire des sciences décalée, au profit de sa vision techno-hégémoniste de la société. La science elle-même est présentée de manière distordue : il conteste la physique quantique car elle laisserait supposer une limite possible à la connaissance humaine par le principe d'indétermination de Heisenberg (au niveau microscopique, on ne peut connaître précisément à la fois vitesse et position d'une particule).

Bien qu'il ne soit pas de formation scientifique, sa formation supérieure et sa solide expérience dialectique amènent LaRouche à une construction théorique étayée : comme le dit Taguieff, c'est un *théoricien* du complot mondial. Tout, y compris dans sa présentation de la science et de l'histoire des sciences, est mesuré à l'aune de sa théorie qui se veut *scientifique*. Participe aussi de ce désir de science et de mimétisme du monde universitaire la production de nombreuses revues, à caractère académique (*Executive Intelligence Review*) ou de vulgarisation (*Fusion*).

On retrouve ainsi maints attributs de l'alterscience chez LaRouche. Il mélange allègrement les disciplines (économie, mathématiques, physique, histoire des sciences) dans un discours parfois abscons. Il ouvre les colonnes de sa revue *Fusion* aux théories antirelativistes de Maurice Allais, ou aux idées créationnistes de Guy Berthault. Très difficile à classer politiquement, il navigue entre des idées de gauche et des idées de

1. Le sociologue Pierre-André Taguieff ([2005], p. 94) qualifie d'ailleurs LaRouche de « théoricien du complot mondial », « d'un "antisionisme" démonologique ». Sur les liens entre certains antisionismes et l'antisémitisme, *cf.* cet auteur, ou d'autres (par exemple Élisabeth de Fontenay, *Actes de naissance*, Paris, Seuil, 2011). Sur le lien entre antisionisme et antisémitisme chez LaRouche, voir ce qui suit, ainsi que King [1989].

2. Hjalmar Schacht (1877-1970) est un homme politique allemand. Docteur en économie, il est haut fonctionnaire, président de la Reichsbank pendant la république de Weimar, à partir de 1924. Il se rapproche progressivement du parti national-socialiste et signe en 1932 une pétition d'industriels et de banquiers réclamant la nomination de Hitler comme chancelier. Il sera ministre de l'Économie du IIIe Reich de 1934 à 1937.

droite : il se décrit comme un « républicain démocrate[1] » ; lors de l'élection présidentielle française de 1995, les commentateurs semblaient déroutés par le programme du candidat Cheminade et classaient ses voix tantôt avec les voix de droite, tantôt avec les voix de gauche[2]. La dérive idéologique, avec culte du chef, vitupération, attaques *ad hominem*, propension à voir des ennemis personnels, appels à la théorie du complot, est aussi permanente dans le mouvement larouchiste, et chez LaRouche en particulier.

*

Son parcours personnel et politique est en lui-même fort sinueux. Après un début d'études en physique à la NorthEastern University, qu'il abandonne, il appartient, à partir de 1949, aux rangs du Socialist Workers Party, considéré à cette époque comme un bras armé du trotskisme aux États-Unis. Il épouse une militante de ce parti en 1954, dont il divorce en 1963. Il s'oriente professionnellement vers le conseil en entreprise, tout en gardant une activité dans des mouvements liés à la IVe Internationale et en donnant des cours sur le marxisme dans des réseaux d'enseignement parallèles ; il réussit à agréger autour de lui un certain nombre de jeunes, grâce à son charisme et son ego démesuré. Ils constitueront le socle de son mouvement, qu'il développe à partir des années 1970.

En 1973-1974, il crée la Fondation pour l'énergie de fusion et l'US Labor Party. C'est à ce moment-là que les analystes peinent à qualifier la tendance politique du parti, variant de l'extrême gauche à l'extrême droite. Son goût pour le secret et sa fascination du renseignement l'amènent à créer une officine privée qui vend ses services. Il épouse en 1977 Helga Zepp, une de ses militantes allemandes, et propose à la CIA des renseignements concernant les Verts allemands. Il fonde en 1974 l'*Executive Intelligence Review* ; elle expose, sous une présentation fort luxueuse, des thèses violemment antibritanniques – la reine Élisabeth II serait au centre d'un cartel des drogues mondial, et l'attentat terroriste

1. [LLR 1979/1989].
2. Voici un exemple de vocable ambigu chez les larouchistes : à propos des plans de soutien aux banques, ils sont « contre l'assistanat, mais l'assistanat des plus riches et des banques » (conversation d'un militant avec l'auteur, stand LaRouche-Cheminade, boulevard Edgar-Quinet, Paris, 7 septembre 2011).

d'Oklahoma City en 1995 une tentative britannique pour prendre le contrôle des États-Unis.

Se dessine ainsi dans les années 1970 le portrait d'un LaRouche mégalomane, trotskiste défroqué, passant de l'extrême gauche à des idées virulemment nationalistes et complotistes. Il est candidat à de multiples reprises, de 1980 à 2004, à l'investiture démocrate, sans jamais obtenir aucun délégué. Parallèlement, il se targue d'être à l'origine dans les années 1980 de l'*Initiative de défense stratégique* (IDS) du président républicain Ronald Reagan, machine de guerre contre l'Union soviétique avant l'effondrement du rideau de fer en 1989. Il s'agit, pour LaRouche, de favoriser une politique économique de commande publique dans le domaine militaire – dont le domaine nucléaire, avec des retombées sur le nucléaire civil : les Soviétiques se mettront de leur côté à développer une industrie d'armement performante et contribueront ainsi au développement de l'humanité par la technologie.

LaRouche passe par la case prison à la fin des années 1980 : il est condamné fin 1988 à quinze ans de prison pour escroquerie (emprunts non remboursés à des particuliers) et pour fraude fiscale. Il passe effectivement cinq années en prison, où il écrit certains de ses ouvrages. Selon lui, cette incarcération revêt un caractère politique et résulterait du complot des fondations néoconservatrices destiné à étouffer ses idées.

*

À partir des années 1990, c'est en effet le mouvement néoconservateur américain qui devient sa cible, notamment Paul Wolfowitz, Richard Perle et l'un des inspirateurs du mouvement, Henry Kissinger. Cette « synarchie » serait inspirée par le philosophe juif allemand Leo Strauss, envoyé aux États-Unis par le philosophe Carl Schmitt (considéré comme proche des nazis) pour « répandre la pensée » – Leo Strauss a été à l'Université de Chicago un « professeur de satanisme[1] ». Dans un renversement idéologique courant chez les complotistes, LaRouche dénonce les néoconservateurs comme étant eux les vrais nazis, et utilise en per-

1. [LLR 2003]. À propos de Leo Strauss : « Étant juif, il ne pouvait prendre la direction du parti nazi – même si son fascisme était pur ! » À propos de Carl Schmitt : « *A real, hardcore Nazi.* » La qualification de *nazi* étant utilisée métaphoriquement par LaRouche, et souvent à front renversé, il se voit obligé de la préciser ainsi pour Schmitt.

manence, à destination de ses lecteurs militants, des métaphores liées à la Seconde Guerre mondiale.

Ainsi Kissinger aurait-il sans doute été pendu par les Américains s'il s'était trouvé au procès de Nuremberg en 1945. L'attentat du 11 septembre 2001 contre les Twin Towers n'est pas directement attribué à un lobby sioniste mondial, mais est évoqué de manière entendue comme pouvant être un « *Reichstag-like event*[1] » : les mêmes acteurs (les nazis en 1933 lors de l'incendie du Reichstag à Berlin, les néoconservateurs aux États-Unis en 2001) sont au pouvoir, avec le même intérêt à provoquer une catastrophe d'ampleur en l'attribuant à leurs ennemis.

La comparaison avec les nazis revient comme une figure de style chez LaRouche. En 2011, alors que grondait aux États-Unis une opposition contre la réforme du système de santé par Barack Obama, le président américain est présenté en effigie, sur les stands du mouvement larouchiste, avec une moustache à la Hitler. Parallèlement – le discours larouchiste se fait toujours à plusieurs niveaux, à la fois militant et théorisé –, un article de l'*Executive Intelligence Review* est intitulé « Obama fait revivre le programme de génocide hitlérien[2] ». Sa réforme y est présentée comme susceptible de nuire aux personnes les plus atteintes et les plus démunies ; elle est comparée aux programmes d'euthanasie de handicapés mentaux par les nazis.

*

Comme il existe une vision marxiste de l'histoire, il existe une vision larouchiste de l'histoire américaine ou européenne : sa théorie englobe et réécrit l'histoire comme elle le fait de la science. Jusqu'en 1963, l'économie américaine reste, selon LaRouche, la plus productive au monde, ce qui pour lui est un critère essentiel : l'économie doit être productive et non virtuelle, le progrès de l'humanité est assuré par la production industrielle. Après l'assassinat de John F. Kennedy en novembre 1963 (« par les services secrets britanniques », comme Abraham Lincoln cent ans plus tôt et le président McKinley en 1901), l'économie américaine

1. Nombreuses occurrences [LLR 2003], [LLR 1979/1989].

2. John Hoefle, « LaRouche : Obama has revived Hitler's genocide program », *Executive Intelligence Review,* 22 mai 2009 (en ligne http://www.larouchepub.com/other/2009/3620obama_revive_hitler.html).

et le rayonnement des États-Unis dans le monde se dégradent selon lui. L'économie américaine devient une « culture de consommation parasite, suçant la moelle des autres nations » : comprenons là que le pays va chercher ses produits à l'exportation en faisant croître sa dette, au lieu de produire toujours plus sur son sol avec ses propres entreprises. La crise de la baie des Cochons (Cuba, avril 1961), l'assassinat de Kennedy, la relance de la guerre du Vietnam par son successeur Johnson en 1964 sont les signes progressifs d'une dégénérescence « sataniste » de la première puissance mondiale.

La génération *Playboy*, du nom du magazine « contrôlé par le lobby de la drogue[1] », ou « génération beatnik », – honnie car prélude à l'écologie au niveau mondial –, Woodstock, la trilogie « rock-drogue-sexe », le New Age qui est « une résurgence du culte antique de Dionysos », sont les conséquences de cette évolution néfaste : elle est comparée à la république de Weimar, accusée d'avoir engendré le nazisme. Cette « utopie post-industrielle », produite par une « révolution contre-culturelle » radicalement « anti-occidentale[2] », amène immoralité et pessimisme. À partir de 1969, Kissinger étant conseiller à la Sécurité nationale sous le président Nixon, les mouvements écologistes se mettent à pulluler, et les plans de réduction de la population sont donnés en pâture à une jeunesse démoralisée par la guerre du Vietnam. Par « plan de réduction », il faut comprendre la mise à disposition de la pilule contraceptive, à laquelle LaRouche est opposé, comme à tout ce qui entrave le développement de l'humanité. Les jeunes, devenus écologistes, constituent alors « une horde jacobine » prenant plaisir à « déchirer le tissu industriel morceau par morceau ».

*

L'utilisation de la science et le détournement de concepts scientifiques au service de l'idéologie sont permanents dans le discours de LaRouche et de ses militants, notamment dans la revue *Fusion*. Celle-ci peut d'ailleurs se lire agréablement si l'on n'a pas les clefs de lecture apparaissant dans les autres écrits de LaRouche.

D'emblée, le ton est donné dans *Fusion* d'une vision non commune de l'histoire des sciences : dans son adresse, la revue se propose de

1. [LLR 1984/1998].
2. [LLR 1979/1989], p. 68.

« rouvrir le débat sur la relative stérilité de la science du XXe siècle en matière de découvertes fondamentales ». Le XXe siècle stérile en matière de découvertes scientifiques fondamentales, avec la physique statistique, la mécanique quantique, la relativité, la radioactivité, la physique nucléaire (nécessaire à la réalisation de la fusion nucléaire, cheval de bataille de LaRouche) ? Le point de vue, même nuancé (la « relative » stérilité), est pour le moins original. Il s'explique principalement par l'opposition idéologique du larouchisme à la mécanique quantique : l'homme ne saurait se contenter d'une « description probabiliste » de la réalité – pis, celle-ci ne saurait lui rester voilée.

La physique quantique est ainsi rejetée en bloc, sans proposition alternative, et sans que le discours s'y attarde – car la physique quantique n'est-elle pas à l'origine du développement industriel au XXe siècle avec l'électronique (DVD, téléphone portable, Internet, etc.) ? La contradiction est fréquente dans ce mouvement ; dans ce cas elle pourrait n'être qu'apparente, car c'est un certain type de développement industriel que LaRouche promeut, basé prioritairement sur des grands travaux. Il déplore que les ingénieurs concepteurs de grands travaux physiques d'envergure aient été remplacés par des informaticiens coupés de la réalité. Et cette montée en puissance de l'informatique est issue de la déplorable théorie de l'information de Wiener et Shannon, qui ont voulu imposer la doctrine des fluctuations statistiques de Boltzmann[1] aux processus créateurs de l'esprit humain.

*

Un exemple d'esprit de noèse appliqué à l'histoire des sciences est évoqué *ad nauseam* : c'est l'approche par Gauss du « théorème fondamental de l'algèbre » et des racines non réelles d'un polynôme, et sa « découverte » des nombres complexes. Au point que LaRouche, toujours prosélyte, veut en faire un exemple de leçon d'histoire des sciences dans tous les lycées[2].

1. La théorie de l'information de Shannon (1946), à la base des principes théoriques de l'informatique, s'appuie sur un formalisme mathématique analogue à la physique statistique de Boltzmann, fondée sur la notion d'entropie.
2. La revue *Fusion* se veut non seulement une revue de sciences et d'histoire des sciences, mais aussi une revue de pédagogie didactique.

Selon *Fusion*, des savants comme D'Alembert, Euler ou Lagrange ont eu sur ce sujet une mauvaise approche, dite « réductionniste ». Pour ces savants, les racines non réelles d'un polynôme sont des nombres dits *imaginaires*, des nombres impossibles (la racine carrée de – 1, ce n'est pas un nombre !), fantômes qui n'existent que dans les équations polynomiales. Gauss, en revanche, donne une interprétation physique et géométrique de ces nombres en les dessinant dans le plan complexe : ainsi la racine carrée de – 1, le nombre *i*, peut-elle être tracée simplement comme vecteur de coordonnées (0,1), d'argument π/2 sur le cercle de rayon 1. Peu importent la réalité historique sous-jacente – l'article incriminé d'Euler date de 1749 alors que celui de Gauss date de 1799 (en cinquante ans, un sujet a le temps d'évoluer...) – ou le fait que le mathématicien suisse Argand a eu l'idée du plan complexe avant ou avec Gauss : c'est ce dernier qui est pris pour emblème de la faculté de noèse. Il est capable d'aller chercher la réalité physique (le vecteur du plan complexe qu'on peut dessiner) cachée derrière les formules mathématiques (le polynôme) : c'est un « épiphanier[1] », au sens où il permet, par la puissance de son esprit, la manifestation d'une réalité cachée.

De la même manière, Leibniz en 1691 met en évidence la courbe « transcendante » de la chaînette, courbe prise par un fil sous son propre poids. À partir de la réalité physique du fil pesant, qui se traduit par une courbe à caractère exponentiel – donc non constructible géométriquement –, Leibniz invente le calcul différentiel. Lui aussi est un épiphanier, à la différence de Descartes qui n'était capable d'imaginer, dans son *Discours de la méthode*, que des courbes d'équation algébrique. Quant à Newton, n'en parlons même pas : il n'a fait que balbutier des incohérences au sujet du calcul différentiel[2] – LaRouche tranche sans appel le débat de paternité du calcul différentiel entre Leibniz et Newton. Peu importe le fait que Descartes écrit cinquante ans avant Leibniz : seule compte une prétendue supériorité de noèse qu'auraient certains esprits humains, allemands notamment (Leibniz, Gauss), et pas d'autres.

Les savants sont ainsi classés en bons ou en mauvais savants : ces derniers abuseraient de la « pensée logico-déductive », réductionniste par excellence, qui « adopte une mathématique déductive formelle

1. Du grec φαίνω (*faïnò*), « se manifester, apparaître, être évident ».
2. [LLR 1979/1989], p. 40.

comme base d'élaboration et d'interprétation expérimentales » et s'oppose à la pensée créatrice des vrais savants :

> Des déductionnistes tels que Galilée, Descartes, Newton et Boyle n'ont presque rien apporté qui n'ait déjà été réalisé, en mieux, par des savants tels que Kepler, Gilbert, Desargues, Fermat, Pascal, Huygens et Leibniz[1].
>
> Rares sont ceux qui ont osé remettre en question des vaches sacrées comme Descartes, Newton, Maxwell, Auguste Comte, Niels Bohr[2]...

*

LaRouche exploite abondamment un épisode de l'histoire de la science et de ses institutions en France. Il porte au pinacle l'École polytechnique des débuts, celle « de Monge et de Carnot », de la création de l'École en 1794 à la fin de l'Empire en 1815[3], celle des « ingénieurs-savants » et de l'âge d'or de la science française. Ne craignant pas l'anachronisme, Cheminade indique quant à lui que les fondateurs de Polytechnique, Monge et Carnot, étaient des « gaullistes » au sens le plus profond : ils exaltent un rôle dirigeant de la France dans la transformation du monde. Ils ont mis en œuvre un enseignement « leibnizien » qui sera balayé à la Restauration par Laplace et son suppôt le mathématicien Cauchy, qui mènent « une entreprise de destruction épistémologique et morale[4] » – ils avaient d'ailleurs été tous deux imposés à Polytechnique par la Couronne britannique lors du congrès de Vienne (1815). Cauchy, avec son esprit de géomètre formaliste, englué dans son monde axiomatique et coupé des réalités, est opposé à Poncelet[5], qui construit une géométrie « naturelle » (la géométrie projective) et est animé d'une passion de créer (ses roues à aubes et turbines).

---

1. [LLR 2005], p. 40.
2. Adresse de la revue *Fusion*.
3. Voir par exemple LaRouche, « Visualiser le domaine complexe », *Fusion*, n° 100, mars-avril 2004.
4. [LLR 1984/1998]. Même s'il ne s'en réclame bien évidemment pas, il est à peu près certain que LaRouche puise son inspiration sur le sujet dans la *Deutsche Mathematik* nazie (chapitre XV) : c'est Bieberbach qui le premier avait opposé les deux mathématiciens Cauchy et Gauss avec les mêmes arguments.
5. Jean-Victor Poncelet (1788-1867) est présenté comme « élève de l'École polytechnique de Monge » (il y entre en 1808) : mais c'est aussi le cas de Cauchy.

De fait, 1815 marque un tournant dans l'histoire politique que LaRouche et les auteurs larouchistes surexploitent. Pour eux, 1815 est la reprise en main de l'Europe par « l'Empire britannique », qui dicte ses conditions aux Bourbons lors du congrès de Vienne. Ce congrès réhabilite Newton – alors que « les découvertes d'Ampère en électrodynamique et de Fresnel en optique reléguaient la pensée stérile de Newton aux poubelles de l'histoire[1] ». Ampère est réutilisé par LaRouche lorsqu'il le présente, avec les Allemands Gauss (à nouveau) et Weber comme les réels découvreurs de l'électromagnétisme, contre l'Écossais Maxwell, esprit purement formaliste, par ailleurs inféodé à la couronne britannique.

*

La revue *Fusion* et le mouvement larouchiste défendent aussi vigoureusement la recherche : plusieurs chercheurs avaient été intrigués de la présence à leurs côtés de militants larouchistes lors des manifestations « Sauvons la recherche » entre 2004 et 2008, lancées par des mouvements plutôt étiquetés à gauche. Ce soutien empoisonné, apparentement terrible (« Gardez-moi de mes amis, mes ennemis je m'en charge »), est théorisé par Emmanuel Grenier, le rédacteur en chef de *Fusion*[2]. Il n'est pas inconditionnel et a bien sûr une connotation morale : il s'agit d'« élever le niveau du combat ». Car selon Grenier, ce mouvement en faveur de la recherche ne doit pas rester catégoriel, il doit regrouper tous ceux qui pensent que la science apporte plus de bien que de mal (dont les larouchistes bien entendu) – sinon « la défense des budgets et des postes ne sera qu'un combat corporatiste d'arrière-garde ».

Dans le même registre, LaRouche soutient ardemment la recherche spatiale. À la fois militaire et civile, elle fait progresser l'ensemble de la recherche (à titre d'exemple, les panneaux solaires en sont issus).

1. Il fait allusion ici à la théorie ondulatoire de la lumière de Fresnel, qui, dans un premier temps au moins, semble balayer la théorie corpusculaire de la lumière de Newton. Il ne mentionne bien évidemment pas le savant anglais Young, sur les expériences ondulatoires duquel Fresnel s'est appuyé.

2. Emmanuel Grenier, « La bataille pour la recherche : élever le niveau du combat », *Fusion*, janvier-février 2004, n° 99, p. 62-63. L'ensemble des numéros de *Fusion* (jusqu'au dernier numéro : octobre 2006, n° 112) a été mis en ligne, indépendamment du mouvement larouchiste, par un de ses militants français sur un site au titre évocateur : www.larecherchedubonheur.com.

Mais la motivation profonde est celle de l'expansion de l'humanité : la *conquête* de l'espace est à prendre au sens propre – c'est une nouvelle colonisation que prône LaRouche. L'homme doit pouvoir aller habiter sur la Lune et sur Mars si la Terre devient trop petite pour lui... Certains auteurs[1] ont d'ailleurs noté la présence de scientifiques, anciens officiers nazis du camp V1-V2 de Peenemünde dans les rangs larouchistes, le Dr Krafft Ehricke et Arthur Rudolph, spécialistes de la propulsion de fusées à grande vitesse – leur chef Wernher von Braun avait lui aussi été recruté par la NASA après guerre.

*

Contre l'écologie, et notamment contre toute démarche scientifique qui viendrait à corroborer la pensée écologique (ce qu'on pourrait appeler « l'écologie scientifique »), LaRouche mène une croisade d'une rare violence. Sciences physiques et sciences économiques, ainsi que leur histoire, sont mobilisées à l'appui de l'idéologie.

L'homme ne doit pas se laisser enfermer dans une dialectique économique de gestion des ressources et d'une prétendue *rareté.* Il est capable, par sa pensée, qui se traduit par des inventions ou des « percées technologiques », de sortir du cadre qui semble lui être fixé. Pour illustrer cette notion de rupture du cadre apparemment (im)posé, LaRouche utilise la découverte du transfini par Cantor – à nouveau un mathématicien allemand. Malgré l'opposition des esprits bornés et réductionnistes de son temps (comme Kronecker, son « point de vue scolaire et futile » et « sa foi cabalistique dans l'auto-évidence magique de la dénombrabilité[2] »), Cantor va chercher le transfini des nombres réels derrière le simple infini des entiers naturels ou des rationnels : c'est, comme Gauss, un épiphanier. Et justement le satanique Russell, symbole de l'alliance entre la *gentry* anglaise et les puissances occultes, essaiera de remettre

1. Lorscheid et Müller [1996]. Ces deux auteurs allemands consacrent un chapitre, « Stars von gestern » (« Étoiles d'hier »), aux officiers et ingénieurs allemands, pour certains très impliqués dans le national-socialisme, émigrés aux États-Unis et recyclés dans les rangs du larouchisme. Arthur Rudolph (1906-1996) est ingénieur, membre du NSDAP dès 1931, SS-Hauptsturmführer en 1940, directeur au centre V2 de Dora-Mittelbau pendant la guerre, recruté à la NASA après guerre ; après révélation publique au début des années 1980 de son passé, il doit renoncer à la nationalité américaine et retourner en Allemagne en 1984.
2. [LLR 1979/1989], p. 60. La référence à la cabale n'est pas neutre – Kronecker était d'origine juive.

en cause les résultats de Cantor en cherchant des paradoxes dans la théorie des ensembles.

Comment les deux infinis de Cantor s'appliqueraient-ils donc à l'économie ? Jusque dans les années 1970, on pouvait avoir une impression de quasi-infinitude des ressources énergétiques : LaRouche promeut encore cette idée de quasi-infinitude – après tout, nous dit-il, les combustibles fossiles ne sont-ils pas produits encore « naturellement » dans le manteau terrestre, et donc renouvelés[1] ? Mais, même si ce paradis de l'infini pétrolier devait être perdu, un autre paradis de l'infinitude, celui du transfini de Cantor, s'ouvre à nous : l'énergie de fusion nucléaire.

LaRouche invite ainsi à une relecture idéologique des stades historiques successifs de l'utilisation de l'énergie. Avant 1780 et la première révolution industrielle, l'homme dépendait de la seule source d'énergie en apparence à sa disposition, celle du rayonnement solaire. À la fin du XVIIIe siècle, la révolution de la chimie permet à l'homme d'exploiter les ressources minières, comme le charbon[2], et ainsi de « s'affranchir des contraintes du rayonnement solaire » : bel exemple, selon lui, de « sortie du cadre imposé » grâce à la découverte scientifique. Cette vision de la conquête historique de l'énergie par l'homme n'admet qu'une avancée permanente : vouloir revenir de nos jours à l'énergie solaire ou à toutes sources d'énergies renouvelables constituerait un retour de deux cent cinquante ans en arrière, une négation de la révolution de la chimie de Lavoisier et « une politique vraiment suicidaire ». Le terme « suicidaire » n'est pas mis ici dans un sens figuré emphatique : selon LaRouche, les politiques « éco-fascistes » ont pour objectif d'empêcher l'alimentation en énergie, et ainsi en nourriture, de la population humaine et visent à la décroissance de celle-ci.

*

Après celui de Cantor, un autre exemple est utilisé par LaRouche contre les écologistes, à travers ce qu'il appelle « la thermodynamique

1. LaRouche fait totalement l'impasse sur le fait que ce sont plusieurs centaines de millions d'années dans l'histoire de notre planète qui ont permis de constituer, par détérioration des ressources organiques, les filons carbonifères. La vitesse de reconstitution n'a rien à voir avec la vitesse de notre consommation de ces ressources.

2. On doit bien évidemment se rappeler que c'est la chimie qui permet l'exploitation minière (charbon, fer, minerais) ; l'industrie chimique et l'industrie minière se développèrent de conserve.

de l'économie politique ». Il s'oppose à l'utilisation abusive par les écologistes du second principe de la thermodynamique[1]. Selon lui, le Club de Rome, dans son manifeste abhorré de 1972, *Halte à la croissance*, aurait qualifié l'économie d'« entropique » et lui aurait appliqué ce second principe : notre planète irait dans un état de désordre croissant, dû notamment au caractère irréversible de l'activité industrielle humaine. LaRouche s'oppose à cette « inévitable *Götterdämmerung*[2] de la mort thermique de l'Univers ». Ce second principe est invalidé par LaRouche – comme Kepler l'aurait fait plus de deux cents ans avant que ce principe ne soit formulé :

> Le deuxième principe de la thermodynamique a été réfuté, implicitement mais de manière définitive, par les travaux de Kepler publiés au début du XVIIe siècle, soit deux siècles avant que le congrès de Vienne de 1815 n'impose la titularisation de Cauchy à la tête de l'École polytechnique.

D'ailleurs, c'est bien connu, le Club de Rome n'est qu'une « remise au goût du jour de la perspective de Cauchy[3] », « esprit chagrin par excellence »... Les scientifiques ayant élaboré le second principe de la thermodynamique sont ainsi portés au pilori, en premier lieu Clausius, mais aussi Helmholtz, Maxwell, Boltzmann. Clausius a d'ailleurs plagié Sadi Carnot, véritable inventeur du principe. Quant à Boltzmann, inventeur du concept d'entropie, fruit de la « pensée logico-déductive », il s'est trouvé confronté à « un choix entre la vie (néguentropie) et la mort (entropie) » et a effectivement « choisi la mort[4] » – ironie morbide

1. Certaines utilisations abusives du second principe de la thermodynamique, (mal) vulgarisé comme étant celui du désordre croissant, ont été pointées par Sokal et Bricmont [1997].
2. Chez LaRouche, aucun mot n'est choisi au hasard, tout doit réveiller une fantasmagorie présente chez le lecteur, notamment le militant : ici la référence est allemande (*Götterdämmerung* est le « crépuscule des dieux » wagnérien) ; parler de « crépuscule des dieux » pour l'extinction de la race humaine est en soi-même signifiant, l'homme étant ici assimilé aux dieux du Walhalla.
3. Nombreuses occurrences, par exemple Jacques Cheminade, « L'organisateur de l'éducation universelle », *Fusion*, novembre-décembre 2002, n° 93.
4. [LLR 2005], p. 63. La néguentropie chez LaRouche semble être la simple négation du concept d'entropie ; il ne mentionne pas les utilisations de la néguentropie (au sens d'entropie négative) en théorie de l'information (Shannon, Brillouin). Cela est cohérent avec la détestation de LaRouche pour la théorie de l'information, et pour l'informatique en général.

puisque Boltzmann s'est suicidé. Qui plus est, ce sont les mêmes qui sont à l'origine des « étranges doctrines » du rayonnement du corps noir et de la théorie statistique de la chaleur : le rayonnement du corps noir ouvre la voie à la mécanique quantique, niée par LaRouche.

*

L'antiécologisme virulent de LaRouche ne s'appuie pas uniquement sur la négation de l'entropie. Des arguments plus traditionnels émaillent aussi son discours. Plusieurs niveaux de lecture sont possibles chez LaRouche : chacun doit pouvoir y trouver chaussure à son pied. Aux férus de mathématiques, le discours sur les infinis de Cantor ; aux férus de physique ou d'histoire des sciences, le discours sur l'entropie et Clausius ; aux autres, un discours antiécologiste plus traditionnel.

Ainsi LaRouche dénonce-t-il les propositions « criminelles » visant à abaisser le niveau de civilisation technologique – la promotion de l'énergie solaire est, on l'a vu, un retour en arrière et une politique « suicidaire ». D'autre part, « essayer de retourner à un mode d'existence basé sur la chasse et la cueillette » reviendrait à supprimer environ 4,5 milliards d'êtres humains. Ce massacre le plus sauvage de l'histoire moderne constituerait « un génocide (selon la doctrine du juge américain R. Jackson au procès de Nuremberg) », une « réduction de population à la Hitler[1] » : la potentialité de destruction de l'humanité par les écologistes est ici directement comparée à la réalité de la Shoah – là encore est utilisée une métaphore liée à la Seconde Guerre mondiale et aux nazis[2]. Ce sont les mêmes forces de destruction, le « même type d'intérêts financiers », qui étaient à l'œuvre en 1933 avec le « projet Hitler[3] », qui le sont maintenant derrière les écologistes du Club de Rome.

L'agriculture est aussi, avec l'industrie, un moyen nécessaire au développement de l'humanité tel que vu par LaRouche. Contre les écolo-

1. [LLR 2008].
2. On peut d'ailleurs se demander si une manière de déclencher l'antisémitisme n'est pas de tout comparer, comme le fait LaRouche, à la Seconde Guerre mondiale et au génocide juif, ravivant ainsi des opinions du type : « On en a déjà assez entendu parler ! » Même si ces métaphores s'inscrivent, chez LaRouche, dans une théorie plus globale et plus construite, elles peuvent avoir cet effet pour qui n'est pas instruit de la théorie globale.
3. [LLR 2003].

gistes, LaRouche défend l'utilisation des engrais chimiques et des pesticides. Il se comporte en *sélectionneur naturel* de la race humaine : seuls ces produits sont à même d'améliorer les variétés végétales, non seulement en vue de rendements plus importants, mais aussi en vue de « potentiels immunologiques plus élevés » favorables au développement des enfants et des adolescents.

Il estime aussi que les « propositions criminelles visant à abaisser le niveau de civilisation technologique » émanant du Club de Rome (et des « intérêts financiers qui le contrôlent[1] ») auraient pour effet de briser le développement du tiers-monde, qui ne peut se concevoir qu'avec la technologie – ou du moins les produits technologiques importés des pays occidentaux. Même si cette vision est datée, elle témoigne du caractère englobant de la doctrine larouchiste : à la fois ramasse-tout argumentaire, jouant là sur la fibre authentiquement tiers-mondiste de certains de ses militants, et apparence de grande cohérence doctrinaire – le Club de Rome, chargé de tous les maux, est satanisé.

*

Nous avons vu qu'un des *leitmotivs* du mouvement larouchiste est son violent antibritannisme, souvent présent chez les nationalistes américains. Il s'est formé autour de l'émigration néerlandophone aux États-Unis (la plus ancienne), et autour de l'émigration allemande, contre le « colonisateur » britannique, dont il a fallu se libérer en 1776, et dont il faut continuer à se libérer. Aucun scientifique ou humaniste anglais ne trouve grâce à ses yeux :

> Leibniz, Huygens, les deux Carnot, Gauss, Cantor ou Pasteur se sont battus contre l'influence néfaste de l'empirisme newtonien et du réductionnisme britannique.

Après Newton et Maxwell, le philosophe et logicien Bertrand Russell (1872-1970) est sa cible contemporaine : il a « vécu suffisamment longtemps pour devenir l'individu le plus malfaisant du XXe siècle[2] ». Il a

1. [LLR 2005], p. 126, « Qu'est-ce que *Fusion* ? ». Sur une vision du Club de Rome en liaison encore plus directe avec le complot juif mondial, voir *Livre jaune n°* 7, Éditions Félix, 2004, chapitre VII.
2. [LLR 1984/1998].

tenté de discréditer Cantor en répandant l'idée que la fumeuse « théorie des ensembles » découlerait des travaux de celui-ci, et en façonnant des paradoxes de logique destinés à contrer cette théorie. Mais c'est surtout pour LaRouche le pacifisme antinucléaire de Russell, initiateur de l'appel de Pugwash (1957), qui l'assimile au diable.

De fait, cet impérialisme scientifique britannique perdure de nos jours : c'est lui qui « fait la science » avec la position de quasi-monopole de ses revues, comme *Nature*. Un remède pour contourner cet impérialisme serait de recréer « la vieille alliance scientifique transatlantique, celle des Benjamin Franklin, Alexandre et Wilhelm von Humboldt, Charles Dupin, Marie Curie ». Liste hétérogène que nous propose ici LaRouche, qui ratisse large : pas grand-chose de commun entre le polytechnicien Charles Dupin (1784-1873), mathématicien puis sénateur de droite, et Marie Curie, physicienne plutôt étiquetée à gauche. C'est l'image de Marie Curie qui est utilisée ici par LaRouche auprès de ses militants : celle de la première femme prix Nobel, qui en 1912 part aux États-Unis chercher des financements pour acheter du radium à fins thérapeutiques.

*

Cet antibritannisme est cependant indissociable, chez LaRouche comme en général, de la théorie du complot de la haute finance britannique et internationale, particulièrement la haute finance juive. Il est indissociable de l'antisionisme radical (« antisionisme démonologique », comme Taguieff caractérise LaRouche), et finalement de l'antisémitisme[1]. Le lien entre antibritannisme et antisémitisme dépasse le domaine de la finance : la Grande-Bretagne est dominée par ses Juifs – l'oligarchie britannique est constituée d'un réseau de riches familles incrusté dans les institutions de chaque nation. Il se pourrait bien que lord Russell, issu d'une des grandes familles aristocratiques, incarne à merveille ce pourrissement de l'aristocratie et des élites britanniques par les Juifs depuis de nombreux siècles – d'ailleurs les mathématiciens d'origine juive Norbert Wiener et John von Neumann ne sont-ils pas d'affreux « russelliens », adorateurs des « sordides *Principia Mathematica*[2] », l'œuvre phare de Russell ?

---

1. Voir note 1 page 254.
2. [LLR 2008].

Les rapports de LaRouche avec le judaïsme constituent un sujet d'autant plus intrigant que son mouvement comporte de nombreux Juifs – un quart des militants selon certaines sources[1]. Dennis King indique que, dans les années 1975-1980, LaRouche avait été conduit à accentuer ses attaques contre les « lobbys juifs ». Il s'en prend d'abord à la religion juive elle-même, en reprenant la vieille antienne de son archaïsme. Elle serait l'image fossilisée de la vie du marchand-usurier juif des temps antiques et médiévaux. Le Juif, d'ailleurs, n'est qu'un demi-chrétien, il n'a pas encore « développé une conscience chrétienne ». La religion juive est une demi-religion, pratiquée par une caste de sujets de la chrétienté, et qui n'existerait jamais sans cette dernière[2]. D'autre part,

> la castration sadique et brutale du jeune garçon juif par la mère juive dominatrice est à la base d'un des plus terrifiants modèles d'impuissance masculine.

LaRouche endosse aussi le vieux mythe de la Grande-Bretagne dominée par les Juifs, qu'on retrouve dans *Mein Kampf* de Hitler comme dans les discours de Goebbels ou les écrits d'Alfred Rosenberg. Il associe les prétendues machinations britanniques à des noms à consonance juive, Oppenheimer, Montefiore, Meyer, Weill, Warburg, Rothschild. Quand la consonance juive n'est pas connue, l'article ajoute un « tag » : par exemple, à propos du banquier lord Crewe, il est précisé « un cousin de la famille Rothschild[3] ».

Religion archaïque, complot financier juif : la construction théorique en vient toutefois à se complexifier quand LaRouche opère le retournement que nous avons déjà évoqué : les Britanno-Juifs qui ont inventé Hitler étaient bien pires que leur élève le caporal bavarois, en fait agent britannique – ce sont eux les *vrais nazis*. De Warburg dans les années 1930 au néoconservateur Paul Wolfowitz dans les années 1990 en

1. King [1989], p. 42. Sur les rapports de LaRouche depuis 1960 avec toutes sortes de mouvements antisémites américains, voir le chapitre VI de cet ouvrage, *The Jewish Question*.
2. King [1989], p. 41 ; citant Lyn Marcus (selon lui pseudonyme de Lyndon LaRouche), « The case of Ludwig Feuerbach », 1973. Le texte peut être consulté sur le site de l'ex-IWP (International Workers Party), à http://www.ex-iwp.org/related002.php. Les remarques sur la religion juive sont enfouies dans les notes de bas de page 76 et 78.
3. King [1989], chapitre 29, « Elizabeth, Queen of the Jews ».

passant par Leo Strauss, Henry Kissinger, Milton Friedman ou Spencer Abraham, ex-secrétaire d'État à l'énergie de George Bush[1], c'est cette oligarchie ou synarchie qu'il faut combattre, ces vrais nazis, en fait de mauvais Juifs. Et, de la même manière qu'il distinguait les bons savants des mauvais savants (et notamment, parmi ces derniers, les Juifs Wiener, von Neumann, ainsi que les Anglais Newton, Maxwell, Russell, etc.), LaRouche distingue les mauvais des bons Juifs, ou les faux des vrais Juifs. Il importe d'arriver à « sauver les juifs d'eux-mêmes » : ainsi le bon Juif, par exemple le militant larouchiste, n'est pas sioniste – car quiconque s'oppose à Israël a une attitude antinazie, donc de vrais Juifs, par opposition aux Juifs sionistes, qui sont de faux Juifs.

Grâce à ce langage d'inversion, proche du totalitarisme imaginé par Orwell (« la vérité, c'est le mensonge »), le cap est fixé : à l'oligarchie mondiale, celle des faux Juifs, s'oppose, presque seul, le mouvement humaniste de LaRouche, basé sur les potentialités de l'homme, sur les potentialités de chacun de ses militants.

*

Finalement, on peut se demander où est la pensée originelle dans ce fatras idéologique, que même le journal *Minute* qualifie d'« auberge espagnole[2] ». Est-ce un antisémitisme viscéral sur lequel tout s'alignerait ? Est-ce cette foi dans la capacité créatrice de l'esprit humain ? Les deux, c'est-à-dire, de manière assez perverse, une sublimation de l'antisémitisme en une doctrine politique en apparence progressiste, tiers-mondiste, voire même humaniste ?

Sa pensée est englobante et totalitaire, au sens où tout, des nombres imaginaires d'Euler jusqu'à la réforme par Obama du système de santé américain, est interprété suivant la théorie. C'est une véritable *Weltans-*

---

1. Dans un autre registre (mais LaRouche joue sur plusieurs registres), un tract intitulé « L'État français entend réduire Jacques Cheminade au silence », daté du 7 août 2006 et émanant du staff de la campagne présidentielle de 2007 de J. Cheminade, dénonce la prise de contrôle de la vie économique française par « diverses institutions financières oligarchiques », et la nomination par Anne Lauvergeon, présidente d'Areva, de Spencer Abraham à la tête d'Areva US.
2. « Antisémite, extrémiste de droite, manipulé par le KGB, agents trotskistes [...] on est en face d'une sorte d'auberge espagnole où l'électeur trouvera ce qu'il voudra bien lui-même apporter », *Minute*, juin 1984 ; cité par Cyril Le Tallec, *Les Sectes politiques*, Paris, L'Harmattan, 2006.

chauung, une vision du système du monde, au sein de laquelle on peut trouver réponse à tout : un système à clefs où le militant est désinvesti de sa réflexion propre (ce qui assimile ce mouvement à une secte) – mais où il est incité à comprendre et adopter une réflexion assez sophistiquée. Ce n'est pas un système simpliste, mais une construction théorique relativement complexe qu'il convient de *mériter* : sciences et histoire des sciences, même distordues dans une vulgarisation orientée et tendancieuse, servent à éveiller l'intérêt du militant, à le former (il est gratifiant pour lui d'entendre parler du théorème fondamental de l'algèbre de Gauss) et à le conduire vers l'ensemble de la doctrine sectaire du mouvement Solidarité & Progrès.

On peut aussi inscrire le larouchisme dans des courants plus vastes de panscientifisme, qui placent la science au-dessus de tout, voire imaginent un salut par la science. Lecourt [2003] a étudié le « scientisme hyperbolique » prêché par les technoprophètes du post- ou du transhumanisme, souvent des ingénieurs : l'ère qui s'ouvre, celle de l'homme greffé de puces technologiques, est celle d'un nouvel âge de l'humanité. Cette vision s'appuie sur une interprétation extensive du darwinisme – le darwinisme technologique : le stade suivant de l'évolution est cet état de symbiose entre l'homme et la machine. Elle peut aussi s'appuyer sur une véritable foi, la « religion de la technologie », sans métaphore aucune : la maîtrise croissante de la technique amènera l'homme à l'égal de son ancêtre d'avant la Chute, Adam le tout-puissant ou presque. Noble [1999] a inscrit dans cette religion de la technologie Wernher von Braun, un des pionniers du programme spatial américain, après avoir été un des responsables du programme des missiles V1-V2 en Allemagne nazie. Dans un discours de 1958, il indique que la science le conduit à Dieu, et qu'elle « essaie de toujours mieux comprendre la Création[1] ».

Chez LaRouche, la religion de la technologie est évidemment plus métaphorique que chrétienne – la religion *stricto sensu* est un des rares thèmes absents de sa boîte de Pandore. Il se rapproche plus des courants transhumanistes – si ce n'était sa réelle aversion à la technologie électronique. On peut l'inscrire plus sûrement dans un courant de « cornucopianisme », tel que l'a défini Naomi Oreskes dans son étude sur les

1. Discours de 1958 à l'Université de Saint Louis (Missouri), cité par Noble [1999], p. 127.

climatosceptiques[1], à savoir la croyance dans la poursuite continue du progrès et dans le caractère infini des ressources de la Terre – véritable corne d'Abondance (d'où le nom choisi[2]). Ce courant serait lié à la foi libérale, le « fondamentalisme du marché[3] » : l'homme se développera et développera les ressources autour de lui tant que sa créativité ne sera pas entravée, par les États ou par la « fausse science » des écologistes qui leur sont alliés.

1. Oreskes [2010]. Les positions répétées des physiciens Seitz et Singer (contre la nocivité du tabac ou contre le réchauffement climatique) décrites dans cet ouvrage peuvent aussi être analysées en termes d'alterscience : « Faucons extrémistes, profondément persuadés de la gravité de la menace soviétique », ils voient les écologistes comme les nouveaux ennemis du marché. Ils passent la seconde partie de leur carrière à détourner les résultats de la science à des fins idéologiques. Par ailleurs, ils retournent le principe même de la démarche scientifique : dans la science, le doute devient progressivement quasi-certitude ; dans l'alterscience de Seitz et Singer, c'est l'inverse.
2. Cornu- pour *corne* et copia- pour *abondance* (*cf.* terme français *copieux*).
3. Oreskes [2010], p. 406.

XVII

Idéologies d'ultragauche contemporaines

La constante de Planck est la clef de la domination technico-industrielle au cours du XXᵉ siècle : c'est le thème directeur d'un ouvrage de Jean Druon publié dans la collection « Négatif ! », dirigée par le collectif Pièces et Main d'œuvre. Ce mouvement s'est fait connaître du grand public notamment lorsqu'il a perturbé assez violemment – les empêchant de se tenir – les « débats publics » sur les nanotechnologies fin 2009-début 2010, à Grenoble ou à Orsay. Ces actions ne sont pas celles de simples trublions de foire. Elles se situent dans un canal dont on peut dater la première apparition spectaculaire lors des arrachages d'OGM (organismes génétiquement modifiés) de 1998 dans des champs languedociens.

Comme souvent dans les milieux extrémistes, à gauche comme à droite, se présente une nébuleuse de mouvements activistes, aux idées légèrement différentes, mais partageant globalement un rejet radical de la science contemporaine. Pour certains (groupe Oblomoff), c'est toute la science moderne d'après Galilée qu'il faut rejeter, en revenant à une science contemplative. Pour les autres, c'est la technoscience du XXᵉ siècle, et notamment la technologie électronique induite par la constante de Planck, qui est à rejeter – ainsi que les modes d'agriculture moderne.

Les individus et mouvements d'ultragauche[1] présentés ici sont à rattacher à une tendance anarcho-situationniste ou néoanarchiste. Elle prend sa source dans les écrits de René Riesel (un des acteurs de Mai 68, puis

1. Sur cette appellation, voir la récente étude du situationnisme par Marcolini ([2012], p. 10), qui la valide chez les intéressés, avec des réserves pour certains. Crettiez-Sommier [2006] utilisent la dénomination « mouvances anarcho-écologistes et post-situationnistes ».

des premiers arrachages d'OGM, dans l'ombre de José Bové) et de l'*Encyclopédie des nuisances* (Jaime Semprun), dans ceux du situationniste Bertrand Louart et de sa revue *Notes & morceaux choisis,* dans le documentaire et l'ouvrage de Jean Druon – ainsi que dans les écrits émanant d'une plus jeune génération, le groupe Oblomoff (collectif de jeunes chercheurs, ingénieurs et techniciens de recherche), ou encore le mouvement Pièces et Main d'œuvre. Ces écrits sont très semblables et leurs auteurs fonctionnent en réseau : Louart se qualifie de « membre du groupe Oblomoff » et écrit dans les ouvrages collectifs de Riesel, celui-ci le cite ; Oblomoff et Pièces et Main d'œuvre publient chez le même éditeur, les Éditions L'Échappée.

*

Cette nébuleuse s'oppose de manière virulente à ce qu'elle appelle l'« écologie scientifique ». Assimiler l'arrachage d'OGM à un geste écologique, même radical, comme nous le proposent souvent les médias avec empathie, est un contresens. Pour Riesel, l'écologie scientifique serait devenue le programme des États – elle correspondrait à une « dictature des plus savants, ou ceux réputés tels ». Ce gouvernement mondial de savants (de type GIEC), qui annoncent la catastrophe écologique, ne serait que le dernier avatar d'un capitalisme qui cherche, par la peur et l'alignement de tous sur les *leitmotivs* de l'écologie et du développement durable, à conserver l'obéissance des troupes. Même s'ils partagent sans doute l'opposition du mouvement écologiste à la société industrielle, ils estiment que cette opposition s'est dissoute dans la société, au point d'être reprise par les États eux-mêmes. Ils dénoncent ainsi la récupération de l'écologie par la société industrielle et le capitalisme libéral, repeint en « capitalisme vert ».

La menace écologique est présentée comme un « catastrophisme officiel », un « catastrophisme d'État » : le titre du livre de René Riesel, *Catastrophisme, administration du désastre et soumission durable,* le résume. Il y dénonce les écologistes, mais avec eux toute une société qui s'est approprié leurs idées et qui en vient à se gargariser de la catastrophe annoncée : celle-ci, embouchée par les trompettes médiatiques, devient une bande-annonce, un « marronnier fructifère[1] », un message

1. Riesel et Semprun [2008]. Le terme « marronnier » est à comprendre ici au sens de ces couvertures d'hebdomadaires revenant à l'identique à intervalles réguliers (par exemple « Le prix de l'immobilier », « Les francs-maçons », etc.).

répété en permanence, qui a pour objectif « d'effrayer pour mieux soumettre ». Les écologistes ne seraient, dans le meilleur des cas, que des « écolocrates » voulant prendre le pouvoir et « rétablir l'ordre[1] » à leur façon, et dans le pire des cas, que des *idiots utiles* au capitalisme.

> Les techniciens de l'administration des choses se bousculent pour annoncer triomphalement la mauvaise nouvelle, celle qui rend enfin oiseuse toute dispute sur le gouvernement des hommes[2].

L'opposition est ainsi marquée entre ceux qui, animés d'une simple « ambition technobureaucratique », ne s'occupent que de l'*administration des choses*, et les anarchistes, souhaitant élever le débat au *gouvernement des hommes*. Sans le mentionner, Riesel déplore la réalisation de la prophétie scientiste attribuée à Saint-Simon, qui aurait appelé de ses vœux l'administration des choses pour remplacer le gouvernement des hommes.

*

Cette « complaisance apocalyptique », ou collusion des écologistes avec les pouvoirs en place représenterait une « sorte de syndrome de Stockholm généralisé » – où l'otage en vient à adorer son ravisseur, la victime son bourreau. Ce catastrophisme est « un progressisme honteux », au sens d'un *Juif honteux* – un progressisme qui ne veut pas s'avouer comme tel, à lui-même ou aux autres, un progressisme qui ne veut pas dire son nom. Ainsi l'écologie, vue par les anarchistes, reste une idéologie du progrès, celle du développement durable, qui n'est autre en fait qu'une « soumission durable » – ce dernier terme étant entendu comme une poursuite de la soumission, exactement comme le développement durable est une poursuite du développement par d'autres moyens.

Le Club de Rome est dénigré comme « un groupe d'industriels et de fonctionnaires s'appuyant sur un rapport de cybernéticiens du MIT[3] ». Les quatre supports, ou suppôts, y sont en place : les industriels

1. « Le nouvel ordre écologique mondial », écrit Luc Ferry faisant référence à cet ordre que souhaiterait instaurer la mouvance écologique. La même critique des écologistes vient de bords politiques très différents.
2. Riesel et Semprun [2008].
3. Coll. Comité invisible, *L'insurrection qui vient*, [2007].

(*i. e.* le capital), les fonctionnaires (*i. e.* l'État), les cybernéticiens (*i. e.* le contrôle par l'informatique) et le MIT (*i. e.* les États-Unis). La collusion entre l'écologie et les pouvoirs est vue de manière plus intime encore : le *système* sécréterait lui-même, de manière intentionnelle, sa propre insécurité, afin de renforcer la soumission aux pouvoirs. Le système sécrète aussi ses propres opposants, ces fameux *idiots utiles* qui le servent, les écologistes issus du monde scientifique : selon Riesel, c'est parmi les concepteurs des programmes de développement scientifique et technologique mis en place depuis la Seconde Guerre mondiale qu'est apparue une petite minorité d'« opposants maison », dont le rôle a été de lancer l'alarme, mais qui restent vigilants à garder un pied dans le système, institutions, colloques ou *think tanks*[1]. Oblomoff accuse ces *opposants maison* de « rester tributaires d'une conception idéaliste de la science[2] », voire même d'être des « pompiers pyromanes ».

Ainsi, lors du procès des OGM à Montpellier en 1999, une banderole est-elle tenue par des activistes devant le jardin du Peyrou (près du palais de justice où se déroule le procès), qui mentionne : « Adhérez à la science citoyenne. Devenez actionnaire du désastre[3]. » Portant un message ironique s'adressant à des initiés, elle s'oppose aux associations de « sciences citoyennes » qui se sont formées depuis les années 1990 pour faire entendre la voix des citoyens dans les choix de développement scientifique[4]. La banderole accuse implicitement ces associations de collaboration, ou de « syndrome de Stockholm ». Le terme d'*actionnaires* n'est pas choisi au hasard, puisqu'il évoque immédiatement une société par actions, et la société capitaliste en général.

*

Les néoanarchistes voient la démocratie comme un système devenu totalitaire où la technologie s'est substituée à la politique, et à toute forme d'idéologie. Le titre d'un tract, faisant référence aux OGM, le

1. Riesel ne donne pas de noms. Oblomoff [2009] cite Jacques Testard, p. 45.
2. Oblomoff [2009], p. 49.
3. Voir cette photographie *in* « L'imposture historique de la technoscience », *Notes & morceaux choisis*, n° 5, p. 24.
4. Par exemple l'association Fondation Sciences citoyennes, fondée par Jacques Testart en 2002.

montre – avec le sens aiguisé des formules[1] manifesté par ces mouvements : *De la démocratie génétiquement modifiée* (1998). Une inversion des valeurs s'est produite, la politique étant devenue une simple technique – un parti politique remplace l'autre au pouvoir, sans réel débat d'idées – et la technologie tenant lieu de seule politique à tous. Pour le groupe Oblo.moff, la science et la technologie ont détruit la politique : « On croyait l'esprit capitaliste cynique, il n'est que scientifique. »

Pour eux, Pierre Bourdieu et ses disciples sont des philistins et seraient en fait les plus fervents apôtres du modernisme. Ils n'ont pas compris, ou pas voulu voir, le lien étroit entre le progressisme politique ou social (c'est-à-dire « la mentalité de gauche », insistent-ils) et le « progressisme scientifique[2] ». René Riesel stigmatise

> le gauchisme prolongé, toujours en quête de *justes causes* pour soutenir son bluff activiste, et qui ne veut surtout pas réfléchir aux enjeux réels de l'opposition aux nécrotechnologies, préférant noyer tout cela dans sa vieille soupe de slogans « anticapitalistes[3] ».

La critique est limpide : la gauche écologiste, ou la gauche socialiste, crie au loup contre le capitalisme – alors que l'ultragauche a désigné le vrai ennemi : la technologie, qui est au service du pouvoir, voire qui a même asservi le pouvoir. La fracture est ici consommée entre une gauche traditionnelle qui *volens nolens* continuerait à être attachée à l'idée de progrès technologique et une ultragauche radicale pour qui c'est cette idée même qui est à combattre avant tout.

*

Cette fracture se révèle aussi à propos de la distinction susceptible d'exister entre recherche publique et recherche privée. Pour les néo-

1. La locution *organismes génétiquement modifiés*, émanant de la « science officielle », est récupérée par ses opposants et déclinée à l'envi : elle devient *organismes atomiquement modifiés* (pour les objets nanotechnologiques) ou *démocratie génétiquement modifiée*. Le terme *nécrotechnologies* fait écho à *nanotechnologies*.
2. Riesel [2001], p. 45-46. Cette locution est forgée à dessein par ces mouvements pour souligner la collusion entre le progressisme politique et la science, mais aussi pour rappeler l'existence d'un progressisme sans la science (voir la réédition en 2011 par les Éditions La Lenteur de Dwight MacDonald, *Le Socialisme sans le progrès*, 1946).
3. Riesel [2001], p. 36.

anarchistes, il faut couper court aux « discussions métaphysiques sur l'essence vertueuse – ou non – de la recherche scientifique, qu'elle soit publique ou privée[1] ». Même si certains écologistes voudraient sauver la recherche *publique* dans le domaine des OGM, ce genre de considérations importe peu pour les mouvements anarchistes : c'est d'ailleurs à dessein que le premier arrachage d'OGM s'est fait dans un champ appartenant à un organisme de recherche publique, le CIRAD[2] à Montpellier.

Elle se révèle aussi lorsque le quotidien *Libération* est vilipendé quand il organise un « forum citoyen » à Grenoble en 2007 : ce forum est présenté par les anarchistes comme une « foire à l'innovation » menée par le maire socialiste Michel Destot « sous les auspices du journalisme d'entreprise, de la morgue économique et de la tyrannie technologique ». Le « quotidien du groupe Rothschild » voit son titre parodié en *L'Établi noir*, anagramme présentée comme une « inversion », comme le quotidien lui-même serait une inversion par rapport à ses objectifs initiaux. Les socialistes, et les trotskistes avec eux, sont accusés d'avoir toujours aveuglément cru en une recherche d'État – du colloque de Caen organisé par Pierre Mendès France en 1956 jusqu'à leur participation et leur soutien au mouvement SLR-Sauvons la recherche en 2008 :

> Ce qui rend cette « gauche de la gauche » si vulnérable à cette absorption, c'est qu'elle est déjà à demi vaincue de l'intérieur. Soumise au primat de la croissance, de l'emploi, du pouvoir d'achat, souvent pronucléaire, superstitieusement scientiste, elle soutient le lobby « Sauvons la Recherche » (d'ailleurs dirigé par d'anciens trotskistes), la liaison recherche-industrie et l'innovation technico-industrielle, la plus futile comme la plus liberticide[3].

Le groupe Oblomoff intitule son ouvrage collectif *Pourquoi il ne faut pas sauver la recherche scientifique*, en référence implicite au mouvement Sauvons la recherche (SLR) – d'inspiration trotskiste, nous est-il rappelé. Il termine son appel d'octobre 2004 sur cette exhortation :

---

1. *Ibid.*, p. 38.
2. Centre de coopération internationale en recherche agronomique pour le développement.
3. Cette citation et celles de ce paragraphe sont extraites du document « Opération "Libération" à Grenoble », signé Service compris, Grenoble le 13 août 2007 (en ligne), et des n° 1 et 2 de *L'Établi noir*, signé Pièces et Main d'œuvre, Grenoble le 11 septembre 2007.

> Nous appelons tous les chercheurs en sciences sociales, sciences dures et sciences humaines qui partagent ces points de vue à combattre les comités Sauvons la recherche et unir leurs forces dans un *comité de promotion du sabotage et de répression du scientisme*[1].

Se dessine aussi, en sus du conflit idéologique et politique, un conflit générationnel : Oblomoff accuse SLR de vouloir revenir, comme nombre de mouvements syndicaux, à l'époque de rêve des Trente Glorieuses, aux pleines capacités de production et d'emploi. Toute une génération de chercheurs a « conduit à l'usine » les autres classes professionnelles : car la science moderne est l'« une des principales responsables de la situation présente » – perte des savoir-faire et emplois artisanaux, automatisation de la production, informatisation du secteur tertiaire. Et Oblomoff de se gausser de SLR, à propos des audits de l'AERES[2] destinés à « rationaliser la production des chercheurs » :

> Voilà qu'on veut les amener à l'usine ; ils s'en insurgent, après y avoir conduit tous les autres[3].

Oblomoff dénonce aussi les « chercheurs-collabos » mobilisables par les pouvoirs publics. Les bienfaits de la recherche publique sont un mythe, et la recherche moderne dans son ensemble, publique ou privée, est une calamité. C'est à tort que la science conserve une image d'universalité, comme l'art – de même la « science pure » est une image d'Épinal que le public devrait abandonner. Cette science pure est d'ailleurs mise en scène par le système lui-même, tel un alibi : c'est la « science médiatique », celle du Big Bang, du LHC, de la station MIR, etc.[4]. Ces programmes sont financés alors qu'ils sont totalement

1. Oblomoff [2009], p. 84 – texte « Des crédits, pour quoi faire ? », distribué à l'occasion de la préparation des états généraux de la Recherche à Grenoble en octobre 2004.
2. Agence d'évaluation de la recherche et de l'enseignement supérieur, créée en mars 2007.
3. Oblomoff [2009], p. 72.
4. Roger Belbéoch, *in* Riesel [2001]. R. Belbéoch (1928-2011) est ingénieur diplômé de l'ESPCI et physicien ayant travaillé à l'université d'Orsay sur les accélérateurs de particules. Il a cosigné avec son épouse Bella Belbéoch, physicienne au CEA, plusieurs ouvrages opposés au nucléaire. Il ne doit pas être confondu avec Roger Belbéoch (1921-2011), résistant, longtemps élu communiste de Joinville-le-Pont (Val-de-Marne), « Juste parmi les Nations » (1984).

hors du domaine économique, ce qui constituerait un paradoxe dans le système actuel. Mais ce paradoxe n'est qu'apparent : la science pure, pur alibi, est utilisée comme de la poudre aux yeux. Elle permet de recrédibiliser la globalité de la technoscience et de créer des « scientifiques purs », pratiquant justement ce dernier bastion de « science pure » créé pour l'occasion, scientifiques au-dessus de tout soupçon et mobilisables médiatiquement – une nouvelle version de l'*idiot utile*, en somme ?

*

René Riesel émerge comme une personnalité de référence dans ces mouvances. Né en 1950, il participe activement au mouvement de Mai 68 (il est un des leaders des « enragés de Nanterre[1] »), est membre de l'Internationale situationniste, dont il est exclu en 1971[2], puis devient éleveur de moutons en 1973. À partir de 1991, il rejoint la Confédération paysanne de José Bové, et participe au premier arrachage de plants OGM au CIRAD de Montpellier en 1999. Secrétaire national de cette confédération, il joue un rôle de penseur théoricien : à Bové la parole et les médias, à Riesel l'écrit et la pensée – *Libération* le qualifie de « penseur de la radicalité ». Leurs parcours divergeront – Riesel fidèle à lui-même ne demandera pas grâce de sa condamnation de Montpellier au président de la République Jacques Chirac, à l'inverse de Bové, qui l'obtiendra.

Poursuivant sa profession d'éleveur, Riesel participe parallèlement à l'équipe de l'*Encyclopédie des nuisances*, revue créée en 1982 et devenue maison d'édition. Née de la sidération devant le « sentiment immédiat de dépossession devant la science et la technique », l'équipe constituée autour de René Riesel et Jaime Semprun prend l'exact contre-pied de l'encyclopédie de D'Alembert : son sous-titre, *Dictionnaire de la déraison dans les arts, les sciences et les métiers,* est le pendant mimétique, le dual, de celui des Lumières, *Dictionnaire raisonné des sciences, des arts et des métiers.*

1. Crettiez-Sommier [2006].
2. Les échanges virulemment personnels entre René Riesel et Guy Debord, fondateur de l'Internationale situationniste, sortent bien évidemment de notre propos, mais pourront être consultés avec intérêt sur Internet. On pourra trouver aussi trace des échanges entre Riesel et Bové lorsque leurs parcours divergent (à propos de la demande de grâce de Bové au président de la République notamment).

Dans un sillage très voisin, les éditions L'Échappée, en s'opposant elles aussi aux Lumières, se réclament de Jean-Jacques Rousseau[1], au point de lancer en 2009 un concours qu'elles placent sous le signe de celui qu'avait lancé l'académie de Dijon en 1749, intitulé « Si le rétablissement des sciences et des arts a contribué à épurer les mœurs » : Rousseau avait remporté ce concours avec son « Discours sur la science et les arts[2] ». Deux cent soixante ans plus tard, Pièces et Main d'œuvre et leurs éditions L'Échappée lancent, avec cette référence explicite, et non sans une certaine dose de réalisme et peut-être d'humour, un « avis de concours » visant à essayer de comprendre pourquoi la mobilisation antinucléaire puis antitechnologique, lancée une trentaine d'années auparavant, s'est jusqu'alors soldée par un échec :

> L'année 1750 est l'un de ces millésimes anodins où rien ne se passe en apparence, où tout bascule en profondeur. De cette année choisie un peu arbitrairement – il en fallait bien une – les historiens ont coutume de dater les débuts de la révolution industrielle et du machinisme à vapeur [...]. En octobre 1749, l'académie de Dijon met au concours la question suivante : « Si le rétablissement des sciences et des arts a contribué à épurer les mœurs » [...]. Désireux d'encourager la pratique de la réflexion et de l'écriture, notoirement délaissée et ruinée dans les écoles, les partis et les associations, à l'ère de l'informatique et de l'« audiovisuel », Pièces et Main d'œuvre [...] et les éditions L'Échappée soumettent au public cette question d'un paysan du Tarn, irréductible ennemi de la société industrielle et du machinisme totalitaire : « Pourquoi perdons-nous depuis trente ans ? » [...] Les réponses sont à envoyer [...] à Pièces et Main d'œuvre et/ou aux éditions L'Échappée, qui, deux cent soixante ans après l'académie de Dijon, publieront conjointement le ou les meilleurs envois[3].

*

1. La filiation rousseauiste apparaît aussi en filigrane chez Jean Druon : comme un écho à « Nous avons des physiciens, géomètres, chimistes, astronomes, poètes, musiciens, peintres ; nous n'avons plus de citoyens » (Rousseau [1750]), on peut lire : « Il suffisait aux nouvelles générations de connaître le langage des gènes et des machines pour prospérer, mais les pères ne savaient plus quoi transmettre à leurs enfants » (J. Druon [2009]).
2. Rousseau [1750]. Voir chapitre XI.
3. Communiqué. Avis de concours de Pièces et Main d'œuvre et des Éditions L'Échappée, Grenoble/Paris, le 1er janvier 2009.

Les titres des ouvrages de Riesel sont en eux-mêmes significatifs. Les *Aveux complets des véritables mobiles du crime*... sont, deux ans après le procès, un véritable pied de nez à l'institution judiciaire – comme si justement les « véritables aveux » ne pouvaient avoir lieu que dans le cadre choisi par Riesel lui-même, hors tout ce qu'il estime être parodie de justice. Et c'est « AU NOM DE LA RAISON » (titre d'un de ses chapitres) que Riesel justifie l'arrachage des plants OGM – il s'agit de « combattre le rationalisme technologique au nom de la raison ». La raison scientifique, celle du progrès de la science, n'est qu'une parodie de raison ; elle est ramenée au rang d'un « rationalisme » opposé à une raison qui devient, elle, incarnée par les mouvements activistes. Et cette raison *pro domo* est chargée d'une valeur morale – comme la raison scientifique l'est pour ceux auxquels ils s'opposent –, mais d'une valeur morale forcément supérieure : les arrachages d'OGM ralentissent ou arrêtent la recherche, cependant « le temps perdu pour la recherche est du temps gagné pour la conscience ».

De manière similaire, le groupe Oblomoff invoque en sa faveur une « raison vivante » opposée à « une raison désincarnée, celle du rationalisme morbide ». Cette conception d'une « raison dialectique[1] »

> s'oppose à celle qui prévaut dans la « communauté scientifique », où elle n'est qu'un calcul logique et solitaire, produit de l'atomisation et de la dépossession des esprits. Chesterton disait que le fou est celui qui a tout perdu, sauf la raison[2]...

La dialectique est ainsi promue comme une valeur liée à la vision par Oblomoff de la science : une vision aristotélico-scholastique mâtinée de dialectique marxiste, un raisonnement construit qui s'opposerait aux discours insanes des savants devenus fous.

*

1. Schopenhauer [1863] définit la dialectique comme « l'art de faire passer pour vraies les thèses que l'on avance ». Paraphrasant le titre de son ouvrage *L'Art d'avoir toujours raison*, on pourrait dire dans ce cas qu'elle est aussi : l'art d'avoir toujours *la raison avec soi.*
2. Oblomoff [2009], p. 46. L'image de l'Anglais G. K. Chesterton (1874-1936) est ici renversée : pour lui poétique et laudative – il ne reste au fou que ce trésor qu'est *sa* raison –, elle devient négative chez Oblomoff : au savant fou ne reste qu'une raison-étendard, une pseudo-raison.

L'acrimonie, la vitupération et l'attaque personnelle voisinent à nouveau avec le discours moral. Riesel revient sur une phase de son procès, où le neurobiologiste Jean-Didier Vincent est appelé à la barre comme témoin du CIRAD (donc à charge contre les faucheurs d'OGM). Vincent énonce une liste de bienfaits de la science, que Riesel qualifie de « sottisier digne de Flaubert », jugeant à propos d'un de ses ouvrages que chez Vincent « il y a du Homais » :

> Ce bateleur de foire, ce vulgarisateur, effectivement assez vulgaire, qui croit qu'il lui suffit d'apparaître avec son nœud papillon pour dissiper tous les doutes[1].

La prestation de Vincent, « un rien cabot », est qualifiée de « chef-d'œuvre de fatuité ». Vincent, « neuropsychiatre », avait frappé fort en indiquant à la barre avoir décelé chez Riesel les marques d'une écriture et d'un caractère paranoïaques : qu'un soi-disant savant utilise sa soi-disant expertise pour le dénigrer à la barre, ce soi-disant symbole de justice, s'avère difficilement supportable pour Riesel.

Une autre de ses bêtes noires est le sociologue Pierre-André Taguieff, spécialiste des milieux extrémistes ; ancien de Mai 68, devenu « sociologue libéral » aux yeux de ses anciens camarades, il attire leurs invectives. Il rattache, comme Vincent, certaines idées de Riesel à la théorie du complot. Ce dernier retourne alors l'argument sur le mode de *l'arroseur arrosé*, en faisant de ses accusateurs des complotistes eux-mêmes : la théorie du complot est une affabulation dans laquelle Taguieff se complaît. C'est, pour Riesel et son sens des formules, « le complot de la théorie du complot », qui ne serait que « de l'idéologie sous couvert scientifique ».

Pour Pièces et Main d'œuvre aussi, la théorie du complot a été forgée de toutes pièces par les « penseurs du Pouvoir », qui ridiculiseraient ainsi « les soupçons nourris par les sans-pouvoirs quant aux intentions et aux effets des innovations technologiques ». Elle ne serait qu'une réduction (au sens du réductionnisme scientifique honni) de la « théorie de l'Histoire », celle des sempiternelles « explications réactionnaires de l'Histoire[2] ». Et dans un raccourci spectaculaire comparable à celui sur la constante de Planck débutant ce chapitre :

1. [2001], p. 58-61.
2. PMO [2008].

> Voilà comment, croyant contester la mainmise de Monsanto sur les semences [...], c'est la persécution du capitaine Dreyfus que vous recommencez, et la destruction des Juifs que vous poursuivez[1].

*

Un autre acteur marquant de l'ultragauche radicalement antitechnologique est Bertrand Louart. Il publie à intervalles irréguliers depuis février 1998 une revue, *Notes & morceaux choisis*, née dans la mouvance des arrachages d'OGM. De Louart, on sait fort peu de choses : il se présente généralement comme menuisier – le n° 6 de la revue est d'ailleurs consacré à une comparaison entre la menuiserie industrielle et la menuiserie artisanale. Compte tenu toutefois des idées qu'il développe, de ses références littéraires et historiques, de son sens des formules et de la qualité de son style, il est clair que ce n'est pas sa seule formation : au détour d'un éditorial[2], il précise qu'il a abandonné des « études officielles » dans le domaine de l'enseignement des sciences, n'y trouvant pas son compte – Louart a donc sans doute une formation scientifique universitaire.

Son maniement de la langue française confirme l'analyse d'Isabelle Sommier sur ce qu'elle appelle « la rhétorique de l'ultragauche ». Selon elle[3], les textes de ces mouvements recourent volontiers, qu'il s'agisse d'ouvrages, de manifestes ou de simples tracts, « à un style très travaillé, avec de nombreuses références littéraires et historiques ». L'à-propos des formules et des slogans découlerait de « l'influence du situationnisme, en particulier sa technique de l'ironie et du détournement des slogans ou des tics de langage de l'adversaire ». Le style écrit très châtié s'expliquerait « par le capital culturel souvent très élevé des rédacteurs qui, pour le peu qu'on en sache, semblent avoir fait des études supérieures en lettres, philosophie et sciences sociales ». Sommier ajoute aussi que ces textes sont assez abscons pour qui ne peut les décoder, et « qu'ils s'adressent surtout au groupe lui-même ».

Nous avons observé ce sens des formules des mouvements d'ultragauche, avec les déclinaisons du sigle OGM (comme *La Démocratie génétiquement modifiée*, ou les OAM, organismes atomiquement modifiés),

---

1. PMO [2008], p. 64.
2. *Notes & morceaux choisis*, décembre 2006, n° 7.
3. Sommier [2010].

ou avec les attaques contre le biologiste Vincent. Louart et Riesel ont aussi un style écrit très travaillé[1] ; l'emploi de l'imparfait du subjonctif par Semprun est quasi systématique dans son *Discours préliminaire.* Cet ouvrage est par ailleurs d'une remarquable facture sur la forme, ayant été imprimé sur papier Canson dans une des dernières imprimeries à typographie utilisant des caractères de plomb[2] : la qualité de l'impression, associée à celle du style, révèle un goût esthétique prononcé. L'utilisation de procédés typographiques anciens, sans recours à l'impression assistée par ordinateur et ses logiciels, illustre aussi une volonté affirmée de retour aux savoir-faire d'antan.

Les références littéraires et historiques, pointées aussi par Sommier, sont permanentes chez Louart. Dans chaque numéro de *Notes & morceaux choisis* figure un texte du XIXe ou du premier XXe siècle, venant légitimer le contenu et l'inscrivant dans une tradition historique. Louart utilise ainsi un texte de Baudelaire, « Où est, je vous prie, la garantie du progrès ? ». Il republie aussi un texte de Simone Weil[3], qu'il titre « La science est devenue le mystère par excellence », ou un texte de 1922 de Jules Isaac, « Paradoxe sur la science homicide[4] ». Georges Bernanos (1888-1948), écrivain d'inspiration catholique et royaliste, auteur d'un pamphlet contre le progrès technique (*La France contre les robots*, 1946), est cité par Pièces et Main d'œuvre : « Qu'est-ce que l'État totalitaire, sinon une technique – la technique des techniques[5] ? »

---

1. À propos du style châtié, issu du « style insurrectionnel » (Debord), d'une tribune du présumé responsable d'un attentat, Julien Coupat, ancien élève de l'ESSEC, dans *Le Monde* en mai 2009, l'auteur Nathalie Quintane (*Tomates*, Paris, POL, 2010), citée par Jean Birnbaum (*Le Monde*, « Écritures insurgées », 26 novembre 2010), note : « À quelques exceptions près, nous adhérâmes tous à ce qu'on peut formuler en manière d'épitaphe : il pensait mal mais il écrivait bien [...]. La France qui lit soupirait, soulagée : on apprenait encore dans les écoles [...], les Humanités n'étaient pas mortes, la banlieue n'avait pas tout pourri ».

2. Voir Éric Conan, article d'hommage à Jaime Semprun lors de son décès, *Marianne*, 21 août 2010 (en ligne). Il s'agit de l'imprimerie SAIG à L'Haÿ-les-Roses (Val-de-Marne).

3. Extrait d'une note de lecture sur le livre de Lénine, *Matérialisme et empirocriticisme*, parue dans la revue *La Critique sociale*, novembre 1933, reproduit dans *Notes & morceaux choisis*, juillet 2002, n° 5, p. 28.

4. Article paru dans *La Revue de Paris* en 1923, étoffé en un ouvrage, *Paradoxe sur la science homicide et autres hérésies*, Paris, Rieder, 1936 ; réédition Paris, Calmann-Lévy, 1989.

5. G. Bernanos, *in La France contre les robots* (Rio de Janeiro, Éditions France Libre, 1946 ; réédition Paris, R. Laffont, 1947 ; réédition Paris, Le Castor astral, 2009), cité par PMO [2008].

Peu importe la mouvance politique de l'auteur, fût-elle clairement à droite, c'est son opposition à la technologie qui compte avant tout.

*

La revue de Louart, *Notes & morceaux choisis*, a pour sous-titre *Bulletin critique des sciences, des technologies et de la société industrielle.* Des pans entiers de la science et de la technologie modernes y sont radicalement remis en cause, comme le domaine de l'énergie et des technologies associées. Le cadre conceptuel est fixé et d'emblée étalonné à une morale :

> Sous le terme général et abstrait d'énergie, on a trop tendance à oublier que ce que l'on désigne par là c'est [...] *la capacité des hommes à transformer le monde.* Par conséquent, avant de trouver de l'énergie en abondance, il vaudrait mieux d'abord se préoccuper de savoir plus précisément à quoi elle va être employée, sinon on risque de transformer le monde n'importe comment.

Dans ce cadre exigeant, les énergies nouvelles ne sont qu'un leurre, un nouvel avatar du capitalisme repeint en vert, poursuit Louart. Oui aux petites éoliennes « maison », permettant une appropriation individuelle de l'énergie. Mais les éoliennes industrielles, montées par les mêmes groupes qui produisent l'énergie nucléaire, deviennent « les moulins à prières d'une société qui va vers le désastre », un mirage carrollien, *Hélice au pays des merveilles*[1]. Ces merveilles de la *techno-folie* ont l'effet inverse de celui qu'en attendent les consommateurs : dans son lieu de vie, devenu « compartiment technique », avec chaufferie, climatiseur, l'homme ne ressent plus les perturbations climatiques. Insensible aux dangers comme aux beautés de la Nature, il a perdu le contact avec elle, son « cœur est vide ». Il est assailli à l'intérieur de son habitacle par ce qu'il fuit à l'extérieur : les ultraviolets solaires sont remplacés par ceux des lampes halogènes, les microbes sont brassés par l'air conditionné... Cherchant à se protéger, nous sommes enserrés – à tous les sens du terme – dans une « barbarie

1. B. Louart, « Silence, on tourne ! Lettre ouverte à la revue écologiste *Silence !* et aux admirateurs des éoliennes industrielles récemment construites en France », *Notes & morceaux choisis*, juillet 2002, n° 5, p. 20.

polytechnique[1] ». Le réchauffement climatique est non seulement la bande-annonce de l'appel à la « soumission durable », il est aussi moqué, et presque minimisé : « Avoir réussi à réchauffer notre atmosphère d'un ou deux degrés en un siècle, quelle retentissante démonstration de la puissance humaine[2] ! » D'ailleurs, l'homme étant en général attiré par l'horreur, si à la violence des temps (celle de notre époque), répond la violence du temps (celle du climat, avec son réchauffement), après tout, pourquoi pas, et tant mieux !

Dans un opuscule dédié[3], Louart se montre très critique vis-à-vis de la théorie du réchauffement climatique. À nouveau, ce ne serait qu'un leurre : « La focalisation sur le changement climatique a eu pour effet d'occulter les profondes transformations d'une partie non négligeable de la biosphère », comme les dégâts de l'urbanisation, de l'agriculture extensive, de la déforestation, de la surpêche, etc. Loin de faire alliance avec Claude Allègre, « dernier représentant d'un scientisme technophile tout droit sorti des années 1950 », Louart fait curieusement référence à la revue *Fusion* de Lyndon LaRouche[4] qui ne se situe pas du tout dans la même mouvance politique et est en outre virulemment protechnologie. Curieuse association des extrêmes dans cette opposition à ce qu'ils considèrent comme le battage médiatique du réchauffement climatique.

*

À côté des sciences du climat et des technologies de l'énergie, les « sciences du vivant » sont elles aussi dénigrées. Les hommes, animaux et végétaux ne sont plus des êtres, mais « du vivant » : ils sont été chosifiés, substantifiés. La biologie moderne n'est plus une science de la vie, se contentant d'étudier « la matière du vivant ». La biologie moléculaire décrit « le vivant » comme un gigantesque ordinateur dont le génome serait le programme – et on appelle cela « le génie

1. Guy Bernelas, « À propos du temps qu'il fait », *Notes & morceaux choisis*, juillet 2002, n° 5, p. 16. Guy Bernelas est aussi un des rédacteurs de la revue de l'*Encyclopédie des nuisances*.
2. *Ibid.*
3. Bertrand Louart, *Polémiques climatiques*, décembre 2010 (disponible auprès de B. Louart).
4. Il mentionne (*Polémiques climatiques*, *op. cit.*, p. 15) l'article « Réchauffement global : une imposture scientifique ! », revue *Fusion*, mars-avril 2003, n° 95.

[*sic*[1]] génétique » ! Le corps humain en était réduit à quinze mégaoctets sur un disque dur... « Après avoir épousé en premières noces les télécommunications, l'informatique s'est remariée avec la génétique », dit Druon : comme la physique et ses grands équipements (LHC, MIR, etc.), la biologie est en collusion avec la société industrielle et ses ordinateurs.

La science informatique est ainsi l'outil à disposition des vésanies des sciences de la Terre et du climat, comme des sciences du vivant. La mouvance anarcho-situationniste est là en phase avec celle de l'écologie radicale, mais aussi, à nouveau, avec des mouvements totalement opposés comme le technofascisme de LaRouche. Tous s'opposent à la modélisation informatique, où le modèle remplace la réalité : celle-ci doit se conformer au modèle à force d'une « accumulation de formules mathématiques ». Il se produit une inversion : la nature devient la copie de son modèle informatique – d'ailleurs « une mauvaise copie, indocile parce que *changeante*[2] » :

> Les grands prêtres en Recherche & Développement font tourner leurs moulins à prières informatiques en ne se souciant plus d'expliquer et de comprendre quoi que ce soit, mais plutôt en tentant de *justifier* ce qui existe et de *prévoir* ce qui va advenir, toutes choses étant égales par ailleurs[3].

> Convenablement modélisé, avec tous les paramètres requis, le devenir historique se réduit à un résultat calculable, et ce, merveilleuse coïncidence, au moment où justement les experts disposent d'une puissance de calcul inégalée et toujours croissante. Le sort de l'humanité est donc scientifiquement scellé : il ne lui reste plus qu'à *optimiser* la *maintenance* de son fragile biotope terrestre. C'était le programme de l'écologie scientifique, c'est en train de devenir celui de tous les États[4].

*

1. « Le sommeil de la raison engendre des monstres », *Notes & morceaux choisis*, février 1998, n° 1, p. 1 (on peut attribuer cet article non signé à B. Louart). Le [*sic*] est mis par Louart, qui joue ici sur deux sens liés du mot *génie* – celui du sapeur ou de l'ingénieur (c'est ce sens qui s'applique pour le *génie* génétique, au sens de *process*) d'une part, et le sens couramment utilisé d'autre part – le génie intellectuel, le génie opposé au talent (ex. un génie ; ex. c'est génial !).
2. B. Louart, « Le modèle mécanique de la vie », *Notes & morceaux choisis*, juillet 2001, n° 4, p. 16.
3. *Ibid.*, p. 16.
4. R. Riesel [2008], p. 14.

Mais Louart va plus loin encore quand il indique que « la biologie moderne est une imposture comparable au darwinisme », car l'une comme l'autre n'ont jamais cherché « à définir clairement la notion de vie », la *réduisant* toujours à des phénomènes physico-chimiques. Il utilise des circonvolutions que ne renieraient pas les créationnistes intégristes :

> Certains scientifiques soutiennent que les êtres vivants seraient soumis à la lutte pour la vie (*struggle for life* pour les darwinistes[1]).

Louart adopte la même forme de désinvolture moqueuse vis-à-vis de la théorie darwinienne que vis-à-vis de celle du réchauffement climatique : certains scientifiques pensent cela, la belle affaire !, car en fait ils en arrivent à oublier l'essentiel. Et l'essentiel, pour Louart, c'est que « l'*homo œconomicus*, lui, est soumis à la sélection naturelle darwinienne » – ce n'est d'ailleurs pas une lutte pour la vie, mais une « lutte contre la vie », par « écrasement de la conscience humaine ». La classification linnéenne (« *homo œconomicus* ») apparaît par mimétisme scientifique. Contre la théorie darwinienne de l'évolution, l'interprétation extensive d'un darwinisme socio-économique est ouvertement prônée, avec inversion rhétorique de la conjonction (lutte *contre* la vie).

L'opposition radicale de ces mouvements au darwinisme est frappante. Le groupe Oblomoff, citant Marx[2], impute le succès du darwinisme à son « caractère idéologique ». Dans un opuscule préparé pour l'année Darwin en 2009 – qu'il évoque comme la « commémoration darwino-libérale de 2009 » –, Louart s'en prend à l'allégeance du corps savant à l'« orthodoxie darwinienne ». Darwinisme et capitalisme sont frères ou cousins : la conception darwinienne du vivant est « tout aussi erronée que le fonctionnement du capitalisme industriel et mortifère ».

Les mêmes ressorts que ceux des opposants à la relativité sont à l'action. L'année Darwin 2009 est critiquée, comme l'avait été l'année Einstein 2005 ; Lamarck est réhabilité contre Darwin, comme Poincaré face à Einstein. La volonté des darwinistes, avec Mayr, Jacob, Monod,

---

1. « Le sommeil de la raison engendre des monstres », *Notes & morceaux choisis*, février 1998, n° 1, p. 2.
2. Oblomoff [2009], p. 41, citant Karl Marx, lettre à Engels du 18 juin 1862.

de présenter le vivant comme une « usine chimique » ou un programme informatique, celui du génome, n'a « pas reçu l'ombre d'une confirmation expérimentale » : ce qui est normal puisque la théorie darwinienne n'a « aucun fondement scientifique » (Louart). Darwin n'est pas là pour rendre compte *scientifiquement* d'une réalité observable : il est là pour jouer un rôle *idéologique* qui lui a été demandé, celui de « poser les bases d'une *métaphysique du conflit* ». Darwin fut pour la bourgeoisie ce que Marx fut pour le prolétariat, le théoricien de leurs classes respectives...

La même relecture de l'histoire des sciences est à l'œuvre : comme Planck n'aurait proposé la constante de la physique quantique h qu'à la seule fin de satisfaire les besoins des aciéries Krupp, Darwin n'aurait proposé sa théorie de l'évolution que pour servir les besoins du capitalisme naissant et du conflit de classes que le capitalisme entretient à son profit. « Métaphysique du conflit », chaque terme est signifiant : de la même manière qu'Einstein est parfois accusé de faire de la métaphysique et non de la physique, Darwin est accusé de remplacer la religion et la métaphysique fixiste le précédant non par une théorie scientifique, mais par une métaphysique au service de la nouvelle religion du capitalisme et du libéralisme. La théorie de Darwin est ainsi projetée négativement, à la fois dans le passé, comme religion se substituant à celle qui préexistait, et dans le futur, comme métaphysique non scientifique, justificatrice du capitalisme et de ses excès.

*

Pour Louart, le darwinisme n'est pas seulement « à l'origine d'une des plus grandes impostures scientistes », celle du *struggle for life* du libéralisme s'appliquant aux individus (l'*homo œconomicus*) comme aux entreprises (soumises à « la logique du darwinisme technologique »). Mais il est aussi à l'origine de l'eugénisme et, en toute logique, en toute « techno-logique », de l'Holocauste :

> [...] la politique d'extermination nazie dans les années 1930 et 1940 n'a été que l'aboutissement logique d'une doctrine alors fort répandue[1].

1. Louart [2001], « L'imposture historique de la techno-science ».

Regrettant le temps d'une science dédiée à l'observation de la Nature au XVIIIe siècle, Louart constate que le XIXe siècle, avec ses deux révolutions industrielles, est celui du passage de la science au laboratoire : l'homme ne se contente plus d'observer et d'expliquer, il expérimente. Mais, curieusement, le XXe siècle semble être celui d'un retour de la science vers la Nature – et ce retour-là apparaît telle une véritable inversion :

> Depuis les années 1940 et ses divers *camps de concentration,* on constate que le Progrès réclame des lieux toujours moins étroits pour se frayer sa voie [...]. Partie de l'observation de la *Nature,* pour se confiner ensuite au laboratoire, la science est retournée à la *nature* : en effet, l'expérimentation scientifique se fait maintenant *grandeur nature*[1].

Les champs d'OGM contemporains sont ainsi comparés aux camps de concentration (voire même préfigurés par ceux-ci), sachant que les camps *ne* sont *que* l'aboutissement des théories darwiniennes. Un lien de causalité directe est tracé entre Darwin, les camps nazis ou staliniens et les champs d'OGM – qui visent eux aussi à l'extermination. Ces dérives sont, somme toute, implacablement cohérentes avec l'idée maîtresse suivant laquelle la science et la technologie ont remplacé la politique, et avec la relecture dialectique de l'histoire qu'elle induit : finalement, le mal absolu, ce n'est pas le nazisme et son idéologie, c'est bien la science[2]. C'est, aussi, une forme de *banalisation* du nazisme : de la même manière que Pauwels le rattachait à l'occultisme (ce qui évitait de se poser les questions sur ses causes), le nazisme est ici expliqué par la science et son pouvoir nuisible, voire maléfique. Et ce superpouvoir est utilisé comme grille de lecture de l'histoire antérieure comme postérieure au nazisme, qui n'est ainsi que le maillon d'une chaîne, la marque exacerbée d'une simple différence de degré et non de nature. Les mêmes puissances existaient avant 1933-1945 qui se perpétuent après :

---

1. « Le sommeil de la raison engendre des monstres », *Notes & morceaux choisis*, février 1998, n° 1, p. 2.
2. Le même type de dérives se retrouve dans les écrits d'Oblomoff, où au détour d'un paragraphe consacré aux technologies de la santé, leurs collègues scientifiques sont accusés de « jouer aux Eichmann ». La formule, à la fois violente et oxymorique (comment peut-on *jouer* à être Eichmann ?) est assenée sans explication aucune – figure rhétorique s'adressant aux initiés du mouvement, déjà rompus à sa dialectique, et pour eux à peine allégorique (réf. Oblomoff [2009], p. 83).

> l'Allemagne nazie et les collaborations de toutes sortes ne furent pas qu'une parenthèse de l'histoire. Elles furent au contraire une apposition inouïe de l'histoire, y trouvant leur origine et s'y prolongeant sans bouleversement[1].

Ainsi, selon Jean Druon, la conquête spatiale des années 1960, réalisée en partie avec les ingénieurs et scientifiques nazis des fusées V1 et V2 (dont von Braun, chapitre XVI), est-elle un exemple de cette continuité, revendiquée au nom de la permanence et de l'immanence du projet maléfique de la science : pour Druon, le premier pas de Neil Armstrong sur la Lune fut l'accomplissement d'un projet dont les ressources primordiales « furent les 30 000 travailleurs esclaves qui avaient poussé leur dernier souffle dans les camps nazis de fusées V1 et V2 ».

*

Jean Druon, à l'origine physicien et auteur de films de vulgarisation scientifique pour CNRS Images, est auteur du documentaire *Un siècle de progrès sans merci*, diffusé sur La Cinquième il y a quelques années, avec le soutien du Centre national du cinéma et du ministère de la Recherche. La physique théorique y est présentée comme la source des maux du XXe siècle, qui commence avec la constante de Planck :

> *h*, la constante universelle qu'il avait introduite dans notre vision du monde, n'était pas le fruit du hasard. Elle résultait des recherches des empires les plus puissants pour étendre leur domination.

Car les aciéries Krupp voulaient connaître à quelle température couler leur acier afin que leurs canons fussent les plus efficaces – la fréquence du rayonnement lumineux de l'acier en fusion devait leur permettre de mesurer cette température : cette courbe fréquence/température conduit au problème dit du rayonnement du corps noir, lui-même à l'origine de l'hypothèse de Planck et de la mécanique quantique. Ainsi donc, dès 1900, voire avant, les scientifiques étaient au service du capitalisme et n'étaient plus à la recherche d'une connaissance *pure*.

1. Jean Druon, émission *Un siècle de progrès sans merci*, volet VI.

Le documentaire décline ce thème sur de nombreuses variations. Après Planck, est visé William Shockley (1910-1989), inventeur du transistor, prix Nobel de physique en 1953 : la mécanique quantique induit le transistor qui lui-même induit l'électronique et la domination technico-industrielle omniprésente. Les électrons ne gravitent plus *paisiblement* autour des noyaux, mais, constamment *excités ou stimulés*[1], parcourent des câbles et faisceaux qui saturent le globe : ceux qui maîtrisent ces flux d'électrons en viennent à maîtriser le monde. Les « bonnes familles du monde entier » rêvaient d'envoyer leurs rejetons dans la Silicon Valley afin de « recueillir les fruits de la mécanique quantique ». Celui qui possédait la science possédait la force. Il ne s'agit pas simplement pour ces mouvements de dénoncer l'imbrication de la science et de l'effort de guerre, ou de la technologie et du consumérisme, il s'agit de faire de la physique la clef d'explication des horreurs du XXe siècle : « Soudain, tout s'explique » (Druon).

On pourrait même parler de *principe de causalité négative* à propos d'une telle vision de la science : tout est expliqué par une cause présentée négativement. Après guerre, les méthodes contraceptives ont permis à la femme d'être plus libre de son temps, nous rappelle-t-on. Mais c'est pour mieux insister sur le fait que, si l'émancipation de la femme dans les années 1950 a ainsi été favorisée par le système, c'est d'abord et avant tout parce que l'industrie électronique, aux États-Unis ou au Japon, avait besoin de l'habileté des femmes, les fameuses *transistor girls* : dans un raccourci analogue à celui de la constante de Planck (on la doit aux aciéries d'armement), la pilule contraceptive est due à l'industrie électronique et à ses besoins en personnel et en croissance.

*

L'histoire des sciences et l'épistémologie sont elles aussi mises à contribution. Selon Pièces et Main d'œuvre, c'est lors de la première révolution industrielle (celle de la machine de Watt, à la fin du XVIIIe siècle), que la technique est devenue technologie : le premier terme est connoté positivement, c'est la technique des artisans, les *métiers* des

1. Le terme *stimulation* fait implicitement référence au fonctionnement des lasers (DVD, etc.) : *light amplification by stimulated emission of radiation.*

« Arts et métiers » – tandis que le terme de *technologie* est, lui, connoté négativement. Les savoir-faire traditionnels ont alors été « arrachés aux mains des êtres humains afin de les intégrer dans les structures des machines[1] » – et le XIXe siècle est venu consacrer « la figure de l'ingénieur », chargé de concevoir ces machines, mais surtout d'accélérer cette dépossession des artisans. Une machine est d'ailleurs « une boîte noire à l'intérieur de laquelle se déroulent des événements échappant à l'appréhension humaine spontanée » : lorsqu'on observe un moulin à vent, on est émerveillé par la tâche effectuée parce qu'on en comprend les différentes étapes – la prise du vent sur les pales, l'axe de transmission, l'engrenage de la pierre à concasser le grain. Rien de tel avec la machine à vapeur de Watt et la thermodynamique – et encore moins avec les processus électroniques modernes, où « l'être humain est définitivement relégué à un niveau extérieur » :

> Le numérique, en atteignant la sphère de l'infiniment petit et de l'infiniment court, se détache définitivement de la perception humaine pour donner à la technologie l'apparence de l'immédiateté la plus pure[2].

Le terme « immédiat » est à prendre là dans son sens originel, plus littéraire : l'immédiateté comme absence d'une médiation nous permettant de comprendre les phénomènes en jeu.

Plus radicaux, les jeunes ingénieurs et chercheurs du groupe Oblomoff proposent de « rompre avec le projet des sciences modernes, tel qu'il s'est cristallisé au XVIIe siècle[3] » :

> Depuis ses débuts, la science moderne consiste essentiellement à produire des faits à partir de machines : c'est une technoscience.

Ce n'est donc pas la science du XXe siècle qui est seule en cause : le mal est plus ancien. Oblomoff prône un retour à la « dimension contem-

1. Pièces et Main d'œuvre [2007], *La Tyrannie technologique*, p. 11.
2. *Ibid.*, p. 108.
3. Oblomoff [2009], p. 13. Chacun voit midi à sa porte : Oblomoff, composé de chercheurs, date du savant Galilée (XVIIe siècle) la racine des maux ; Pièces et Main d'œuvre, composé plutôt d'ingénieurs et de techniciens, la date de la première révolution industrielle (seconde partie du XVIIIe siècle).

plative » de la connaissance : faire de la botanique (en amateur, comme Rousseau ?), faire de l'astronomie qui est « un plaisir des sens » et nourrit « une vision esthétique de la nature[1] ». Hors ces incantations, on trouve peu de propositions effectives dans les écrits du groupe Oblomoff. Le nom même du groupe est revendiqué comme une incitation à ne rien faire par ces nihilistes : Oblomoff est un personnage de roman du Russe Ivan Gontcharov (1812-1891) qui passe le plus clair de son temps au lit. Le groupe Oblomoff utilise cette image pour recommander l'« indolence » plutôt que l'« activisme scientifique » à ses membres chercheurs et ingénieurs de recherche, afin de ralentir le déferlement technologique.

*

Une solution effective, sans doute elle aussi assez utopique, est parfois proposée : le retour aux savoir-faire perdus. Il s'agit de se « réapproprier ce que l'artisanat et la paysannerie connaissaient » : reproduire, c'est-à-dire apprendre à nouveau à produire, la production industrielle ayant gâché ces savoir-faire. C'est aussi le cas en agronomie : Riesel déplore qu'il n'y ait plus de paysans, que des « agriculteurs ». Il revendique son choix de devenir éleveur de moutons après 1968 comme un mode de vie lui permettant de « réapprendre des pratiques qui constituent la véritable richesse humaine[2] ». Pour Riesel, il s'agit d'être « conservateur au sens révolutionnaire » : conservateur de procédés ancestraux, pour à nouveau révolutionner le monde.

Cette idéologie percole largement hors des milieux concernés ici. Gilles Dowek a pointé les ambivalences d'un certain humanisme, fort répandu, « qui valorise les savoirs et les méthodes des paysans par rapport à ceux, désincarnés, apportés par la science et la technique[3] ». Dans le même esprit, le porteur d'un projet associatif italien soutenu par l'Unesco, visant à sauvegarder « les savoirs traditionnels », estime que « l'innovation technologique, contrôlée par de grands groupes,

1. Oblomoff [2009], p. 57.
2. René Riesel, interview au quotidien *Libération*, « Les progrès de la soumission vont à une vitesse effroyable. Du situationnisme à la Confédération paysanne, un penseur de la radicalité », 3 février 2001 (en ligne).
3. Dowek [2009], chapitre « Les ambivalences de l'humanisme », p. 67-73.

devient un adversaire de l'homme[1] ». Pour Louart aussi, l'innovation industrielle s'oppose à la re-production, celle qui consisterait à revenir aux productions anciennes. Notre société industrielle ne fait que reproduire, au sens de *la production du même* : elle n'innove que « dans ses multiples techniques de reproduction (numérisation, clonage, production de série, etc.) ». Elle n'innove pas au sens réel du terme :

> Nulle part elle ne crée du nouveau, nulle part elle ne *reproduit* – produit à nouveau – au sens vivant du terme : à partir de l'imitation ou de l'interprétation des éléments plus anciens ou existants, aboutir à ce qui peut devenir une création originale[2].

C'est dans le passé – plus précisément dans « l'histoire humaine » – qu'il convient d'aller chercher les « enseignements et inspirations », revenir aux « arts et métiers[3] », pour conjurer à la fois « la vision misérabiliste du passé et la vision catastrophique de l'avenir ». La vision catastrophique de l'avenir, on la connaît, c'est celle de la *catastrophe annoncée* pour assurer une *soumission durable* des populations. La vision misérabiliste du passé, c'est par exemple l'image des humains « tombant comme des mouches » (faisant référence à la plus faible espérance de vie de l'homme dans le passé) : selon Louart, cette image véhiculée par la science positiviste et la religion du progrès est largement exagérée.

*

Il ne reste plus grand-chose de la science moderne – un champ de ruines – dans les attaques conjuguées de ces divers groupuscules. En fait rien n'apparaît vraiment en positif dans ces visions de la science et de l'industrie, voire du monde même. Tout est expliqué par le côté négatif des choses – ce qui est revendiqué, comme le montrent le titre de la collection « Négatif ! » des Éditions L'Échappée (dirigées par Pièces et Main d'œuvre) et un extrait de sa ligne éditoriale :

---

1. « Une banque mondiale pour les avoirs traditionnels », *Le Monde*, dimanche 11-lundi 12 juillet 2010.
2. B. Louart, « Le modèle mécanique de la vie », *Notes & morceaux choisis*, juillet 2001, n° 4, p. 16.
3. « L'éthique de la peur », *Notes & morceaux choisis*, septembre 1998, n° 2 (troisième édition janvier 2004), p. 8.

> Négatif ! Comme on dit « non ! je ne marche pas ! ». Refus de croire et d'obéir.
> Négatif. Parce qu'on ne peut qu'être contre tout, parce qu'il n'y a rien de bien dans une société négative dès son principe.
> Négatif. Comme l'envers, la réalité et la révélation des apparences pseudo-positives.

Pièces et Main d'œuvre conclut un de ses prospectus par : « Il faut vivre contre son temps, c'est tout » ; on peut aussi lire : « Sous quelque angle qu'on le prenne, le présent est sans issue[1]. » Comme l'indique Isabelle Sommier [2010], les mouvements d'ultragauche ont « une vision très pessimiste, voire apocalyptique de la société ». Elle est présente chez des personnes jeunes, de haut niveau d'études, ayant pour certains fait des études scientifiques. Cette vision est délivrée non sans panache – style châtié, références littéraires, ironie situationniste et rhétorique efficace.

On la retrouve, certes de manière édulcorée et moins cristalline, dans des mouvances écologiques ou altermondialistes beaucoup plus vastes que ce noyau d'activistes d'ultragauche. Pour qui s'intéresse aux rapports actuels entre science et société, cette vision de la science comme étant la source même des maux de notre société ne laisse pas d'interpeller : elle est à la racine de la vision négative qu'ont de la science, de manière plus ou moins consciente, un certain nombre de nos concitoyens. Mais ces derniers sont rarement conscients de la globalité apocalyptique de cette vision, lorsque leur est présentée, dans le flot de l'écume médiatique, l'action de saccage de champs d'OGM ou de réunions de débat public sur les nanotechnologies.

On retrouve cette vision, à l'inverse cette fois-ci poussée à l'extrême, dans des mouvements anarchistes passant à l'acte terroriste contre des humains. Dans les années 1980 en France, les terroristes d'Action directe s'en sont pris non à des hommes politiques, mais aux représentants d'une « technostructure » prétendument détentrice du pouvoir effectif : l'ingénieur de l'armement René Audran (assassiné en janvier 1985) ou le président-directeur général de Renault et bâtisseur du nucléaire français Georges Besse (assassiné en novembre 1986). Très récemment à nouveau, en mai 2012, un groupe intitulé la « cellule Olga » d'une Informal Anarchist Federation a revendiqué un attentat (tir dans les jambes) contre

1. Coll. Comité invisible, [2007].

Roberto Adinolfi, président d'une entreprise nucléaire italienne : la lettre de revendication au *Corriere della Sera* présentait une rhétorique antiscience et stigmatisait Adinolfi comme « un des nombreux sorciers de l'atome[1] ». Cet attentat faisait suite à divers envois de colis piégés à des laboratoires de recherche ou entreprises en Suisse ou au Mexique, au cours de l'année 2011. La gravité de la crise économique et l'accident nucléaire de Fukushima font, semble-t-il, revivre ce type d'activisme : il est utile d'en connaître l'idéologie dans sa globalité et d'en analyser les causes.

1. Leigh Phillips, « Anarchists attack science », *Nature*, 31 mai 2012, 485, p. 561.

Conclusion

XVIII

Connexités épistémologiques

Après cette douzaine d'études de cas, résumons-nous. L'opposition virulente et théorisée à la science contemporaine, et notamment à ses théories (relativité, darwinisme), que nous avons appelée *alterscience*, peut prendre plusieurs formes. Elle peut marquer une gradation en intensité : l'alterscience *soft* (à caractère non idéologique) des ingénieurs antirelativistes peut se transformer, comme chez Vallée, en une alterscience plus dure, à relents idéologiques. L'alterscience d'inspiration religieuse, *a priori* non idéologique, peut rapidement le devenir avec certains cercles intégristes ou certains prédicateurs. Elle peut aussi marquer une gradation suivant la période considérée : la contestation de la relativité n'a pas le même sens au début du XXe qu'au début du XXIe siècle. Dans une perspective historique, nous avons montré la filiation entre alterscience contemporaine et certaines postures d'opposition à la science officielle au XIXe siècle : entre Auguste Comte et les savants ou ingénieurs positivistes du début du XXe siècle (Le Bon, Lumière, les ingénieurs antirelativistes), entre Charles Fourier et les mouvements néoanarchistes antiscience contemporains.

Nous avons vu que l'alterscience pouvait s'entendre comme une *autre* science (alterscience *soft*), comme une science *altérée* (alterscience plus dure), voire aussi comme une science tournée *vers autrui* – c'est-à-dire non vers les pairs scientifiques, mais directement vers le grand public, vers le plus grand nombre auprès duquel une légitimité directe est recherchée. Ces acceptions ne sont pas contradictoires et relèvent d'un même processus, que nous avons décrit : le processus lui-même, celui de la « corruption » de la science, peut aussi être qualifié d'*alterscience* (ou démarche alterscientifique), de la même manière que le terme de *science* désigne souvent autant le processus (la démarche ou la méthode scientifiques) que son résultat.

Au-delà de ce que nous avons dit en introduction et illustré par les divers cas étudiés, nous ne donnerons pas une définition normative de l'alterscience : d'ailleurs la définition de la science elle-même n'est pas chose aisée – beaucoup s'y sont cassé les dents. Mais il nous paraît utile d'examiner les points de convergence ou de divergence de l'alterscience avec d'autres concepts en apparence voisins – ce que nous appelons *connexités épistémologiques*.

*

Tout d'abord, nous réfutons le terme de *pseudosciences* pour évoquer les démarches ici décrites. Ce terme recouvre un magma varié aussi bien dans son contenu que dans son acception. Il a même parfois été proposé de le remplacer par *parasciences*[1] (ce qui tourne autour de la science) pour désigner les pseudosciences « traditionnelles », comme l'astrologie. Les pseudosciences ne prétendent en général pas constituer une branche de la science : Monvoisin leur attribue « une intention de se situer hors du champ scientifique tout en revendiquant une efficacité de type scientifique[2] ». L'astrologie ne prétend pas être rattachée à la science ; elle n'émane pas en priorité d'hommes de science ; vitupération et remise en cause de l'astrophysique contemporaine n'en sont pas les moteurs. Lutter contre certaines croyances populaires et millénaires en l'astrologie, et dans ce cas les qualifier de pseudosciences – terme perçu comme péjoratif –, relève alors d'une forme de militantisme. La pseudoscience se définit plus, dans ce cas, par le rôle qu'on lui fait jouer, celui de lutte contre l'obscurantisme. L'alterscience pourrait se situer quelque part entre science et pseudosciences, à supposer que ces trois sphères puissent être définies – elles apparaissent plutôt comme des nébuleuses avec leurs domaines d'intersection.

Donnons-en un exemple : l'archéologue Jean-Loïc Le Quellec a analysé la pseudo-archéologie, qu'il appelle aussi archéologie fantasque,

---

1. Voir par exemple Pierre Lagrange, « La sociologie à l'épreuve des parasciences », *Ethnologie française*, Paris, PUF, t. 23 (septembre 1993), p. 311-315.
2. Monvoisin [2007], p. 75.

romantique ou alternative. Domaine multiforme, entre ésotérisme et pseudosciences, il a certains points de connexité avec l'alterscience : souvent l'archéologie alternative véhicule des *a priori* racistes. Ne croyant pas tel peuple capable de telle construction, elle l'attribue à une civilisation antérieure, voire exogène. Des formes d'archéologie alternative nourrissent aussi le néopaganisme décrit au chapitre IX : Laurent Glauzy (*alias* Laurent Blanzy) promeut la « race des Géants » et chiffre l'âge de la Terre entre sept mille et dix mille ans, déplorant que « le culte divin ait été remplacé par celui de la laïcité et de l'antiracisme[1] ».

D'autre part, l'archéologie fait partie des sciences humaines. Or l'alterscience telle que nous l'avons illustrée se développe en s'opposant au domaine des sciences expérimentales, physique et biologie notamment. Plus précisément, c'est même à des *théories* de la science contemporaine (relativité et darwinisme) que s'attaque l'alterscience. Ceci la distingue d'un certain nombre de pseudosciences.

*

Prenons un autre exemple, celui des médecines parallèles, pseudosciences par excellence. La plupart se développent *parallèlement* à la médecine, sans s'y opposer ni vouloir la supplanter – et parfois même au bénéfice du patient. Toutefois, certains promoteurs de médecines parallèles, souvent gourous individuels, s'en prennent, parfois avec virulence, à la médecine savante : nous voyons là une opposition entre *pratiques*, et non l'opposition à une *théorie* scientifique (comme la relativité ou le darwinisme) accompagnée de ferments idéologiques.

Il existe toutefois dans ce champ une mouvance plus radicale qui conteste, par exemple, l'utilité de la vaccination. Elle se rapproche de l'alterscience : elle n'émane pas de praticiens des médecines parallèles et s'accompagne de théorisations diverses, soit à caractère religieux (comme les Témoins de Jéhovah), soit à caractère idéologique (comme la revue *Nexus*, chapitre IX). Le critère de théorisation d'une opposition à certains principes fondateurs de la science médicale – comme la vaccination ou l'isolement des tuberculeux (contesté par A. Lumière) – nous paraît à cet égard déterminant.

1. Émission de Radio Courtoisie du 30 novembre 2006, citée par Le Quellec [2009].

On peut ainsi examiner les pseudosciences une par une – comme Le Quellec l'a fait pour son champ scientifique. Mais nous préférons voir, de manière transverse, l'alterscience comme un même *processus* de « corruption de la science[1] », s'attaquant à diverses branches constituées de la science dure ou expérimentale contemporaine. Dans ce même esprit, on désigne en général l'astrologie comme étant *une* pseudoscience (article indéfini) ; tandis que le processus que nous évoquons est celui de *l'*alterscience (article défini) ; à l'inverse, on ne parle pas d'*une* alterscience, ni de *la* pseudoscience en général.

Enfin, pour clore ce point qui n'est pas au cœur de notre sujet, l'alterscience, on l'a vu, émane principalement d'hommes de sciences et est énoncée « au nom de la science », nous dit Gardner : ces deux points ne sont pas caractéristiques des pseudosciences. Si ce dernier terme était employé correctement (*pseudo* = « au nom de »), il pourrait désigner le processus ici décrit : on aurait ainsi une gradation science/pseudoscience *(au nom de)*/parasciences *(qui tourne autour)* au lieu de science/alterscience/pseudosciences. L'alterscience nous paraît suffisamment spécifique – et, nous y reviendrons, si prégnante dans notre société contemporaine – pour être désignée différemment de ce qu'on appelle généralement *pseudosciences*, champ trop multiforme. Dans ce magma, nous pouvons même, le cas échéant, faire de l'alterscience un cas particulier de la démarche pseudoscientifique, cas qui mérite forte attention, sinon sa propre désignation.

*

Examinons à présent comment certains courants épistémologiques peuvent nourrir à leur insu l'alterscience – autre forme de connexité. L'essai de définition de la science par Karl Popper en est un exemple. Selon lui, une théorie scientifique est un énoncé qui ne peut être vérifié, mais seulement réfuté. Cette définition est pain bénit chez les ingénieurs concepteurs de théories physiques alternatives. Ils la déforment ainsi : « Une vérité est une chose qu'on n'a pas réfutée. » La théorie combattue, comme la relativité d'Einstein, est ainsi *réfutée* par leurs « preuves » (par exemple les expériences du pendule paraconique de Maurice Allais) – et ce alors que la relativité a été jusqu'à présent *vérifiée* par de nom-

1. Lecointre, *in* Dubessy-Lecointre [2001], p. 43.

breux tests expérimentaux. Mais, selon leur vision arc-boutée sur Popper, une réfutation a valeur scientifique, ce que n'ont pas mille vérifications : tous les cygnes sont blancs jusqu'à ce qu'on en ait vu un noir. Inversement, que leur propre théorie soit invérifiable ne les gêne pas particulièrement puisque, toujours selon Popper, le caractère vérifiable n'assure pas la validité d'une théorie – nous avons vu que Vallée, par exemple, se souciait peu d'expérimentations relatives à sa théorie...

Le logicien et mathématicien Jean-Yves Girard a décrit les limites de l'épistémologie de Popper. Il qualifie ce qu'il appelle le « paupérisme » de ratiocination et d'idéologie positiviste très surfaite et médiatisée[1], qui vient à point nommé servir d'« accompagnement des thèses négationnistes ». Et Girard de brosser un tableau de ces négationnistes qui ressemble au nôtre :

> Des aigris, des capitaines Nemo sans *Nautilus*, qui en veulent à la pensée, cette sécrétion d'une glande inutile, le cerveau, et sa manifestation la plus prétentieuse, les mathématiques.

Jacques Bouveresse [1985] n'est pas en reste contre Popper, lequel « en érigeant l'attitude critique en impératif de la vie intellectuelle, a encouragé les ignorants (qui n'avaient pas besoin de ce genre de caution) à s'imaginer que la contestation de principe était la seule chose qui compte ».

*

Un deuxième champ épistémologique, à l'opposé de Popper, a lui aussi des connexités avec l'alterscience : ce sont les *science social studies,* ou sociologie des sciences. En voulant montrer que la science est un jeu de forces et de pouvoirs, voire même *n*'est *que* cela, ce courant de déconstruction, peut-être utile[2], fait l'impasse sur la construction de la connaissance scientifique. Il ouvre la voie à la vision d'une science qui ne serait qu'au service de l'État, quel qu'il soit, ou du grand capital, ou

1. Girard [2000].
2. Pierre Bourdieu [2001] qualifie les sociologues de la science de « demi-soldes de la science », de « savants défroqués qui font la science de la science ». Sur d'autres critiques faites à cette discipline, voir Sokal et Bricmont [1997], Holton [1998], Monvoisin [2007], Jorland [2010], P. Laszlo.

de la religion, ou de tout type d'intérêts. Il instille dans les esprits la vision d'une science comme une simple *croyance*, au même titre que les autres.

Gérard Jorland a étudié le traitement réservé à Pasteur par la sociologie des sciences. Selon lui, « le révisionnisme se porte bien chez les historiens des sciences, qui croient briser les idoles quand ils jettent simplement le bébé avec l'eau du bain[1] » ; plutôt que chercher comment se font les découvertes scientifiques, les sociologues des sciences se demandent « comment les scientifiques s'y prennent pour imposer leurs croyances ». On allait voir ce qu'on allait voir, et on a vu : portant un regard prétendument extérieur à la science, se dressant contre les idoles (Galilée, Newton, Pasteur), les sociologues des sciences ont vaillamment démonté les statues – mais après ces penseurs ce fut vite « la curée des sans-grade » :

> Des historiens amateurs – pharmaciens, médecins ou biologistes –, défenseurs des médecines parallèles, se sont ralliés à cette histoire sociologique des sciences et ont soutenu que les vaccins contre le charbon et contre la rage étaient de Toussaint ou de Roux, que Béchamp avait été pillé pour la fermentation et les vers à soie, à moins que ce ne fût Duclaux [...] ou encore que le parcours de Pasteur, de la cristallographie à la vaccination, n'avait été que de circonstance, au gré de la publicité que ces travaux pouvaient lui faire[2].

Dans le même esprit, Monvoisin déplore que les sociologues des sciences ne comprennent pas, en s'attaquant au bateau de l'entreprise scientifique, « qu'ils vouent le grand public à la dérive sans direction[3] ». Le physicien et historien des sciences américain Gerald Holton a quant à lui pointé la terrible proximité entre le discours contemporain visant à « délégitimer l'autorité intellectuelle de la science[4] » et le discours totalitaire de 1930-1950 faisant de la science un phénomène de société, que celle-ci soit national-socialiste ou marxiste.

*

1. Jorland [2010], p. 225 et suiv.
2. Jorland [2010].
3. Monvoisin [2007], p. 58.
4. Holton [1998], p. 52. Voir aussi chapitre XV *supra*.

Un autre sujet, en prolongement des *science social studies*, offre une connexité avec l'alterscience : le lien entre les sciences humaines et l'engagement politique à gauche. Une certaine complaisance du monde universitaire vis-à-vis de divers discours militants existe : ainsi la vision apocalyptique de la science par les milieux d'ultragauche est-elle peu analysée. Wiktor Stoczkowski [1999] note quant à lui, à propos de la *Black Science* de Louis Farrakhan, une « complaisance des milieux universitaires avec l'afrocentrisme ».

Un certain nombre d'universitaires sont de fait juge et partie. Telle philosophe des sciences[1], connue pour son œuvre sur les rapports de pouvoir dans la science – dans la lignée des *science social studies* –, participe par ailleurs aux arrachages d'OGM, joignant ainsi la pratique à la théorie. Telle autre philosophe des sciences, travaillant notamment sur la réception des nanotechnologies, est aussi présidente d'une association de « sciences citoyennes » assez vigoureusement engagée contre les OGM et les nanotechnologies. Elle évoque lors d'un colloque la notion de « science locale » : ce qui est compréhensible pour la production agricole (éviter que les tomates espagnoles soient consommées aux Pays-Bas et *vice versa*) ne l'est pas pour la production scientifique. La science est une émancipation de l'humain, l'internationalisation de la science aussi.

Tel chercheur en biologie, par ailleurs chroniqueur scientifique dans un journal d'extrême gauche, est un combattant engagé de la lutte contre le créationnisme. Il est toutefois difficilement audible quand il recommande « de garder en mémoire que l'entourage intellectuel de nos politiciens de droite est ouvertement antidarwinien » : ce serait largement à prouver, à préciser (qu'est-ce que l'entourage ?) et à corréler (*quid* à gauche ?). Un physicien et épistémologue, engagé contre les utilisations abusives d'analogies scientifiques, va loin quand il évoque le « chef d'un culte pseudoscientifique majeur » en parlant du pape. Le danger, par des positions trop rationalistes, ou trop marquées politiquement, serait de tomber dans un excès inverse, en faisant preuve d'une vitupération et d'une outrance symétriques de celles des créationnistes ou des idéologues.

*

1. Nous avons choisi de ne pas donner ici de noms. Toute personne intéressée peut les retrouver facilement (la plupart figurent en bibliographie du présent ouvrage – sources secondaires).

Le mélange entre engagement politique et discours sur la science est toujours délicat à manier. Frédéric Joliot-Curie, président de l'Union rationaliste de 1946 à 1955, scientifique très respecté et prix Nobel, instrumentalise la science au moins à deux reprises, dans des cadres fort différents. Sous l'Occupation, en février 1941, avant la rupture du pacte germano-soviétique, il donne dans un journal collaborationniste *Les Nouveaux Temps* (fondé par Jean Luchaire, fusillé à la Libération) une interview titrée « C'est l'esprit qu'il faut réformer d'abord ». Il s'y plie à l'esprit d'autoflagellation de l'époque :

> Nous autres, savants français, passionnément attachés à notre pays, devons avoir le courage moral de tirer les leçons de notre défaite[1].

Rendant les « polytechniciens responsables de la défaite », il indique que « la franc-maçonnerie polytechnicienne doit se dissoudre d'elle-même » : posture là aussi bien dans l'air du temps au moment où l'on cherchait toutes sortes de boucs émissaires... Se présentant comme un ingénieur de l'École de physique et de chimie de Paris, « qui n'a pas fait Polytechnique », il s'indigne aussi sur « l'abus des mathématiques abstraites ».

Une douzaine d'années plus tard, au moment du lyssenkisme triomphant, ses propos d'après guerre sur les bienfaits du communisme sur la science et de celle-ci sur le peuple sont eux aussi très imprégnés d'une vision politique de la science :

> En Union Soviétique [...] les scientifiques trouvent des conditions matérielles très favorables pour le développement de la science, et ils ont la fierté et la joie de voir leurs travaux associés aux efforts de tout le peuple, et les résultats utilisés pour le bonheur de tous[2].

1. Frédéric Joliot-Curie, « C'est l'esprit qu'il faut réformer d'abord », *Les Nouveaux Temps*, 15 février 1941. Chevassus-au-Louis [2004] indique que, quatre jours avant la publication de l'interview, ce journal, aidé par l'ambassade d'Allemagne, titre : « Vichy continue à saboter la politique de collaboration. » Michel Pinault rappelle qu'il pouvait s'agir de défendre le CNRS menacé par Vichy (par des ministres polytechniciens ?) et que Joliot s'était exprimé dans le même esprit en 1938 déjà. Il juge néanmoins cet entretien comme un faux pas « du point de vue de l'opportunité politique » (Michel Pinault, « Frédéric Joliot, les Allemands et l'université, aux premiers mois de l'Occupation », *XXe siècle*, 1996, 50, p. 67-88).

2. Frédéric Joliot-Curie, « Message au XIIIe congrès », *La Nouvelle Critique*, juillet-août 1954, 6e année, supplément au n° 57, p. 30-32.

*

On en vient à relever le peu d'intérêt de l'histoire et de la philosophie des sciences pour une étude des dérives des scientifiques et des instrumentalisations radicales de la science. Pourtant, une telle étude apprend sur la nature de la science et a un but utilitaire : donner au public certaines clefs de détection et de compréhension de discours qui se parent des atours de la science.

Martin Gardner (1914-2010) a tracé la piste d'une telle étude, avec son ouvrage de 1952, *Fads and Fallacies in the Name of Science* – ouvrage qui d'ailleurs faisait suite à la publication en 1950 de l'ouvrage de Velikovsky. Gardner n'est traduit en français qu'en 1966, comme un coup éditorial faisant suite au succès du *Matin des magiciens*, sous le titre *Les Magiciens démasqués*. Selon Gardner, les théories alternatives fumeuses ou idéologiques reviennent toujours, et le combat doit être mené et réactualisé en permanence : « Il vaut mieux et pour nous et pour la société que nous nous trouvions sur nos gardes. » Pour lui, ce combat accompagne nécessairement une œuvre de vulgarisation scientifique car « la meilleure arme contre la pseudoscience envahissante, c'est un public éclairé, capable de ne pas confondre l'œuvre d'un chercheur estimable avec celle d'un personnage incompétent et plein d'illusions sur lui-même[1] ».

L'alterscience telle que brossée dans cet essai est une caisse de résonance des relations entre science et société, de nos jours et dans le passé. Son étude donne au public des clefs de décryptage de certains discours outranciers invoquant la science et l'instrumentalisant. Le public doit pouvoir déceler plus finement ce qui ne fait pas science, ce qui ne fait pas sens, surtout à l'époque d'une médiatisation tous azimuts de tous sujets (y compris scientifiques) aussi bien que d'une immédiateté : il doit être donné réponse à tout, tout de suite, devant les micros[2]. Élargir la grille d'appréciation par le public est un objectif de l'analyse de divers courants d'idées en termes d'alterscience entamée ici. L'histoire et la philosophie des sciences pourraient s'y intéresser de manière plus approfondie que nous ne l'avons fait : il faudrait entreprendre une histoire de l'envers de la connaissance scientifique, *une histoire négative des sciences*.

1. Gardner [1952].
2. Ce que Guillaume Lecointre a justement résumé comme « la bataille de la communication contre celle de l'argumentation ».

XIX

Une grille de lecture de nos sociétés contemporaines

L'alterscience du XXIe siècle nous en apprend à la fois sur notre vision de la science, sur les rapports entre science et société, et, enfin, sur nos sociétés elles-mêmes. Les mouvements complotistes (chapitre VII), créationnistes (chapitre VIII), panscientifiques (chapitre XVI) ou extrémistes antiscience (chapitre XVII) sont les représentants de cette alterscience contemporaine. Ce sont certes des mouvements radicaux, impliquant un nombre de personnes relativement limité. Cependant, leurs idées diffusent de manière plus édulcorée, moins cristalline dans des mouvances beaucoup plus larges de la société. De fait, certaines idées prises isolément ici ou là peuvent paraître séduisantes, mais la construction théorique globale à laquelle elles se rattachent ne l'est pas. Le *processus* alterscientifique est aussi à l'œuvre dans des courants d'idées pourtant beaucoup moins radicaux que ceux que nous avons décrits. Son étude donne une grille de lecture de nos sociétés contemporaines : après en avoir montré ses manifestations et tracé ses filiations historiques, interrogeons-nous sur les enseignements à en tirer.

*

Premier point, l'alterscience offre *a contrario* un éclairage sur la science contemporaine. Celle-ci nous oblige à d'importants efforts de compréhension et même d'imagination, qui sont à renouveler en permanence. Elle oblige aussi à comprendre la *méthode* scientifique contemporaine, celle de l'évaluation entre pairs notamment. Elle peut créer une réaction négative chez ceux pour lesquels l'effort de compréhension de la science est trop grand, surtout lorsqu'ils ont été formés à la science et s'y intéressent. Cela peut conduire, par exemple, à l'alterphysique des ingénieurs.

La spécialisation de la science devrait conduire à une certaine modestie d'approche de la part de ceux qui s'y intéressent. Le profane – en anglais, le *layman* –, disons l'honnête homme pour éviter un caractère religieux, doit essayer de comprendre la façon dont fonctionne la science du XXIe siècle, avec de multiples discussions et remises en question entre pairs ; la relativité est, par exemple, une des théories physiques les mieux vérifiées à notre époque. Ce faisant, il doit se fier *a priori* aux scientifiques et à leurs institutions (organismes, universités, académies, sociétés savantes). Ceci ne correspond pas à une quelconque déresponsabilisation de cet *honnête homme*, mais au contraire à une confiance et une responsabilité accrues placées en lui : c'est faire confiance en l'être humain de penser qu'il est capable de s'intéresser aux résultats de la science contemporaine, de les comprendre et de les faire siens. Ces divers principes de *confiance préalable* sont sans doute idéalistes puisque assez éloignés de la réalité actuelle – toute relation sociale est pourtant une relation de confiance.

Cette confiance préalable est sous-tendue par une vision de la science comme un humanisme, comme une valeur liée à la connaissance : il appartient aux scientifiques de faire avancer la connaissance pour l'humanité dans son ensemble, comme il appartient à chacun d'entre nous d'approfondir ses connaissances – par *libido sciendi*, désir d'apprendre. Sans se leurrer l'un l'autre sur certains dangers liés à l'exploitation de la science, l'honnête homme et le scientifique pourraient signer un *pacte de confiance*, un nouveau contrat social où l'avancée de la connaissance scientifique figure en bonne place : avancée de la connaissance collective en ce qui concerne le chercheur, avancée de sa propre connaissance pour l'honnête homme.

*

Deuxième enseignement, l'alterscience peut être vue comme l'image de la science dans un miroir déformant. Nous avons montré qu'elle est suscitée par les brusques avancées de la science (tout en étant capable de les intégrer) : Le Guyader[1] n'a-t-il pas remarqué que les grandes pous-

1. Le Guyader [2008].

sées de créationnisme coïncident avec les avancées clefs de la génétique puis de la biologie moléculaire ? Les différentes étapes de l'héliocentrisme avec Copernic, de la mathématisation de l'étude de la nature avec Galilée, de la formation de l'esprit scientifique et des institutions à la fin du XVIIIe siècle, de la nouvelle physique du XXe siècle et de la spécialisation de la science sont autant de paliers auxquels l'alterscience contemporaine se réfère et prend pour cibles en permanence.

À travers ce miroir déformant, l'alterscience du XXIe siècle apparaît comme accentuant les craintes suscitées par la science, voire par la société elle-même – celles d'une modernité (dont la science est vectrice) et d'une mondialisation galopantes. Elle reflète des crispations collectives ou individuelles face à cette modernité, dans un monde où la valeur connaissance semble être devenue monnaie de singe et s'est effacée devant d'autres valeurs comme l'individualisme, la reconnaissance médiatique ou financière. Ces crispations collectives peuvent prendre plusieurs formes. Aux États-Unis, pays plus récent, de tradition religieuse, le rejet de la société contemporaine se traduit par le créationnisme. En France, pays de tradition républicaine fondée sur la Révolution, il se traduit par la critique d'une technoscience qui aurait pris la place de la démocratie et de la réflexion citoyenne. Le mouvement de LaRouche, présent dans plusieurs pays occidentaux, apparaît quant à lui comme une crispation antiécologiste et comme la nostalgie passéiste d'un retour à la croissance et au bien-être des années 1960.

Ces crispations peuvent aussi avoir un caractère individuel. L'ingénieur auteur de théories physiques alternatives manifeste, à partir d'un certain âge, un rejet de la société qui lui est contemporaine. Il peut aussi être vu comme le bon élève déchirant son cahier d'école : toute sa jeunesse, il a franchi les divers obstacles de la course de haies scolaire – lorsqu'il arrive à la cinquantaine, sa révolte contre la science contemporaine ne serait qu'une façon de tuer le père. Maurice Allais peut être vu comme un économiste malgré lui, un physicien contrarié (à plusieurs sens du terme – dont celui du *gaucher contrarié*). Auguste Lumière comme l'aîné, jaloux toute sa vie de son jeune frère Louis, préféré par le corps social. Marat comme l'autovictime expiatoire, cherchant la gloire par sa propre victimisation, *ad augusta per angusta*[1]. José Bové

1. « Vers la gloire par des chemins étroits » (mot de passe des conjurés d'*Hernani* de Victor Hugo, acte IV).

comme le fils d'un directeur de recherches à l'INRA et d'une professeure de sciences naturelles. Frédéric Joliot-Curie comme l'ingénieur « physique-chimie de Paris » qui n'a pas fait Polytechnique. Velikovsky comme le prophète, l'« Emmanuel », voulu par son père.

*

L'alterscience nous permet de comprendre, en creux, comme un négatif photographique, la science, mais aussi à quelles valeurs nous sommes attachés avec elle. C'est justement à *la* science que nous sommes attachés, et non à *une* quelconque science adjectivée – qu'elle soit pure, bourgeoise, séculière ou allemande.

Est-ce une science simple catégorie platonicienne, une Science par trop idéalisée, sans aucun rapport avec la réalité actuelle ? Peut-être. Pourtant la science – pratique du scientifique ou connaissance recherchée par l'honnête homme – peut rester, au même titre que l'art et au moins à son égal, un idéal, un dépassement de soi-même, voire une forme d'émerveillement à tout âge. Plus que l'art et la littérature, et sans doute au moins autant que la philosophie, elle participe de la connaissance humaine. Cet objectif premier de la science ne saurait être oublié. On pourrait parler de *scientisme* à propos de cette vision. Ce scientisme de bon aloi est-il un humanisme ? Oui. L'alterscience non : elle est même un antihumanisme contemporain.

On pourrait s'arrêter là. Mais il est une troisième clef que nous livre l'alterscience contemporaine : l'omniprésence de la référence à la religion ou à la croyance. Russell soulignait que « la science et la religion sont deux faces de la vie sociale[1] » : de nos jours, alterscience et certaines formes de religion ou de croyance semblent intimement liées. Les créationnistes mettent en avant leur religion (christianisme, islam ou paganisme) ; en miroir, ils décrivent aussi la science moderne comme une nouvelle religion – pourquoi alors devrait-elle remplacer la leur ? Les mouvements panscientifiques ont une foi inaliénable en l'homme et en la science (mâtinée chez LaRouche de théorie du complot) : elle est sans rapport avec le scientisme, car c'est une foi plus qu'une confiance, une religion plus qu'un humanisme ; elle est par ailleurs exclusive de tout autre espoir et de toute autre réflexion – le *salut* vien-

1. Russell [1935].

dra *nécessairement* par la science. Quant aux néoanarchistes, ils évoquent constamment la science comme la *religion* du capitalisme : inversement ils pourraient bien avoir fait de l'antiscience une religion qui les aveugle eux aussi dans leur réflexion. Les théories du complot (énergie libre, larouchisme, complot des grands trusts mondiaux) sont elles aussi des formes de croyance.

Est-ce la permanence de croyances sécularisées, telles que les voit le philosophe Charles Taylor, dans une époque de mondialisation et de circulation des idées et des communautarismes politiques et religieux les plus divers ? Peut-être. Avec l'Internet, avec la mondialisation qui touche aussi les opinions, des idées radicales diffusent, même édulcorées, jusqu'au plus près de chacun de nous : les courants alterscientifiques contemporains (créationnisme, panscientifisme, néoanarchisme antiscience) sont à la racine de visions biaisées de la science contemporaine. Même si nous ne les partageons pas, nous sommes en contact avec elles : il nous faut les connaître et les reconnaître. L'alterscience est un front ouvert dans les rapports entre science et société : mais, bras armé de diverses idéologies, c'est aussi un front ouvert dans les rapports internes à nos sociétés contemporaines.

Bibliographie

Pour les chapitres V à XVII, nous avons fait une bibliographie chapitre par chapitre. La bibliographie générale concerne l'ensemble de l'ouvrage ou les chapitres introductifs ou conclusifs. Certaines bibliographies de chapitre renvoient vers la bibliographie générale (sous la forme *BG supra*).

Bibliographie générale

Gaston BACHELARD, *La Formation de l'esprit scientifique. Contribution à une psychanalyse de la connaissance objective*, Vrin, 1938.

Robert BELOT & Laurent HEYBERGER (dir.), *Prométhée et son double. Craintes, peurs et réserves face à la technologie*, Éditions Alphil-Presses universitaires suisses, 2010.

Bernadette BENSAUDE-VINCENT, *La Science contre l'opinion. Histoire d'un divorce*, Les Empêcheurs de penser en rond, 2003.

Lucien BOIA, *La Mythologie scientifique du communisme*, Paris, Les Belles Lettres, 1993.

Pierre BOURDIEU, *Science de la science et réflexivité*, Raisons d'agir, 2001.

Jacques BOUVERESSE,

a. *Rationalité et cynisme*, Minuit, 1985.

b. *Prodiges et vertiges de l'analogie*, Raisons d'agir, 1999.

Daniel BOY, *Le Progrès en procès*, Presses de la Renaissance, 1999.

Gérald BRONNER, *La Pensée extrême*, Denoël, 2009.

Véronique CAMPION-VINCENT, *La Société parano. Théories du complot, menaces et incertitudes*, Payot, 2005.

Fritjof CAPRA, *The Tao of Physics*, Berkeley, Sambhala Publications, 1975 (trad. fr., 1979).

Nicolas CHEVASSUS-AU-LOUIS,

a. *Savants sous l'Occupation*, Seuil, 2004.

b. *Les Briseurs de machine. De Ned Ludd à José Bové*, Seuil, 2009.

Antoine COMPAGNON, *Les Antimodernes. De Joseph de Maistre à Roland Barthes*, Gallimard, 2005.

Marc CRAPEZ, *La Gauche réactionnaire*, Berg International, 1997.
Gilles DOWEK, *Ces préjugés qui nous encombrent*, Le Pommier, 2009.
Jean DUBESSY et Guillaume LECOINTRE (dir.), *Intrusions spiritualistes et impostures intellectuelles en sciences*, Syllepse, 2001 [2e édition 2003].
Martin GARDNER, *Les Magiciens démasqués*, Presses de la Cité, 1966 [trad. de *Fads & Fallacies in the Name of Science*, Dover, 1952].
Yves GINGRAS, *Propos sur les sciences*, Raisons d'agir, 2010.
Jean-Yves GIRARD, « Science et obscurantisme », manuscrit non publié, 24 novembre 2000, en ligne sur la page de l'auteur (téléchargé le 2 juillet 2012).
Cédric GRIMOULT, *Sciences et politique en France*, Ellipses, 2008.
Gerald HOLTON, *Science en gloire, science en procès : entre Einstein et aujourd'hui*, Gallimard, 1998.
Gérard JORLAND, *Une société à soigner. Hygiène et salubrité publique en France au XIXe siècle*, Gallimard, 2010.
Aleksandra KROH, *Petit Traité de l'imposture scientifique*, Belin, « Pour la Science », 2009.
Guillaume LECOINTRE (dir.), *Guide critique de l'évolution*, Belin, 2009.
Dominique LECOURT,
a. *L'Amérique entre la Bible et Darwin*, PUF, 1991.
b. *Humain, posthumain*, PUF, 2003.
Hervé LE GUYADER, « Enseignement, *intelligent design*, créationnisme », *Raison présente*, 4e trimestre 2008, n° 168.
Jean-Loïc LE QUELLEC, *Des Martiens au Sahara. Chroniques d'archéologie romantique*, Actes Sud, 2009.
Claude LÉVI-STRAUSS, *La Pensée sauvage*, Plon, 1962.
Jean-Marc LÉVY-LEBLOND,
a. *(Auto)Critique de la science*, Seuil, 1973.
b. *L'Esprit de sel. Science, Culture, Politique*, Fayard, 1981.
c. *Impasciences*, Bayard, 2000.
d. Fonds d'archives d'opposants à la relativité, correspondance au journal *La Recherche* et à l'université de Nice, déposé à la bibliothèque des sciences et de l'industrie, Cité des sciences, Paris [FLL-BSI].
Daniel LINDENBERG, *Les Années souterraines, 1937-1947*, La Découverte, 1990.
Geseko von LÜPKE et Peter ERLENWEIN, *« Nobel » alternatif, 13 portraits de lauréats*, La Plage, 2008 (trad. de l'allemand [2006]).
Alexandre MOATTI,
a. *Einstein, Un siècle contre lui*, Odile Jacob, 2007.
b. « L'alterscience, une autre forme d'opposition à la science », *Science et pseudo-sciences, Revue de l'AFIS*, octobre-décembre 2010, n° 292, p. 72-78.
Richard MONVOISIN, *Pour une didactique de l'esprit critique. Zététique et utilisation des interstices pseudoscientifiques dans les médias*, thèse de doctorat soutenue le 25 octobre 2007, université Grenoble-I-Joseph-Fourier.
Naomi ORESKES,
a. « Un discours simpliste et conservateur », interview à *La Recherche*, décembre 2008, n° 425.
b. avec Eric M. CONWAY, *Les Marchands de doute*, Le Pommier, 2012 [trad. de *Merchants of Doubt*, Bloomsbury, 2010].

Michel de PRACONTAL, *L'Imposture scientifique en dix leçons*, La Découverte, 1986.
Alain PROCHIANTZ, « Résistances de nature religieuse à l'enseignement des sciences », *Raison présente*, 4e trimestre 2008, n° 168.
Jean ROSTAND, *Science fausse et fausses sciences*, Gallimard, 1958.
Bertrand RUSSELL, *Science et religion*, 1935 [rééd. Gallimard, « Idées », 1971].
Jean-Paul SARTRE, *Réflexions sur la question juive*, Gallimard, 1948.
Arthur SCHOPENHAUER, *L'Art d'avoir toujours raison*, Mille et Une Nuits, 1998 (trad. fr. de *Eristische Dialektik. Die Kunst, Recht zu behalten*, publié en 1863, présumé écrit vers 1830-1831).
Alan SOKAL et Jean BRICMONT, *Impostures intellectuelles*, Odile Jacob, 1997.
Alan SOKAL, Jean BRICMONT et Barbara HOCHSTED, *Pseudosciences et postmodernisme : adversaires ou compagnons de route ?*, Odile Jacob, 2005.
Erwan SOMMERER et Jean ZAGANIARIS (dir.), *L'Obscurantisme. Formes anciennes et nouvelles d'une notion controversée*, L'Harmattan, 2010.
Wiktor STOCZKOWSKI, *Des hommes, des dieux et des extraterrestres. Ethnologie d'une croyance moderne*, Flammarion, 1999.
Pierre-André TAGUIEFF, *La Foire aux illuminés*, Mille et Une Nuits, 2005.
Imre TOTH, *Palimpseste : propos avant un triangle*, Bibliothèque du Collège international de philosophie, 2000.
Pierre THUILLIER, *Les Savoirs ventriloques, ou Comment la culture parle à travers la science*, Seuil, 1983.

Chapitre V (Ingénieurs antirelativistes)

Sources primaires

Maurice ALLAIS,
a. *Autoportraits, une vie, une œuvre*, Montchrestien, 1989.
b. *L'anisotropie de l'espace, les données de l'expérience, la nécessaire révision de certains postulats des théories contemporaines*, Clément Juglar, 1997.
c. *Louis Rougier, prince de la pensée*, Fondation de Lourmarin, 1990.
d. *La Passion de la recherche, Autoportraits d'un autodidacte*, Clément Juglar, 2001.
e. Site Internet http://allais.maurice.free.fr.
Bulletin du Cercle de physique Alexandre Dufour, 1949-1985.
Emmanuel CARVALLO, *La Théorie d'Einstein démentie par l'expérience*, Chiron, 1934.
Marcelin DUBROCA,
a. *Les Idées et les calculs de M. Einstein contre la science physique*, Gauthier-Villars, 1923.
b. *L'Atome et l'énergie, avec des idées diverses*, Debresse, 1961.
Fernand PRUNIER, *Pour un Supplément au Discours de la méthode*, Albert Blanchard, 1971.
Georges SALET, *Hasard et certitude, le transformisme devant la biologie actuelle*, Éditions scientifiques Saint-Edme, 1972.

Henri VARCOLLIER,
a. *La Relativité dégagée des hypothèses métaphysiques. Exposé des théories d'Einstein, discussion de ces théories, essai d'une théorie nouvelle construite dans l'espace et le temps classiques*, Gauthier-Villars, 1925.
b. *Propagation ellipsoïdale, relativité, quanta*, Alger, Baconnier frères, 1942.

Sources secondaires

André METZ, *Les Nouvelles Théories scientifiques et leurs adversaires : la Relativité*, préface de Jean Becquerel, Chiron, 1926.
Alexandre MOATTI [2007], *BG supra*.
[FLL-BSI], *BG supra*.

Chapitre VI (Avions renifleurs)

Sources primaires

[LB] *Livre blanc sur l'affaire dite des « avions renifleurs »*, service de presse du Premier ministre, La Documentation française, 1984.
[CEAN] Rapport de la Commission d'enquête de l'Assemblée nationale, 2418, *Journal officiel*, 15 novembre 1984 [Bibliothèque de l'Assemblée nationale].
Rapport de la Cour des comptes, reproduit intégralement en supplément du quotidien *Libération* du 4 janvier 1984.
[DPA] Dossier de notes de Pierre ALBA, à l'époque directeur informatique à la Société nationale Elf-Aquitaine, directeur du projet, archives de l'École polytechnique.

Sources secondaires

Jacques DEROGY et Jean-Marie PONTAUT, *Investigation, passion*, Le Grand Livre du mois, 1993.
Jean-Noël JEANNENEY, « Avions renifleurs et rayons N », *Le Monde*, 21 août 1987.
Pierre LASCOUMES, « Au nom du progrès et de la nation : les "avions renifleurs" », *Politis*, 1999, n° 48, p. 129-155.
Pierre PÉAN, *V. Enquête sur l'affaire des « avions renifleurs » et ses ramifications proches ou lointaines*, Fayard, 1984.

Chapitre VII (Vallée, Tesla et l'énergie libre)

Sources primaires

ANONYME, *Coucou, c'est Tesla !*, Éditions Félix, 1997.
ANONYME, *Livre jaune n° 5*, Éditions Félix, 1997.
ANONYME, *Livre jaune n° 6*, Éditions Félix, 2000.
ANONYME, *Livre jaune n° 7*, Éditions Félix, 2004.
René BARJAVEL, *Lettre ouverte aux vivants et à ceux qui veulent le rester*, Albin Michel, 1978.

Thomas BEARDEN, « Le secret final de l'énergie libre », conférence du 9 février 1993 ; traduite dans le *Bulletin de l'énergie libre* (Ermont), 1997.
Site Internet – Global Institute for New Energy Technologies, www.gifnet.org.
Jeane MANNING, *Énergie libre et technologies*, Louise Courteau Éditrice, 2001 (trad. de *The Coming Energy Revolution*).
René-Louis VALLÉE,
a. *L'Énergie électromagnétique matérielle et gravitationnelle, hypothèse d'existence des milieux énergétiques et d'une valeur limite supérieure du champ électrique*, Masson, 1971.
b. *Écrits de physique synergétique*, GUST, 1998-1999-2000.
c. *GUST connection. La grande théorie unifiée de la synergétique*, dépôt BNF juillet 2001 [BnF].
d. [FLL-BSI], *BG supra*, dossier VALLÉE.

Sources secondaires

Margaret CHENEY, *Tesla 1856-1943 : la passion d'inventer*, postface de Jean Cazenobe, Belin, 1987.
LÉVY-LEBLOND [1981], *BG supra*.
Benjamin LISAN, *La Théorie synergétique. Une étude critique*, 1re version 1978, remaniée décembre 2006, en ligne sur http://benjamin.lisan.free.fr [consulté le 19 juillet 2011].
Renaud de la TAILLE, « Qui osera réfuter la synergétique ? », *Science & Vie*, novembre 1975, n° 698.

Chapitre VIII (Géocentrisme)

Sources primaires

ANONYME, *Les Expériences de Michelson-Morley (1887), Michelson-Gale (1924) sur la vitesse de la lumière, dénonçant l'erreur relativiste, prouvant le géocentrisme*, Éditions Saint-Rémi, 2005.
D. BATTEN, D. CATCHPOOLE, J. SARFATI et C. WIELAND (éd.), *The Creation Answers Book*, Creation Book Publishers, 2006, chapitre 5 en ligne.
Le CEP, revue du Centre d'études et de prospective sur la science [CEP].
Pierre DEQUÈNES, *La Science du XXe siècle. Mythologies ou Bible du démon*, Collection du Sage, 1997 (réédition 2010), disponible chez l'auteur.
Russell HUMPHREYS,
a. *Starlight and Time : Solving the Puzzle of Distant Starlight in a Young Universe*, Green Forest, 1994.
b. Page personnelle Creation Ministries International, http://creation.com/d-russell-humphreys-cv.
Louis LAFONT et Georges SALET, *L'Évolution régressive*, Éditions franciscaines, préface d'Eugène RAGUIN, ingénieur général des Mines, 1943.
Yves NOURISSAT
a. *L'Éther, agent universel des Forces de la nature et constituant substantiel des corps dans une conception géocentriste de l'Univers*, Éditions du CESHE, 1986.

b. « The motionless Earth at the centre of the Universe », 31 mai 1995, Feast of Mary Queen of Heaven, en ligne sur le site Lambert Dolphin, consulté le 29 mai 2011.
c. « La cosmologie de sainte Hildegarde », *Science & foi*, avril 2007, n° 83, p. 3-8.
d. « Que faut-il penser des particules élémentaires ? », *Science & foi*, 2010, n° 94 (en ligne CESHE Italie).
e. « Histoire inavouée de l'astronomie », *Science & foi*, 2010, n° 94 (en ligne CESHE Italie).

Gustave PLAISANT
a. *Tourne-t-elle ?*, C. Béranger, 1921.
b. *La Terre ne bouge pas*, Imprimerie de Douriez-Bataille, 1934.

Arnaud UPINSKY, *La Perversion mathématique. L'œil du pouvoir*, Bief, 1989.

Sources secondaires

Cyrille BAUDOUIN et Olivier BROSSEAU, *Les Créationnismes, une menace pour la société française ?*, Syllepse, 2008.

Jean-Michel HEIMONET, *Jules Monnerot ou la Démission critique : 1932-1990. Trajet d'un intellectuel vers le fascisme*, Kimé, 1993.

Thomas LEPELTIER, *Vive le créationnisme ! Point de vue d'un évolutionniste*, Éditions de l'Aube, 2009.

Philippe LE VIGOUROUX, « Des créationnistes français », *Bulletin de l'Association d'étude et d'information sur les mouvements religieux*, décembre 2003, n° 284.

Alexandre MOATTI, « Le créationnisme, en astronomie aussi », *Pour la Science*, janvier 2011, n° 399.

Christian NITSCHELM *et al.*, « Le créationnisme est-il scientifiquement recevable ? », 1987 ; rév. 2001 (site Internet Astrosurf).

LECOINTRE (dir.) [2009], DUBESSY & LECOINTRE [2001], *BG supra*.

Chapitre IX (Hörbiger)

Sources primaires

Hans HÖRBIGER, Philip FAUTH, *Glazial-Kosmogonie*, Voigtlanders Verlag Leipzig, 1925, 2e édition.

Revue *Nexus*.

Louis PAUWELS et Jacques BERGIER, *Le Matin des magiciens*, Gallimard, 1960.

Denis SAURAT, *L'Atlantide et le Règne des Géants*, Denoël, 1954.

Kurt SCHRÖTTER et Walther WÜST, *Tod und Unsterblichkeit, aus indogermanischem Weistum*, Ahnenerbe-Stiftung, 1940.

Sources secondaires

Michael H. KATER, *Das « Ahnenerbe » der SS, 1935-1945. Ein Beitrag zur Kulturpolitik des dritten Reiches*, Studien zur Zeitgeschichte, Oldenburg, 2005.

Willy LEY, « Pseudoscience in Naziland », *Astounding Science Fiction*, mai 1947.

Brigitte NAGEL, *Die Welteislehre. Ihre Geschichte und ihre Rolle im Dritten Reich*, GNT Verlag, 2000.
Christina WESSELY, programme de recherche « Cosmic Ice Theory – science, fiction and the public, 1894-1945 », Max Planck Institut (Internet).

Chapitre X (Velikovsky)

Sources primaires

Immanuel VELIKOVSKY, *Worlds in Collision*, MacMillan, 1950 (trad. *Mondes en collision*, Le Jardin des Livres, 2004) [V-JDL].
Correspondance Velikovsky-Einstein, site The Immanuel Velikovsky Archive, http://www.varchive.org/.

Sources secondaires

Stephen Jay GOULD, « Velikovsky in collision », *Natural History*, mars 1975 ; aussi dans *Ever Since Darwin : Reflections in Natural History*, W. W. Norton & Company, 1977, p. 153-159 (trad. fr. : *Darwin et les grandes énigmes de la vie*, Pygmalion, 1979).
Duane VORHEES, « The Jewish science of Immanuel Velikovsky », *Aeon*, 1991, vol. 2, n° 6.
Description du fonds de manuscrits de Velikovsky à l'Université Princeton (Internet).

Chapitre XI (Marat)

Sources primaires

Jean-Paul MARAT, *Les Charlatans modernes ou Lettres sur le charlatanisme académique*, 1791.
Jean-Jacques ROUSSEAU,
a. *Discours sur les sciences et les arts*, 1750.
b. Préface de *Narcisse ou l'amant de lui-même*, 1753.

Sources secondaires

Bernadette BENSAUDE-VINCENT, Bruno BERNARDI (dir.), *Rousseau et les sciences*, L'Harmattan, 2003.
Bernadette BENSAUDE-VINCENT, *Lavoisier*, Flammarion, 1998.
Jean BERNARD, Jean-François LEMAIRE et Jean-Pierre POIRIER (dir.), *Marat homme de science ?*, Les Empêcheurs de penser en rond, 1993 [BLP].
Jacques DE COCK, *Marat avant 1789*, Fantasques Éditions, 2003.
Charles C. GILLISPIE, *Science and Polity in France : The End of the Old Regime*, Princeton University Press, 2004.

Chapitre XII (Saint-Simon, Fourier)

Sources primaires

Claude-Henri ROUVROY DE SAINT-SIMON,

a. *Lettre d'un habitant de Genève à ses contemporains*, 1802.

b. *Introduction aux travaux scientifiques du XIXe siècle*, Imprimerie J.-L. Scherff, 1807-1808 [republié dans *Œuvres de Saint-Simon*, rééd. Slatkine, 1977, tome VI] [ITS].

b. *Mémoire sur la science de l'homme*, 1813 [repris dans *Œuvres de Saint-Simon*, avertissement de P. Enfantin, E. Dentu Éditeur, 1876, onzième volume ; rééd. Slatkine, 1977, tome V] [MSH].

c. *Travail sur la gravitation universelle*, 1813 [TGU].

(coll.) *Le Livre nouveau des Saint-Simoniens. Manuscrits d'Émile Barrault, Michel Chevalier, Charles Duveyrier, Prosper Enfantin, Charles Lambert, Léon Simon et Thomas-Ismayl Urbain (1832-1833)*, édition, introduction et notes par Philippe Régnier, Du Lérot Éditeur, 1991.

Charles FOURIER,

a. *Traité de l'association domestique-agricole*, Bossange, 1822, tome 1 [TADA].

b. *Le Nouveau Monde industriel et sociétaire ou Invention du procédé d'industrie attrayante et naturelle distribué en séries passionnées*, Bossange & Mongie, 1829 [NMIS].

c. *La Fausse Industrie morcelée, répugnante, mensongère, et l'antidote : l'industrie naturelle, combinée, attrayante, véridique, donnant quadruple produit*, Bossange Père, 1835-1836 [FI].

d. « Théorie de l'Unité universelle », *in Œuvres complètes*, à la librairie sociétaire, au siège de la Société pour la propagation et la réalisation de la théorie de Fourier, 1840-1848, 1re édition [TUU].

e. *De l'anarchie industrielle et scientifique*, Librairie phalanstérienne, 1847.

f. *Publication des manuscrits de Charles Fourier*, Librairie phalanstérienne, 1852.

g. *Détérioration matérielle de la planète*, manuscrit publié par La Phalange, 1847.

Sources secondaires

Jonathan BEECHER

a. « Fourier (François, Marie), Charles. La notice du *Maitron* (1997) », en ligne sur charlesfourier.fr.

b. *Fourier. Le visionnaire et son monde*, Fayard, 1993.

Paul BÉNICHOU, *Le Temps des prophètes*, Gallimard, 1977.

Simone DEBOUT-OLESKIEWICZ, « L'analogie ou "Le Poème mathématique" de C. Fourier », *Revue internationale de philosophie*, 1962, t. 16, n° 60.

Dominique DESANTI, *Les Socialistes de l'utopie*, Payot, 1970.

Pierre MERCKLÉ, « Le foisonnement analogique dans la "science sociale" de Charles Fourier », *Cahiers Charles Fourier*, décembre 2001, n° 12, p. 57-71.

Alexandre MOATTI, « Quelques éléments de réflexion sur l'incertitude à travers l'histoire des sciences et des idées », *Responsabilité & Environnement, Annales des Mines*, janvier 2010, n° 57, p. 16-21.

Nicholas V. RIASANOVSKY, « L'emploi de citations bibliques dans l'œuvre de Charles Fourier », *Archives des sciences sociales des religions*, juillet-décembre 1965, n° 20, p. 31-43.
René SCHÉRER, *L'Écosophie de Charles Fourier*, Anthropos, 2001.
Jean SERVIER, *Une histoire de l'utopie*, Gallimard, 1982.

Chapitre XIII (Auguste Comte)

Sources primaires

Auguste COMTE,

a. *Plan des travaux scientifiques nécessaires pour réorganiser la société*, 1822 [rééd. Éditions Aubier, 1970].
b. *Cours de philosophie positive, tome deuxième contenant la philosophie astronomique et la physique*, Bachelier, 1835 [CPP 1835].
c. *Cours de philosophie positive, tome sixième et dernier contenant le complément de la philosophie sociale et les conclusions générales*, Bachelier, 1842 [CPP 1842].
d. *Traité philosophique d'astronomie populaire ou Exposition systématique de toutes les notions de philosophie astronomique, soit scientifiques, soit logiques, qui doivent devenir universellement familières*, Carilian-Goeury et V. Dalmont, 1844 [repris dans Fayard 1985] [TPAP 1844].
e. *Système de politique positive ou Traité de sociologie instituant la Religion de l'humanité* [fac-similé de l'édition 1851-1881, Otto Zeller, Osnabrück, 1967] [SPP].

Sources secondaires

Maurice BOUDOT, « De l'usurpation géométrique », *Revue philosophique de la France et de l'étranger*, octobre-décembre 1985, n° 4, p. 391-392 et p. 399-402.
Ernest COUMET, « Auguste Comte. Le calcul des chances, aberration radicale de l'esprit mathématique », *Mathématiques & Sciences humaines*, 2003, 41e année, n° 162, p. 9-17.
Bruno GENTIL, *Auguste Comte. L'enfant terrible de l'École polytechnique*, Cyrano, 2012.
Juliette GRANGE, *Auguste Comte. La politique et la science*, Odile Jacob, 2000.
Friedrich HAYEK, *The Counter-Revolution of Science : Studies on the Abuse of Reason*, The Free Press, 1952.
Annie PETIT, *in* Bruno BELHOSTE (dir.), *La Formation polytechnicienne, 1794-1994*, Dunod, 1994.
Mary PICKERING, « Auguste Comte and the Académie des sciences », *Revue philosophique de la France et de l'étranger*, octobre-décembre 2007, n° 4, p. 437-450.

Chapitre XIV (Le Bon, Lumière)

Sources primaires

Gustave LE BON, « Fragments des mémoires d'un philosophe », *Revue politique et littéraire*, 16 avril 1921, p. 241-244.

Auguste LUMIÈRE,

a. *Résumé des travaux scientifiques de MM. Auguste et Louis Lumière*, Union photographique industrielle : Lumière & Jougla réunis, 1914.

b. *Tuberculose. Contagion, Hérédité*, Imprimerie Léon Sézanne, 1930.

c. *Les Fossoyeurs du progrès, les mandarins contre les pionniers de la science*, imprimerie Léon Sézanne, 1941.

d. *La Recherche scientifique*, Société d'édition d'enseignement supérieur, 1948.

e. *Aures habent et non audient*, impr. c/o Laboratoires Lumière, 1950.

f. *Mes travaux et mes jours*, La Colombe, 1953.

Sources secondaires

Olivier BOSC, « Gustave Le Bon, un mythe du XXe siècle ? », *Mil Neuf Cent*, 2010, n° 28, *Les Foules et la Démocratie*, p. 101-120.

Bernard CHARDÈRE, *Lumières sur Lumière*, Presses universitaires de Lyon, 1997.

Benoît MARPEAU, *Gustave Le Bon. Parcours d'un intellectuel 1841-1931*, CNRS Éditions, 2000.

Alexandre MOATTI [2007], *BG supra.*

Jean PERRIN, « À propos de "L'Évolution des forces" », *Revue du mois*, 10 novembre 1907, p. 606-610.

Pierre-André TAGUIEFF, *La Couleur et le Sang. Doctrines racistes à la française*, Mille et Une Nuits, 1998.

Chapitre XV (Science allemande)

Sources primaires

(coll.) « L'Appel des intellectuels allemands aux nations civilisées », *Revue scientifique*, 14 novembre 1914, p. 170-173.

(coll.) *Déclarations de l'Institut et des universités de France : à propos du Manifeste des intellectuels d'Allemagne*, Imprimerie nationale, 1915.

(coll.) *Pour la Vérité, 1914-1915. Études publiées sous le patronage des Secrétaires perpétuels des cinq Académies*, Perrin, 1916.

Ludwig BIEBERBACH,

a. « Die völkische Verwurzelung der Wissenschaft : Typen mathematischen Schaffens », *Sitzungsberichte der Heidelberg Akademie der Wissenschaften*, 1940, 5, p. 2-31.

b. *Galilei und die Inquisition*, Arbeitsgemeinschaft f. Zeitgeschichte, 1938.

Pierre DUHEM, *La Science allemande*, Librairie Hermann, 1915.

Ernest LAVISSE et Charles ANDLER, *Pratique et doctrine allemandes de la guerre*, Librairie Armand Colin, 1916.

Philipp LENARD,

a. *England und Deutschland zur Zeit des großen Krieges*, Winter, 1914.

b. *Große Naturforscher : Eine Geschichte der Naturforschung in Lebensbeschreibungen*, Lehmann, 1929.

c. *Deutsche Physik*, 4 volumes, Munich, 1936-1937. Préface, Heidelberg, août 1935 ; préface à la seconde édition, Heidelberg, décembre 1937.

Émile PICARD, *L'Histoire des sciences et les Prétentions de la science allemande*, Perrin, 1916.

William RAMSAY, « Germany's aims and ambitions », *Nature*, vol. 94, 8 octobre 1914, p. 137-139.

Johannes STARK,

a. *Adolf Hitlers Ziele und Persönlichkeit*, Deutscher Volksverlag, 1930.

b. « The pragmatic and the dogmatic spirit in physics », *Nature*, 30 avril 1938, vol. 141, p. 770-772.

c. *Erinnerungen eines deutschen Naturforschers*, écrit en 1947, publié sous la direction d'Andreas Kleinert, Mannheim, 1987.

Bruno THÜRING,

a. « La nature suppose une prédisposition d'esprit », *Deutsche Mathematik*, 1936, I.

b. « Albert Einsteins Umsturzversuch der Physik und seine inneren Möglichkeiten und Ursachen », *Forschungen zur Judenfrage*, Reichsinstitut für Geschichte des neuen Deutschland, Dr. Lüttke, 1941.

Klaus Heinrich TIETJEN, *Raum oder Zahl ?*, F. Brandstetter, 1936.

Sources secondaires

Barbara J. BECKER, *The Effect of World War I on Cooperation among European Scientists*, cours University of California at Irvine, 1987, en ligne.

Alan BEYERCHEN, *Scientists under Hitler*, Yale University Press, 1977.

Serge GUÉROUT, *Science & politique sous le IIIe Reich*, Ellipses, 1992.

Herbert MEHRTENS,

a. « Ludwig Bieberbach and "Deutsche Mathematik" », *in* Esther R. Phillips, *Studies in the History of Mathematics*, Math. Assoc. America, 1987, 26, p. 195-241.

b. « Mathematics in the Third Reich : Resistance, adaptation and collaboration of a scientific discipline », *New Trends in the History of Science*, 1989, p. 151-166.

Anne RASMUSSEN, « La "science française" dans la guerre des manifestes, 1914-1918 », *Mots. Les langages du politique*, novembre 2004, n° 76, p. 9-23.

Volker REMMERT, « In the service of the Reich : Aspects of Copernicus and Galileo in Nazi Germany's discourse », *Science in Context*, 2001, 14 (3), p. 333-359.

Sanford L. SEGAL, *Mathematicians Under the Nazis*, Princeton University Press, Princeton (NJ), Oxford, 2003, p. 334-338.

Jean-François SIRINELLI, « Les intellectuels français et la guerre », *Comprendre le XXe siècle français*, Fayard, 2005, p. 283-304.

Marc WALKER, *in* J. Olff-Nathan (dir.), *La Science sous le IIIe Reich*, Seuil, 2003.

Stefan L. WOLFF, « Physicists in the "Krieg der Geister" : Wilhelm Wien's "Proclamation" », *Historical Studies in the Physical and Biological Sciences*, 2003, vol. 33, n° 2, p. 337-368.

Chapitre XVI (LaRouche)

Sources primaires

Jacques CHEMINADE,
a. « L'organisateur de l'éducation universelle » (article sur J.-V. Poncelet), *Fusion*, novembre-décembre 2002, n° 93.
b. « La France après le 7 novembre », par Jacques Cheminade, candidat présidentiel pour 2007, tract daté du 11 novembre 2006.

Carl Friedrich GAUSS, *Le Théorème fondamental de l'algèbre*, Éditions Vernadski, « Bouquins Fusion », non daté [2005 d'après la déclaration de dépôt légal].

Lyndon H. LAROUCHE,
a. [LLR 1979/1989] *Le Pouvoir de Raison. Essai autobiographique*, Alcuin, 1989 [trad. fr. de *The Power of Reason : A Kind of an Autobiography*, New Benjamin Franklin House, 1979].
b. [LLR 1984/1998] *Alors, vous voulez tout savoir sur l'économie ?*, Alcuin, 1998 [trad. fr. de *So, You Wish to Learn All About Economics ? A Text on Elementary Mathematical Economics*, New Benjamin Franklin House, 1984].
c. [LLR 2003] « Physical geometry as strategy », conférence Bad Schwalbach, Allemagne, 21 mars 2003 (en ligne, consulté le 27 février 2011), aussi dans *Executive Intelligence Review*, 4 avril 2004, vol. 30, n° 13.
d. [LLR 2005] *En défense du sens commun ou Comment s'affranchir de la pensée logico-déductive*, Éditions Vernadski, « Bouquins Fusion », non daté [2005 d'après la déclaration de dépôt légal] [traduction française d'un texte écrit en 1989 dans le pénitencier de Rochester, NY, d'après l'avertissement].
e. [LLR 2008] « The truth of Bretton Woods lies within physical science », 24 novembre 2008 (en ligne, consulté le 27 février 2011), aussi dans *Executive Intelligence Review*, 19 décembre 2008, vol. 35, n° 49.

Sources secondaires

Dennis KING, *Lyndon LaRouche and the New American Fascism*, Doubleday, 1989.

Helmut LORSCHEID et Leo MÜLLER, *Deckname Schiller : Die Deutschen Patrioten des Lyndon LaRouche*, 1996.

David NOBLE, *The Religion of Technology*, Penguin Books, 1999.

Union nationale de défense des familles et de l'individu victimes de sectes (UNADFI), « Solidarité & Progrès (Lyndon LaRouche) », revue *Bulles*, mars 2005, n° 85 : *Gourous d'hier et d'aujourd'hui* (en ligne).

Chapitre XVII (Ultragauche)

Sources primaires

Cédric BIAGINI et Guillaume CARNINO (dir.), *Les Luddites en France. Résistance à l'industrialisation et à l'informatisation*, Éditions L'Échappée, 2010 [certains articles relèvent des sources secondaires].

Cédric BIAGINI, Guillaume CARNINO, Celia IZOARD & PIÈCES ET MAIN D'ŒUVRE, *La Tyrannie technologique*, Éditions L'Échappée, « Pour en finir avec », 2007.

COMITÉ INVISIBLE, *L'insurrection qui vient*, La Fabrique Éditions, 2007.

Jean DRUON, *Un siècle de progrès sans merci*, Éditions L'Échappée, « Négatif ! » (dirigée par Pièces et Main d'œuvre), 2009 – Voir les six DVD de l'émission documentaire, 2011.

Bertrand LOUART,

a. [NMC] *Notes & morceaux choisis. Bulletin critique des sciences, des technologies & de la société industrielle.*

b. « L'imposture historique de la techno-science », texte rédigé [...] en soutien à René Riesel [...] à l'occasion de l'assemblée-débat du 22 novembre 2001 à Montpellier, site Pièces et Main d'œuvre, consulté le 19 septembre 2012.

c. *Aux origines idéologiques du darwinisme*, avril 2010, brochure reprenant cinq articles parus dans *Archipel*, journal du Forum civique européen, mars à juillet 2009, n°s 169 à 173, revus, augmentés et illustrés.

PIÈCES ET MAIN D'ŒUVRE [PMO],

a. « Aujourd'hui le nanomonde, La lettre des rencontres MINATOC 2003 », 26 septembre 2003.

b. *Terreur et possession. Enquête sur la police des populations à l'ère technologique*, Éditions L'Échappée, « Négatif ! » (dirigée par Pièces et Main d'œuvre), 2008.

René RIESEL, *Aveux complets des véritables mobiles du crime commis au CIRAD le 5 juin 1999, suivi de divers documents relatifs au procès de Montpellier*, Éditions de l'Encyclopédie des nuisances, 2001.

René RIESEL et Jaime SEMPRUN, *Catastrophisme, administration du désastre et soumission durable*, Éditions de l'Encyclopédie des nuisances, 2008.

Collectif OBLOMOFF, *Un futur sans avenir. Pourquoi il ne faut pas sauver la recherche scientifique*, Éditions L'Échappée, « Pour en finir avec », 2009.

Sources secondaires

Xavier CRETTIEZ et Isabelle SOMMIER, *La France rebelle*, Michalon, 2006.

Patrick MARCOLINI, *Le Mouvement situationniste. Une histoire intellectuelle*, Éditions L'Échappée, 2012.

Isabelle SOMMIER,

a. *Le Renouveau des mouvements contestataires*, Flammarion, « Champs », 2003.

b. « Une vision apocalyptique de la société », entretien avec Isabelle Sommier, professeure à Paris-I, *Le Monde* du 26 novembre 2010.

Remerciements

Je remercie pour nos discussions, leurs encouragements, lecture attentive ou remarques pertinentes Paul Alba, Catherine Dupuy, Jean-Marc Lévy-Leblond, Paul Maruani, Didier Nordon, Sylvie Taussig, avec une mention spéciale pour Gilles Dowek et Gérard Jorland. Je remercie aussi l'ensemble des auditeurs de mon séminaire 2008-2010 à l'École des hautes études en sciences sociales (EHESS, Paris), *Une approche historique de l'alterscience*.

Table

DU MÊME AUTEUR
CHEZ ODILE JACOB

Les Indispensables astronomiques et astrophysiques pour tous, 2009.
Einstein, un siècle contre lui, 2007.
Les Indispensables mathématiques et physiques pour tous, 2006.

Cet ouvrage a été transcodé et mis en pages
chez Nord Compo (Villeneuve-d'Ascq)

Achevé d'imprimer en décembre 2012 sur rotative numérique Prosper
par l'Imprimerie Sagim à Nanterre (Hauts-de-Seine).

Dépôt légal : janvier 2013
N° d'édition : 7381-2887-X
N° d'impression : 13103

Imprimé en France

L'imprimerie Sagim est titulaire de la marque Imprim'vert® depuis 2004